FiNALE Prüfungstraining

Mittlerer Schulabschluss 2018
Realschule,
Hauptschule Typ B und
Gesamtschule Erweiterungskurs
Nordrhein-Westfalen

Mathematik

Bernhard Humpert
Prof. Dr. Dominik Leiss
Dr. Martina Lenze
Dr. Bernd Liebau
Ursula Schmidt
Peter Welzel
Prof. Bernd Wurl

westermann

FiNALEonline.de

Liebe Schülerin, lieber Schüler,

FiNALEonline.de ist die optimale Ergänzung zu diesem Arbeitsbuch.
Hier findest du folgende Zusatzmaterialien:

- die Original-Prüfungsaufgaben 2017 nach Eingabe des Codes: **MAx51di**
- den kostenlosen FiNALE Online-Test
- allgemeine Tipps zur Prüfungsvorbereitung

Mach den Test!
Mit dem kostenlosen **FiNALE Online-Test** kannst du vorab deinen Leistungsstand ermitteln.
Das Testergebnis verweist dann auf bestimmte Seiten in diesem Arbeitsbuch, mit denen du zu deinem Fehlerschwerpunkt üben kannst.

Unser Download-Angebot für Lehrer und Lehrerinnen:
die FiNALE Lehrerhandreichung zum optimalen Einsatz dieses Arbeitsbuches im Unterricht

Einfach mal reinschauen: www.finaleonline.de

Bildquellenverzeichnis:
46.1, 63.1: wvgw Wirtschafts- und Verlagsgesellschaft Gas und Wasser mbH, Bonn; 47.1 (dpa), 47.2: Picture-Alliance GmbH, Frankfurt/M.; 48.1: Imago, Berlin (Sportimage); 48.2: Picture-Alliance GmbH, Frankfurt/M. (empics); 51.1: Prof. Dr. Dominik Leiss, Lüneburg; 59.1: Dr. Martina Lenze, Berlin; 65.1: wikimedia commons; 65.2: Dr. Martina Lenze, Berlin; 77.1-2: Prof. Dr. Dominik Leiss, Lüneburg; 83.1-3: Deutsche Lufthansa AG, Frankfurt/M. (Norbert Andrup); 84.1: U. Schmidt, Kamen; 86.1-2: Prof. Dr. Alexander Wynands, Königswinter; 87.1: Dr. Martina Lenze, Berlin.
Trotz entsprechender Bemühungen ist es nicht in allen Fällen gelungen, den Rechtsinhaber ausfindig zu machen. Gegen Nachweis der Rechte zahlt der Verlag für die Abdruckerlaubnis die gesetzlich geschuldete Vergütung.

westermann GRUPPE

Druck A[1] / Jahr 2017
Alle Drucke der Serie A sind im Unterricht parallel verwendbar.

Redaktion: Dr. Heike Bütow
Kontakt: finale@westermanngruppe.de
Layout: Druckreif! Sandra Grünberg, Braunschweig
Umschlaggestaltung: Janssen Kahlert Design & Kommunikation, Hannover
Zeichnungen: Peter Langner; Illustrationen: Dietmar Griese
Druck und Bindung: westermann druck GmbH, Braunschweig

ISBN 978-3-14-**171808**-9

Inhaltsverzeichnis

Die Lösungen zu den beiden Eingangstests (S. 6 – 11 und S. 42 – 51) befinden sich hier im Arbeitsbuch (S. 12 – 34 und S. 52 – 77).

Die Lösungen zu allen anderen Aufgaben befinden sich im beigelegten Lösungsheft.

Liebe Schülerin, lieber Schüler,

um den Mittleren Schulabschluss zu erwerben, musst du am Ende des Schuljahres 2017/18 eine zentrale Prüfung im Fach Mathematik schreiben. Manche Aufgaben aus den Prüfungsarbeiten behandeln Inhalte, deren Behandlung im Unterricht teilweise weit zurückliegt, und vielleicht sind auch manche Aufgabenformate für dich ungewohnt.

Dieses **FiNALE**-***Arbeitsbuch*** und das beiliegende ***Lösungsheft*** sollen dir helfen, dich selbstständig auf diese wichtige Prüfung vorzubereiten. Damit du weißt, wie du dieses Arbeitsbuch benutzen kannst, beschreiben wir im Folgenden kurz dessen Aufbau. Eine Kurzübersicht findest du auf der nächsten Seite.

Grundsätzlich gliedert sich das Arbeitsbuch in die drei Teile A, B und C. Diese Teile solltest du möglichst von vorn nach hinten durcharbeiten, da dies eine erprobte und gute Prüfungsvorbereitung gewährleistet:

Teil A – Basisaufgaben

In Teil A wird das Bearbeiten von Basisaufgaben trainiert. Im ersten Abschnitt steht ein ***Eingangstest zu den Basisaufgaben,*** der dir zeigen soll, was du schon kannst. Hinter jeder Aufgabenüberschrift ist vermerkt, auf welcher Seite des Arbeitsbuches du die Lösung der Eingangstestaufgabe findest.

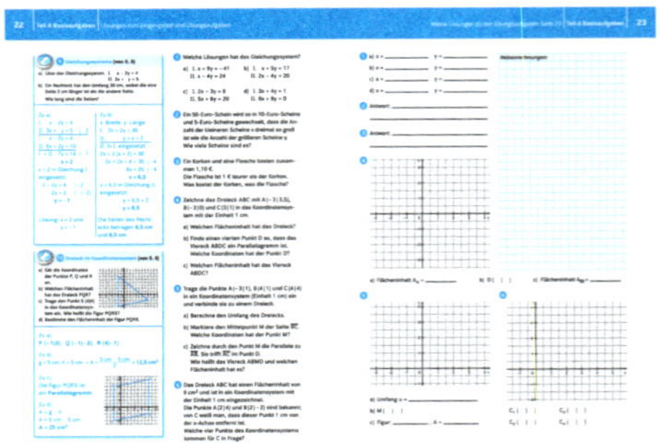

Im zweiten Abschnitt findest du jeweils Doppelseiten. Auf der linken Doppelseite stehen in der linken Spalte die ausführlichen ***Lösungen der Eingangstestaufgaben.*** Wir empfehlen dir dringend, auch bei der richtigen Bearbeitung, diese Lösung immer durchzuarbeiten, da es dort teilweise auch wichtige Informationen gibt, die über die Aufgabe selbst hinausgehen. In der rechten Spalte stehen weitere ***Übungsaufgaben*** zu den jeweiligen Themen. Auf der rechten Doppelseite findest du Platz für die ***Lösungen der Übungsaufgaben.***

Im dritten Abschnitt findest du einen ***Abschlusstest mit Basisaufgaben*** mit ähnlichen Aufgaben wie im Eingangstest. Er soll dir zeigen, wie viel du bereits durch das **FiNALE**-Vorbereitungstraining gelernt hast.

Die Lösungen zu den Übungsaufgaben und zu den Abschlusstestaufgaben findest du im beiliegenden ***Lösungsheft.***

Teil B – Komplexe Aufgaben

Nachdem du die Basisaufgaben beherrschst, wird in Teil B das Bearbeiten von komplexeren Aufgaben trainiert. Der Aufbau dieses Teils ist ähnlich wie der des Teils A. Das heißt, er fängt mit einem ***Eingangstest zu komplexen Aufgaben*** an, danach folgen Seiten mit den ***Lösungen der Eingangstestaufgaben*** und den dazugehörigen ***Übungsaufgaben.*** Die Lösungen der Übungsaufgaben musst du nun allerdings in dein Matheheft schreiben. Am Ende findest du einen ***Abschlusstest mit komplexen Aufgaben.***

Teil C – Original Prüfungsarbeiten

Hier sind komplette Original-Prüfungsarbeiten zum Mittleren Schulabschluss in Nordrhein-Westfalen aus früheren Jahren als abschließendes Übungsmaterial abgedruckt. Mindestens eine dieser Arbeiten solltest du unter Prüfungsbedingungen bearbeiten. D.h. bearbeite die Prüfungsarbeit in der vorgeschriebenen Zeit und verwende nur die zugelassenen Hilfsmittel. Die Lösungen zu den Originalarbeiten sind im Lösungsheft abgedruckt. Da zum Zeitpunkt der Drucklegung dieses Arbeitsbuches die Prüfungsarbeiten 2017 noch nicht freigegeben sind, kannst du sie unter www.finaleonlinde.de mit dem Codewort Max51di herunterladen.

Formelsammlung

Bei der zentralen Prüfung im Fach Mathematik bekommen die Schülerinnen und Schüler eine vierseitige Formelsammlung. Du findest sie auf den Seiten 108 bis 111 und solltest sie verwenden, wenn du dieses Arbeitsbuch durcharbeitest.

Wegen der zahlreichen Aufgaben zur Prüfungsvorbereitung empfehlen wir dir die Benutzung eines **Übungstagebuchs,** das du unter www.finaleonlinde.de mit dem Codewort Max51di herunterladen kannst.

Arbeitsbuch

Teil A – Basisaufgaben

Eingangstest	
21 Basisaufgaben	Seiten 6 – 11

Lösungen Eingangstest & Übungen	
56 Übungsaufgaben	Seiten 12 – 35

Abschlusstest	
21 Basisaufgaben	Seiten 36 – 41

Teil B – Komplexe Aufgaben

Eingangstest	
26 Komplexe Aufgaben	Seiten 42 – 51

Lösungen Eingangstest & Übungen	
87 Übungsaufgaben	Seiten 52 – 77

Abschlusstest	
26 Komplexe Aufgaben	Seiten 78 – 87

Teil C – Original Abschlussarbeiten

Prüfungsaufgaben	
Arbeiten 2016, 2015 und 2014	Seiten 88 – 107

Formelsammlung	Seiten 108 – 111

Lösungsheft

Lösungen Übungen
Seiten 2 – 11

Lösungen Abschlusstest
Seiten 12 – 16

Lösungen Übungen
Seiten 17 – 40

Lösungen Abschlusstest
Seiten 41 – 47

Lösungen Prüfungen
Seiten 48 – 56

Passend zu diesem **FiNALE**-Arbeitsbuch gibt es ein extra erstelltes Begleitmaterial **FiNALE**-Basiswissen (Bestellnummer 978-3-14-170011-4), das du zum Nachschlagen und intensiven Trainieren von Basiskenntnissen in Mathematik aus den vorangegangenen Schuljahren nutzen kannst.

Eingangstest – Basisaufgaben

1 Rechnen und Ordnen (Lösung Seite 12)

a) Berechne.

(1) $\frac{3}{4}$ von 8 ______

(2) $\frac{3}{5} \cdot (-15) \cdot (-0{,}1)$ ______

(3) $-(3{,}8 - 4{,}2) + (-1{,}7 - 1{,}3) : (-5)$ ______

(4) die Differenz der Zahlen 6,5 und −5,4 ______

(5) die Summe der Zahlen 1,6 und −4,5 ______

(6) den Quotienten der Zahlen −3,5 und −0,7 ______

b) Ordne die Zahlen: $\frac{3}{4}$; $1\frac{3}{5}$; 0,6; $-\frac{1}{2}$; $\frac{4}{3}$; 0,5; −0,7

___ < ___ < ___ < ___ < ___ < ___ < ___

2 Rechteck (Lösung Seite 12)

Ein Rechteck ist 8 cm lang und hat einen Umfang von 30 cm.
Wie groß ist sein Flächeninhalt?

Flächeninhalt: A = ______

3 Nutzflächen in Deutschland (Lösung Seite 14)

In dem Diagramm rechts wird dargestellt, wie die Flächen in Deutschland genutzt werden.

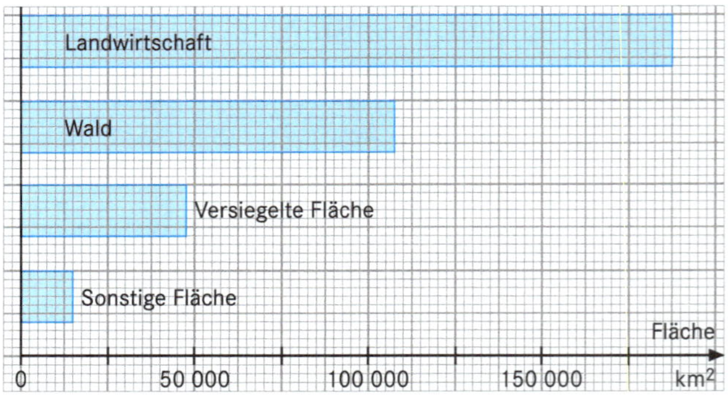

a) Wie viel km² entsprechen 1 mm?

1 mm ≙ ______ km²

b) (1) Lies aus dem Diagramm ab und fülle die Tabelle aus.

(2) Bestimme die relativen Häufigkeiten und trage sie in die Tabelle ein. Runde auf eine Nachkommastelle.

	Flächeninhalt (in km²)	Relative Häufigkeit (in %)
Landwirtschaft		
Wald		
Versiegelte Fläche		
Sonstige Fläche		
Gesamtfläche		

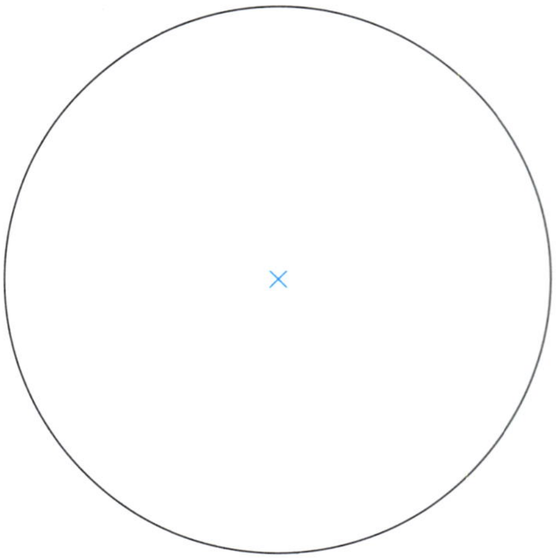

(3) Stelle die Anteile in einem Kreis- und einem Streifendiagramm dar.

Streifendiagramm:

4 Zuordnungen (Lösung Seite 16)

In welchem Graphen erkennst du proportionale (p) oder antiproportionale (a) Zuordnungen?
Wo liegt keines von beiden (k) vor?
Kreuze jeweils p, a oder k an.

1	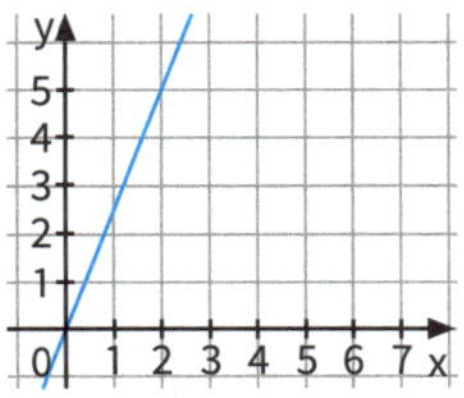	☐ p ☐ a ☐ k	2	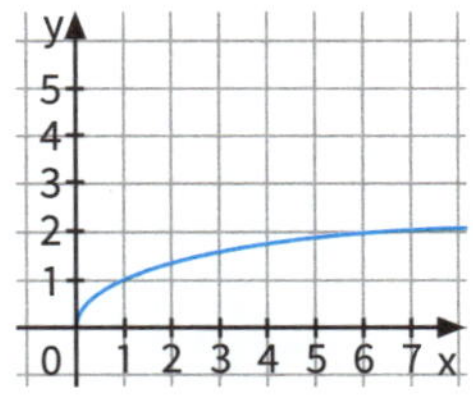	☐ p ☐ a ☐ k
3	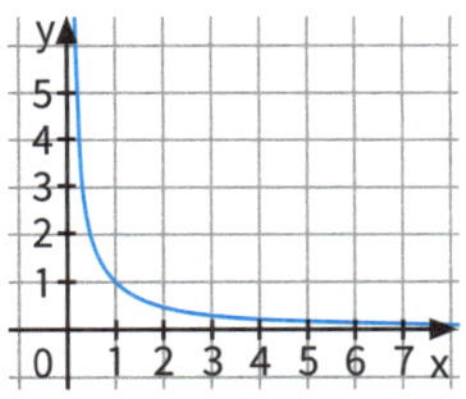	☐ p ☐ a ☐ k	4		☐ p ☐ a ☐ k

5 Prozente (Lösung Seite 16)

a) Wie viel sind 30 % von 250 €?

____

b) Wie viel Prozent sind 25 cm von 5 m?

____

c) Von wie viel Kilogramm sind 5 % genau 10 kg?

____

d) Ein Kapital von 620 € wird ein Jahr lang mit 4 % verzinst.
Berechne die Jahreszinsen.

____

6 Wintercheck (Lösung Seite 18)

Frau König lässt ihr Auto in der Werkstatt auf den Winter vorbereiten. Für Materialien und Arbeitsleistungen erstellt die Werkstatt die Rechnung mithilfe einer Tabellenkalkulation.

	A	B	C	D
1	**Artikelbezeichnung**	**Menge**	**Einzelpreis**	**Gesamtpreis**
2				
3	Reifen 195/65R WinterGrip	4	70,92 €	283,68 €
4	Glühlampen	2	2,03 €	4,06 €
5	Motoröl (in Liter)	1,5		24,75 €
6				
7	Winterräder montieren			18,91 €
8	Wintercheck durchführen			16,72 €
9				
10	**Zwischensumme**			348,12 €
11	Mehrwertsteuer (in %)	19		66,14 €
12				
13	**Rechnungsbetrag**			414,26 €
14				

a) In welcher Zelle findest du den Einzelpreis für einen Reifen?

____

b) Gib an, wie teuer 1 Liter Motoröl (ohne MwSt.) ist.

____

c) Gib eine Formel an, mit der man die Zwischensumme in Zelle D10 berechnen kann.

____

d) Welche Formeln könnten in D11 stehen? Kreuze alle richtigen an.

☐ = D10 * 0,19 ☐ = D10 / B11*100 ☐ = D10*B11/100 ☐ = 348,11 € / B11

7 Gleichungen und Graphen (Lösung Seite 18)

Ordne den Graphen (g_1, g_2, ...g_6) die zugehörige Funktionsgleichung zu. Zwei Gleichungen passen zu keinem Graphen.

	$y = -0{,}5x^2$
	$y = x - 2$
	$y = -x - 2$
	$y = x^2 + 2x + 2$

	$y = -2x^2$
	$y = 2x^2$
	$y = -x + 2$
	$y = 0{,}5x^2$

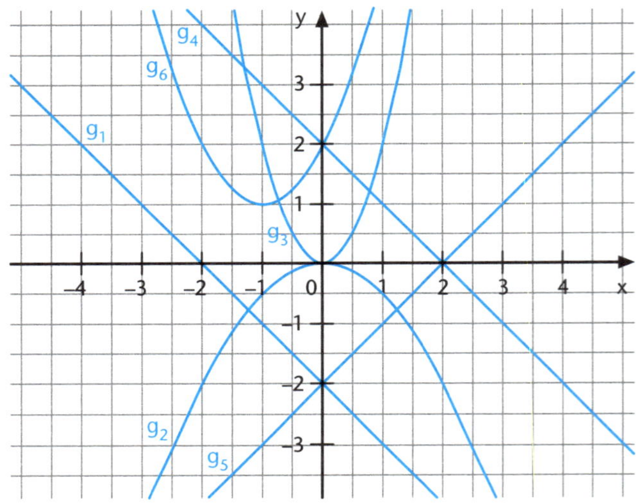

8 Tablet (Lösung Seite 20)

Im Internet wird ein Tablet zu folgenden Preisen angeboten.

256 € 252 € 320 € 269 € 279 €

a) Gib den Median (Zentralwert), die Spannweite und das arithmetische Mittel der Preise an.

Median: ______________

Spannweite: ______________

Arithmetisches Mittel: ______________

b) Berücksichtigt man noch ein sechstes Angebot, beträgt das arithmetische Mittel nur noch 264 €. Wie teuer ist das Tablet aus diesem Angebot?

____

9 Gleichungssysteme (Lösung Seite 22)

a) Löse das Gleichungssystem.

I. $x - 2y = 4$
II. $3x + y = 5$

x = __________ y = __________

b) Ein Rechteck hat den Umfang 30 cm, wobei die eine Seite 2 cm länger ist als die andere Seite. Wie lang sind die Seiten?

Länge: __________ Breite: __________

10 Dreieck im Koordinatensystem
(Lösung Seite 22)

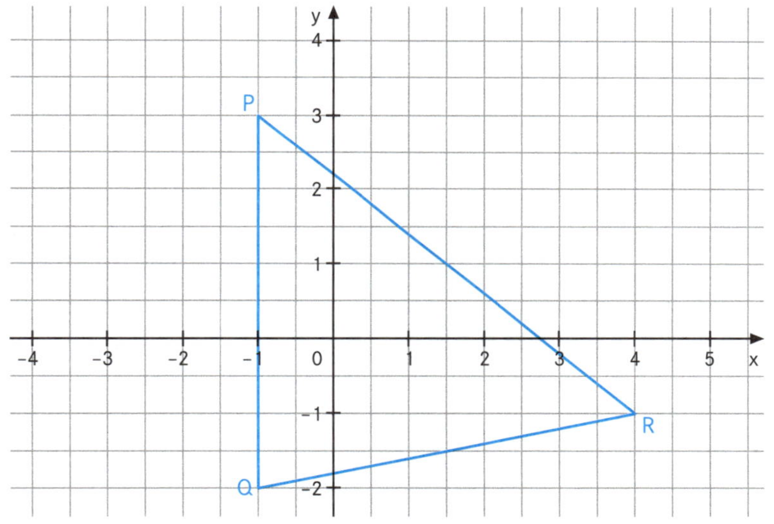

a) Gib die Koordinaten der Punkte P, Q und R an.
P(|), Q(|), R(|)

b) Welchen Flächeninhalt hat das Dreieck PQR?

A = ____________________

c) Trage den Punkt S (4|4) in das Koordinatensystem ein. Wie heißt die Figur PQRS?

____

d) Bestimme den Flächeninhalt der Figur PQRS.

A = ____________________

11 Schätzen **(Lösung Seite 24)**

Kreuze an, welche Maßangabe stimmen könnte. **TIPP:** Schätze zuerst die Maße.

Oberfläche

☐ 300 dm^2 ☐ 30 cm^2
☐ 0,3 m^2 ☐ 30 000 mm^2

Volumen des Badewassers

☐ 550 *l* ☐ 55 000 cm^3
☐ 5,5 m^3 ☐ 5 500 000 mm^3

Höhe eines Kirchturms

☐ 850 mm ☐ 85 dm
☐ 85 000 cm ☐ 0,085 km

12 Umzug **(Lösung Seite 24)**

Für den Transport von 90 Umzugskartons sucht Familie Meyer bei einer Leihfirma ein geeignetes Fahrzeug. Ein Karton hat folgende Abmessungen (in mm): 600 x 330 x 340.
Es stehen Transporter mit einem Ladevolumen von 5,8 m^3 und 9,5 m^3 zur Auswahl. Welchen Transporter würdest du empfehlen? Begründe rechnerisch.

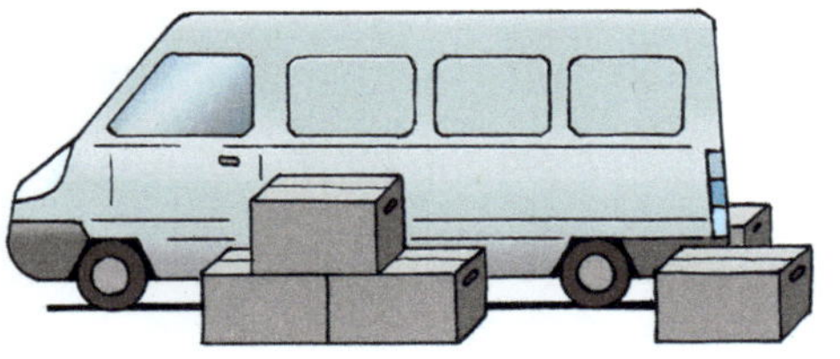

13 Aussagen (Lösung Seite 26)

Welche der folgenden Sachtexte passen zu der Gleichung $x + (x - 3) = 60$? Kreuze an.

1	Vera ist drei Jahre jünger als Max. Zusammen sind sie 60 Jahre alt.	☐ Ja	☐ Nein
2	Eine Lostrommel enthält dreimal so viele Nieten wie Gewinnlose. Insgesamt sind 60 Lose in der Trommel.	☐ Ja	☐ Nein
3	Familie Maier legt auf ihrer zweitägigen Radtour insgesamt 60 km zurück. Am zweiten Tag fahren sie 3 km weniger als am ersten Tag.	☐ Ja	☐ Nein
4	Ein 60 m^2 großer Saal wird mit Parkett ausgelegt. Länge und Breite des Raumes unterscheiden sich um 3 Meter.	☐ Ja	☐ Nein

14 Parabeln in verschiedenen Darstellungen (Lösung Seite 26)

Eine Parabel hat den Scheitelpunkt $S(3\,|\,-15)$ und ist gegenüber der Normalparabel um den Faktor $a = 2$ gestreckt.
Gib die Scheitelpunktform der Parabel an und wandle diese in die allgemeine Form um.

15 Farbige Kugeln (Lösung Seite 26)

Aus einem Behälter mit 3 roten, 5 grünen und 2 blauen gleichartigen Kugeln wird eine verdeckt gezogen. Berechne die Wahrscheinlichkeiten für „blau“ und für „nicht rot“.

a) P (blau) = ____________

b) P (nicht rot) = ____________

16 Zylinder (Lösung Seite 28)

a) Skizziere das Netz eines Zylinders.

b) Ein Zylinder hat eine Grundfläche mit dem Radius 14 cm und ist 8 cm hoch.
Bestimme den Oberflächeninhalt des Zylinders gerundet auf ganze cm^2.

Oberfläche: ____________________

17 Gehaltskürzungen (Lösung Seite 28)

Eine Tageszeitung schrieb am 18. Juli 2012 folgenden Artikel:

Spaniens König kürzt eigenes Gehalt

Unter dem Druck der Finanzkrise nimmt auch Spaniens König Juan Carlos Gehaltseinbußen in Kauf. Wie das Königshaus am Dienstag mitteilte, sollen die staatlichen Zuwendungen für den spanischen Monarchen um 7,1 Prozent gekürzt werden. Dies entspreche jährlichen Gehaltseinbußen von 20910 Euro. Das Jahresgehalt von Kronprinz Felipe wird um 10455 Euro gekürzt.

Kreuze alle Fragen an, die man mithilfe dieses Artikels beantworten kann:

(1) ☐ Wie viel Euro jährliche Gehaltseinbußen hatten der König und der Prinz zusammen?

(2) ☐ Wurden beide Gehälter um denselben Prozentsatz gekürzt?

(3) ☐ Wie hoch war das Jahresgehalt von Felipe vor der Kürzung?

(4) ☐ Wie hoch war das Jahresgehalt des Königs nach der Kürzung?

(5) ☐ War das Jahresgehalt des Königs vor der Kürzung doppelt so hoch wie das Jahresgehalt von Felipe?

18 Dynamischer Flächeninhalt (Lösung Seite 30)

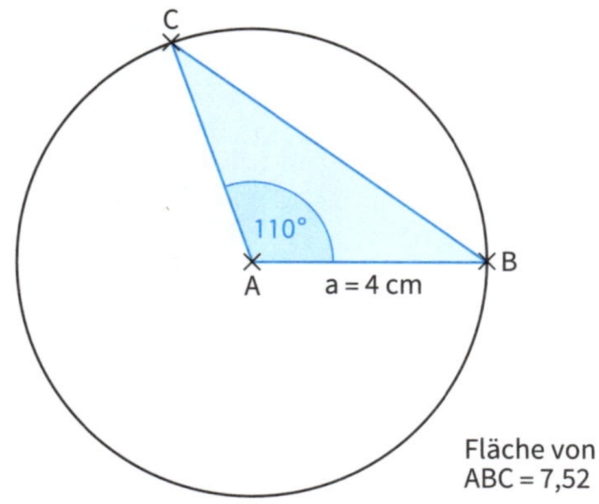

Mit einer dynamischen Geometrie-Software wurde die Strecke $\overline{AB}$ mit der Länge 4 cm erstellt und ein Kreis um A mit dem Radius $\overline{AB}$ gezeichnet. C ist ein Punkt auf dem Kreis um A. Das Dreieck ABC hat für $\alpha = 110°$ einen Flächeninhalt von 7,52 cm². Beschreibe die Veränderungen der Seitenlängen, der Winkelgrößen und des Flächeninhalts des Dreiecks, wenn du den Punkt C auf dem Kreis um A bewegst.

____

19 Würfel (Lösung Seite 32)

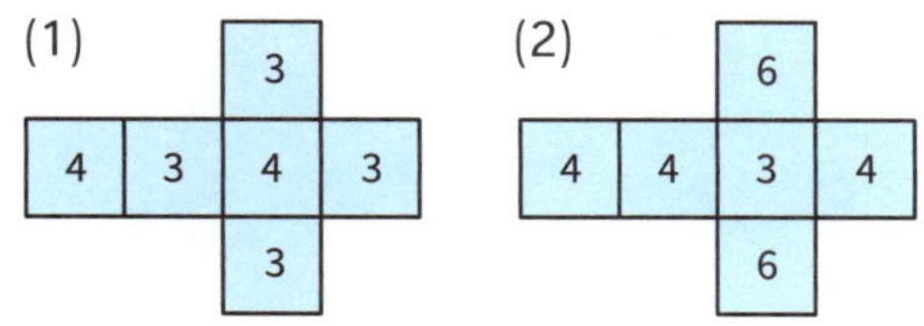

Rechts siehst du die Netze zweier Würfel.
Der Würfel (1) hat nur die Zahlen 3 und 4, der Würfel (2) die Zahlen 3, 4 und 6.

a) Gib die Wahrscheinlichkeit an, mit Würfel (1) eine Vier zu würfeln. ______________

b) Gib die Wahrscheinlichkeit an, mit Würfel (2) eine Augenzahl größer als 3 zu würfeln. ______________

c) Mit einem der beiden Würfel wurde 1000-mal gewürfelt und dabei 324-mal die Vier erzielt. Welcher Würfel ist das vermutlich gewesen? Begründe.

____

____

20 Buchstaben-Design (Lösung Seite 34)

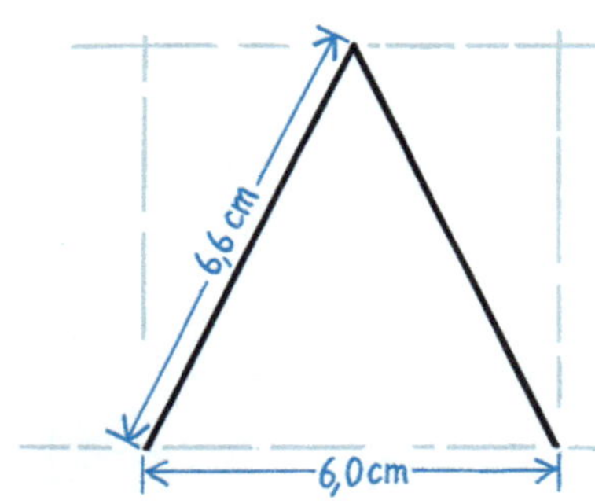

Emil ist Designer und entwirft neue Schriftarten für den Computer. Er beginnt mit dem Entwurf des Buchstabens A (siehe Abbildung rechts). Den noch fehlenden Querstrich möchte er aus ästhetischen Gründen so einzeichnen, dass er

- $\frac{1}{3}$ der unteren Breite des Buchstabens als Länge hat und
- parallel zum Boden verläuft.

Berechne zunächst, wo Emil den Querstrich einzeichnen muss. Zeichne den Buchstaben auf ein extra Blatt. Zeichne den Querstrich ein und überprüfe an der Zeichnung deine Berechnung.

21 Lineare Funktion (Lösung Seite 34)

Die Graphen der Funktionen f mit der Gleichung $y = 0{,}5x - 3$ und g mit der Gleichung $y = -2x - 3$ wurden in einem Koordinatensystem dargestellt.
Beschreibe – ohne zu zeichnen – Lage und Verlauf der beiden Graphen.

____

____

____

1 Rechnen und Ordnen (von S. 6)

a) Berechne.

(1) $\frac{3}{4}$ von 8 (2) $\frac{3}{5} \cdot (-15) \cdot (-0{,}1)$

(3) $-(3{,}8-4{,}2)+(-1{,}7-1{,}3):(-5)$

(4) die Differenz der Zahlen 6,5 und −5,4

(5) die Summe der Zahlen 1,6 und −4,5

(6) den Quotienten der Zahlen −3,5 und −0,7

b) Ordne die Zahlen: $\frac{3}{4}$; $1\frac{3}{5}$; 0,6; $-\frac{1}{2}$; $\frac{4}{3}$; 0,5; −0,7

Zu a)

(1) $\frac{3}{4} \cdot 8 = \frac{3}{4} \cdot \frac{8}{1} = \frac{24}{4} = \mathbf{6}$

(2) $\frac{3}{5} \cdot (-15) \cdot (-0{,}1) = \frac{3}{5} \cdot 1{,}5 = 0{,}6 \cdot 1{,}5 = \mathbf{0{,}9}$

(3) $-(3{,}8-4{,}2)+(-1{,}7-1{,}3):(-5)$
$= -(-0{,}4)+(-3):(-5) = 0{,}4+0{,}6 = \mathbf{1}$

(4) $6{,}5-(-5{,}4) = 6{,}5+5{,}4 = \mathbf{11{,}9}$

(5) $1{,}6+(-4{,}5) = 1{,}6-4{,}5 = \mathbf{-2{,}9}$

(6) $-3{,}5:(-0{,}7) = 3{,}5:0{,}7 = 35:7 = \mathbf{5}$

Zu b)

$-0{,}7 < -\frac{1}{2} < 0{,}5 < 0{,}6 < \frac{3}{4} < \frac{4}{3} < 1\frac{3}{5}$

2 Rechteck (von S. 6)

Ein Rechteck ist 8 cm lang und hat einen Umfang von 30 cm.
Wie groß ist sein Flächeninhalt?

Skizze:

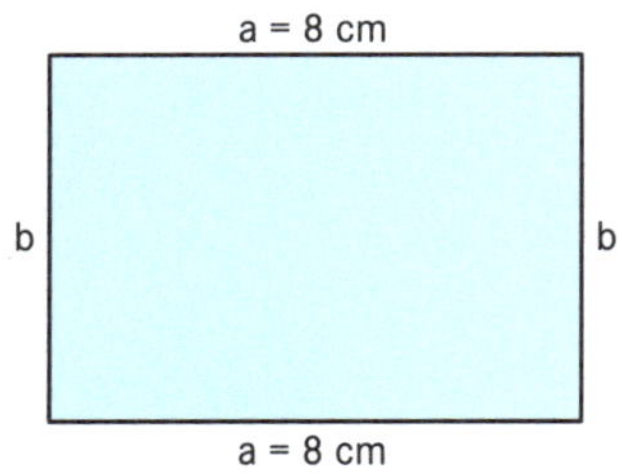

Gegeben:
Länge einer Rechteckseite: a = 8 cm
Umfang des Rechtecks: u = 2a + 2b = 30 cm
Gesucht: Flächeninhalt A des Rechtecks
Um A = a · b zu ermitteln, wird die Länge der zweiten Rechteckseite b benötigt.

$u = 2 \cdot a + 2 \cdot b$
$30\text{ cm} = 2 \cdot 8\text{ cm} + 2b$
$30\text{ cm} = 16\text{ cm} + 2b \quad | -16\text{ cm}$
$14\text{ cm} = 2b \quad | :2$
$7\text{ cm} = b$

$A = a \cdot b$
$A = 8\text{ cm} \cdot 7\text{ cm}$
$\mathbf{A = 56\text{ cm}^2}$

1 (1) Dividiere die Differenz aus 11 und 8 durch 5.
(2) Berechne $\frac{1}{5}$ von der dritten Potenz von −2.
(3) Halbiere die Differenz aus 2,9 und 5,7.
(4) Bilde die Summe aus 2,5 und dem Produkt der Zahlen −3 und 1,5.
(5) Welche Zahl muss mit 4,8 multipliziert werden, um −1,2 zu erhalten?
Stelle die Ergebnisse an der Zahlengeraden dar.

2 Ordne der Größe nach, beginne mit der kleinsten Zahl.

a) 0,4 $\frac{3}{6}$ 0,38 $\frac{1}{4}$ $\frac{3}{8}$ 0,44

b) $-1\frac{1}{2}$ $-\frac{7}{5}$ $-\frac{3}{4}$ −0,8 $-\frac{11}{8}$ −1,3

c) 0,7 $-\frac{3}{4}$ −1,34 $\frac{4}{5}$ $-\frac{4}{3}$ $\frac{17}{20}$

3 Ein Rechteck ist 7 cm breit und 3 cm länger als breit. Berechne Flächeninhalt und Umfang dieses Rechtecks.

4 Ein Baugrundstück ist rechteckig und hat die Maße 32 m x 24 m.

a) Wie viel Quadratmeter ist es groß?

b) Wie teuer ist das Grundstück, wenn es pro Quadratmeter 75 € kostet?

5 Ein alter Sportplatz wird umgebaut. Im blau gefärbten Teil wird ein Bolzplatz mit einem Kunststoffboden angelegt. Auf dem restlichen Teil des alten Platzes wird Rasen gesät.

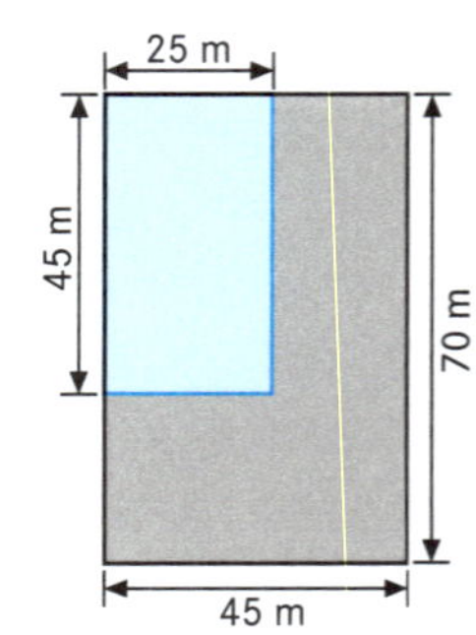

a) Der Bolzplatz wird von einem hohen Drahtzaun eingefasst. An drei Stellen im Zaun sind ein Meter breite Türen eingelassen. Berechne, wie viel Meter Drahtzaun benötigt werden.

b) Wie viel Quadratmeter Kunststoffboden werden benötigt?

c) Ein Sack mit 25 kg Rasensamen reicht für 800 m². Ermittle, wie viele Säcke Rasensamen für den neuen Rasen gekauft werden müssen.

1 *Terme und Rechnungen:*

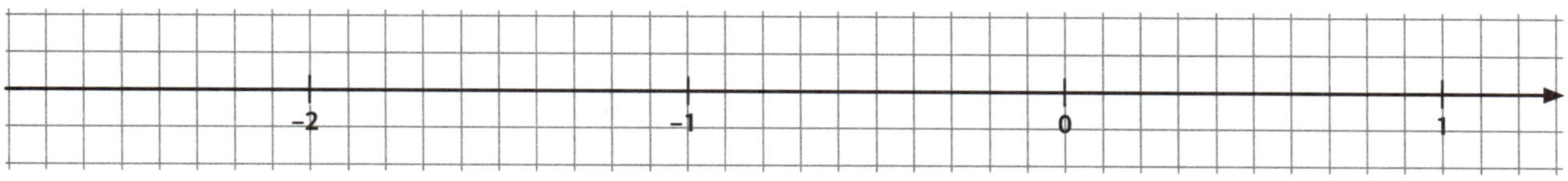

2 a) □ < □ < □ < □ < □ < □

b) □ < □ < □ < □ < □ < □

c) □ < □ < □ < □ < □ < □

Nebenrechnungen:

3 Breite: 7 cm Länge: ____________

a) Flächeninhalt A = ____________

b) Umfang u = ____________

4 a) Baugrundstück: ____________

b) Das Grundstück kostet: ____________

5 a) Bolzplatz

Länge: ____________

Breite: ____________

Länge der Türen: ____________

benötigter Drahtzaun: ____________

b) Fläche Kunststoffboden: ____________

c) Rasenfläche

Länge: ____________

Breite: ____________

benötigter Anzahl an Säcken: ____________

Nebenrechnungen:

3 Nutzflächen in Deutschland (von S. 6)

In dem Diagramm rechts wird dargestellt, wie die Flächen in Deutschland genutzt werden.

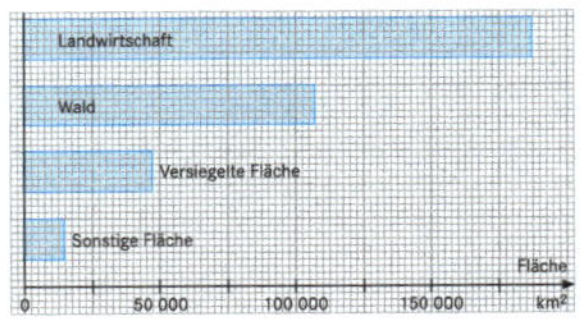

a) Wie viel km^2 entsprechen 1 mm?

b) (1) Lies aus dem Diagramm ab und fülle die Tabelle aus.

(2) Bestimme die relativen Häufigkeiten und trage sie in die Tabelle ein. Runde auf eine Nachkommastelle.

(3) Stelle die Anteile in einem Kreis- und einem Streifendiagramm dar.

Zu a) 20 mm ≙ 50 000 km^2

1 mm ≙ 2 500 km^2

Zu b)

	Flächeninhalt (in km^2)	Relative Häufigkeit (in %)
Landwirtschaft	187 500	52,4
Wald	107 500	30,1
Versiegelte Fläche	47 500	13,3
Sonstige Fläche	15 000	4,2
Gesamtfläche	357 500	100

Die relative Häufigkeit berechnet man, indem man den Teilflächeninhalt durch den Gesamtflächeninhalt dividiert.

(3) Kreisdiagramm (1 % ≙ 3,6°)

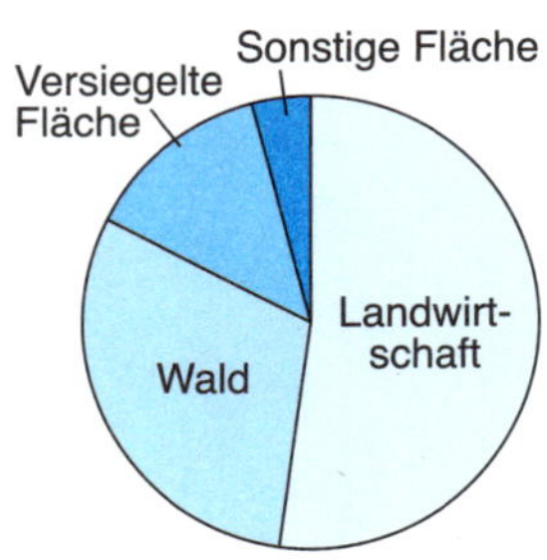

Landw.: 189°
Wald: 108°
vers. Fläche: 48°
Sonst. Fläche: 15°

Streifendiagramm

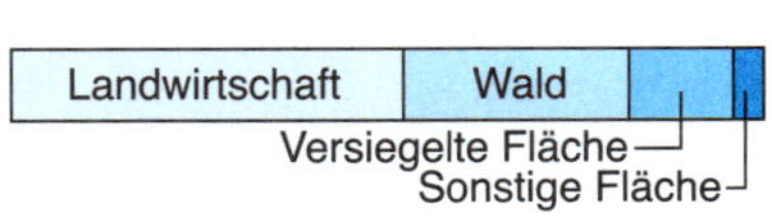

(5 cm lang)

Beim Streifendiagramm von 10 cm Länge ist jeder Abschnitt doppelt so lang: 1 % entspricht dann 1 mm.

1 In der Anne-Frank-Schule wurde unter den Schülerinnen und Schülern eine Umfrage gemacht, wie sie in die Schule kommen:

öffentlicher Nahverkehr	391
Fahrrad, Roller etc.	254
Auto der Eltern	214
zu Fuß	99

a) Die Daten sollen in einem Kreisdiagramm dargestellt werden. Notiere einen Term, mit dem man die Größe der Winkel der Kreissektoren berechnen kann.

b) Berechne die vier Winkelgrößen und erstelle das zugehörige Kreisdiagramm.

2 Ein Online-Händler hat dargestellt, wie sich der Umsatz auf verschiedene Bereiche verteilt:

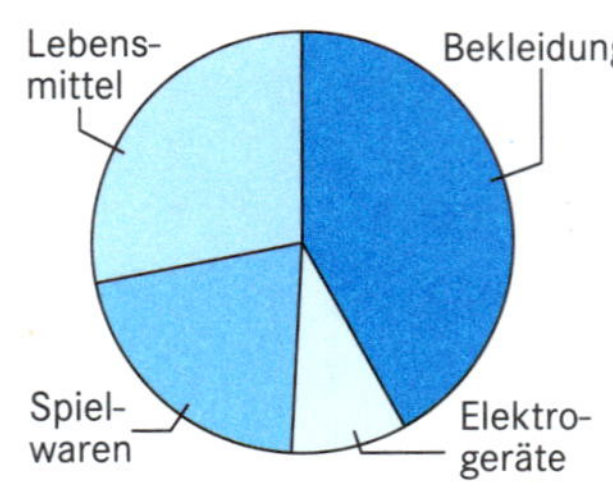

a) Bestimme, wie viel Prozent des Umsatzes er jeweils in den vier Bereichen gemacht hat.

b) Insgesamt hat der Händler 128,6 Mio. Euro Umsatz gemacht. Wie verteilt sich diese Summe auf die vier Bereiche?

3 Das Statistische Bundesamt ermittelte für 2013 die Ursachen für Autounfälle durch Umwelteinfluss. Ein Drittel wird durch Regen, ca. die Hälfte durch Schnee und Eis, zwei von Hundert durch Nebel und jeder Zehnte durch Wildwechsel verursacht. Die restlichen 5 % haben ganz unterschiedliche Ursachen. Stelle diesen Sachverhalt in einem Kreisdiagramm dar.

4 2015 verbrauchte jeder Einwohner in Deutschland im Durchschnitt 122 Liter Trinkwasser. Davon entfielen 44 Liter auf Baden und Duschen, 33 Liter auf die Toilettenspülung, 17 Liter auf Wäsche waschen. Der Rest wird zum Putzen, Spülen, Kochen usw. verbraucht.
Stelle diese Anteile in einem Kreisdiagramm dar.

1 a) Winkel =

b)

Transportmittel	Anteil	Winkelgröße
öffentlicher Nahverkehr		
Fahrrad, Roller etc.		
Auto der Eltern		
zu Fuß		

Nebenrechnungen:

2

Bereiche	Winkel (gemessen)	a) Anteil am Umsatz (in %)	b) Umsatz in diesem Bereich (in Mio. €)
Bekleidung			
Elektrogeräte			
Spielwaren			
Lebensmittel			

3 *Nebenrechnungen:*

4

	Liter	Anteil	Winkel
Baden und Duschen			
Toilettenspülung			
Wäsche waschen			
Sonstiges (Rest)			

Nebenrechnungen:

4 Zuordnungen (von S. 7)

In welchen Beispielen erkennst du proportionale (p) oder antiproportionale (a) Zuordnungen? Wo liegt keines von beiden (k) vor? Kreuze jeweils p, a oder k an.

Richtig angekreuzt ist jeweils ...

1) ☒ p (proportional), da der Graph eine Gerade durch den Ursprung ist.
2) ☒ k (keins von beiden), da mit größer werdenden x-Werten auch die y-Werte ansteigen (damit nicht antiproportional), die Steigung aber nicht mit konstant ist, der Graph also keine Ursprungsgerade ist (damit nicht proportional).
3) ☒ a (antiproportional), da mit größer werdenden x-Werten die y-Werte abnehmen, wobei gilt: $x \cdot y = 1$. Der Graph ist eine Hyperbel.
4) ☒ k (keins von beiden), da der Graph weder eine Ursprungsgerade noch eine Hyperbel ist.

5 Prozente (von S. 7)

a) Wie viel sind 30 % von 250 €?
b) Wie viel Prozent sind 25 cm von 5 m?
c) Von wie viel Kilogramm sind 5 % genau 10 kg?
d) Ein Kapital von 620 € wird ein Jahr lang mit 4 % verzinst. Berechne die Jahreszinsen.

Prozentrechnung:
- Grundwert G
- Prozentwert W
- Prozentsatz p %

3 % von 800 € sind 24 € (3 % = p %, 800 € = G, 24 € = W)

Formeln: $\mathbf{W = G \cdot p\,\%}$ $\mathbf{p\,\% = \frac{W}{G}}$ $\mathbf{G = \frac{W}{p\,\%}}$

Zinsrechnung:
Kapital K ↔ G; Zinsen Z ↔ W $\mathbf{Z = K \cdot p\,\%}$

Zu a)
W ist gesucht.
$W = 250\text{ €} \cdot 0{,}30$
$\mathbf{= 75\text{ €}}$

Zu b)
p % ist gesucht.
$p\,\% = \frac{0{,}25\text{ m}}{5\text{ m}} = 0{,}05$
$\mathbf{= 5\,\%}$

Zu c)
G ist gesucht.
$G = \frac{10\text{ kg}}{0{,}05} = \mathbf{200\text{ kg}}$

Zu d)
Z ist gesucht.
$Z = 620\text{ €} \cdot 0{,}04$
$\mathbf{= 24{,}80\text{ €}}$

1 Vervollständige die Wertetabellen zur proportionalen Zuordnung a) und b) bzw. zur antiproportionalen Zuordnung c) und d).

a)

x	1,5	3
y	4,5	

b)

x	14	
y	70	15

c)

x	7,5	2,5
y	20	

d)

x	12	
y	5	6

2 Skizziere zu den folgenden Beispielen jeweils den zugehörigen Graphen. Gib an ob es sich um eine proportionale (p), konstante (k), antiproportionale (a) oder aber um eine lineare (l) Funktion, die nicht proportional ist, handelt.

1	Eier werden hartgekocht: *Anzahl Eier → Kochdauer (in min)*
2	Taxifahrt mit 3 € Grundgebühr: *zurückgelegte Strecke (in km) → Fahrpreis (in €)*
3	10 km Autofahrt: *durchschnittliche Geschwindigkeit (in km/h) → Fahrdauer (in h)*
4	Einkauf auf dem Markt: *Menge Kartoffeln (in kg) → Preis (in €)*

3 Berechne.
a) 40 % von 650 € b) 23 % von 40 m

4 45 % der Länge einer Strecke sind 288 m. Wie lang ist die gesamte Strecke?

5 Berechne die Jahreszinsen.
a) 3200 € werden ein Jahr mit 3 % verzinst.
b) Ein Jahr lang werden 560 € bei einem Zinssatz von 2,5 % verzinst.

6 Die neue App der Firma Xi wurde im ersten Monat insgesamt 6480-mal verkauft (Preis: 0,89 €). Die Firma geht davon aus, dass die Anzahl der verkauften Apps jeden Monat um 8 % steigen wird. Mit wie vielen verkauften Apps rechnet sie im fünften Monat? Kreuze den passenden Term an und begründe deine Antwort.

☐ $6480 \cdot 8 \cdot 4$ ☐ $6480 \cdot 1{,}08^4$
☐ $6480 \cdot 0{,}89\text{ €} \cdot 0{,}08$ ☐ $6490 \cdot 1{,}08 \cdot 4$

1 a)

x	1,5	3
y	4,5	

b)

x	14		
y	70		

c)

x	7,5	2,5
y	20	

d)

x	12		
y	5		

Nebenrechnungen:

2 1) 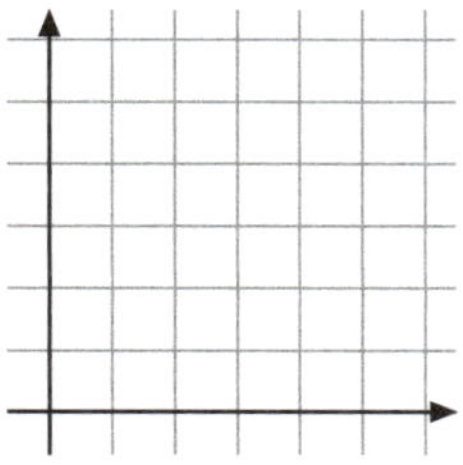

2) 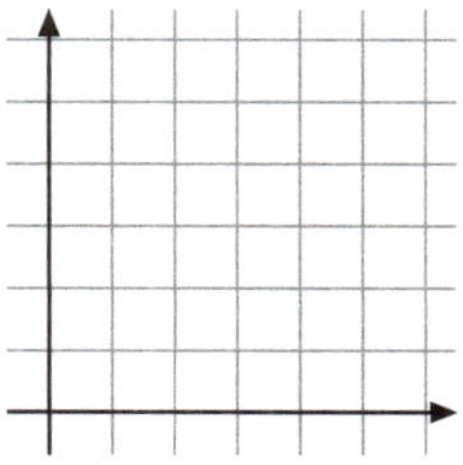

3) 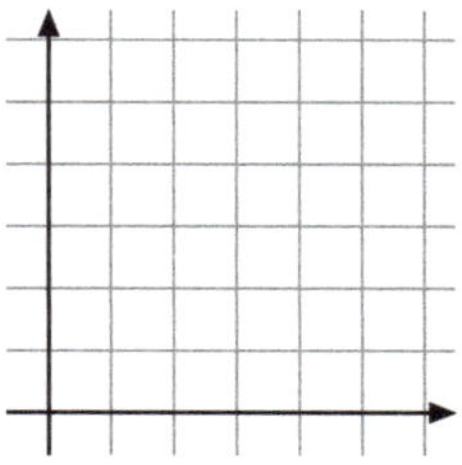

4) 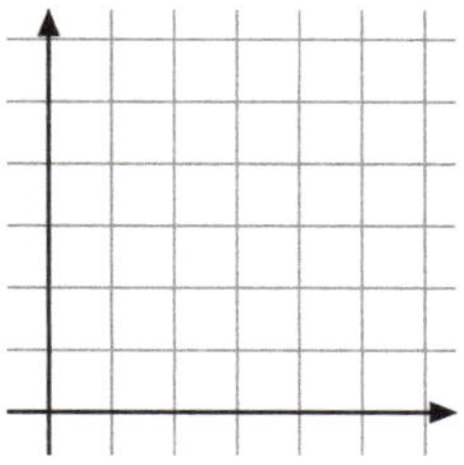

3 a) ____________________

b) ____________________

4 Gegeben: ____________________

Gesucht: ____________________

Formel: ____________________

Antwort: ____________________

____

5 a) *Antwort:* ____________________

____

b) *Antwort:* ____________________

____

6 *Begründung:* ____________________

____

____

____

____

6 Wintercheck (von S. 7)

Frau König lässt ihr Auto in der Werkstatt auf den Winter vorbereiten. Für Materialien und Arbeitsleistungen erstellt die Werkstatt die Rechnung mithilfe einer Tabellenkalkulation.

a) In welcher Zelle findest du den Einzelpreis für einen Reifen?

b) Gib an, wie teuer 1 Liter Motoröl (ohne MwSt.) ist.

c) Gib eine Formel an, mit der man die Zwischensumme in Zelle D10 berechnen kann.

d) Welche Formeln könnten in D11 stehen? Kreuze alle richtigen an.

☐ = D10 * 0,19 ☐ = D10 / B11*100

☐ = D10*B11/100 ☐ = 348,11 € / B11

Zu a)

Der Einzelpreis für einen Reifen steht in Zelle **C3.**

Zu b)

24,75 € : 1,5 = 16,50 €.

Ein Liter Motoröl kostet 16,50 €.

Zu c)

D10: **=D3+D4+D5+D7+D8**

Schneller geht es mit: **=Summe(D3:D8)**

Zu d)

Die Zwischensumme (in D10) muss mit 19 % multipliziert werden. Richtig sind: = D10*0,19 und = D10*B11/100 (B11: =19)

7 Gleichungen und Graphen (von S. 8)

Ordne den Graphen (g_1, g_2, … g_6) die zugehörige Funktionsgleichung zu. Zwei Gleichungen passen zu keinem Graphen.

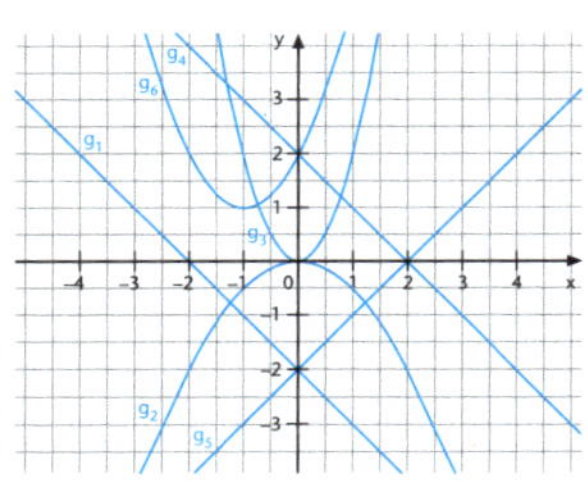

	$y = -0,5\,x^2$
	$y = x - 2$
	$y = -x - 2$
	$y = x^2 + 2x + 2$

	$y = -2\,x^2$
	$y = 2\,x^2$
	$y = -x + 2$
	$y = 0,5\,x^2$

g_1, g_4 und g_5 haben Geradengleichungen der Form $y = mx + n$. Sie steigen bei $m > 0$ und fallen bei $m < 0$; die y-Achse schneiden sie an der Stelle n. Also gilt:

g_1: $y = -x - 2$; g_4: $y = -x + 2$; g_5: $y = x - 2$

g_2, g_3 und g_6 haben Parabelgleichungen der Form $y = ax^2 + bx + c$. Sie schneiden die y-Achse bei c; für $b = 0$ liegt der Scheitelpunkt auf der y-Achse. Bei $a > 0$ ($a < 0$) ist die Parabel nach oben (unten) geöffnet. Bei $|a| > 1$ ($|a| < 1$) ist sie enger (breiter) als die Normalparabel. Also gilt:

g_2: $y = -0,5x^2$; g_3: $y = 2x^2$; g_6: $y = x^2 + 2x + 2$

1 Eine Rechnung beläuft sich einschließlich Mehrwertsteuer auf 1000 €.
Wie berechnet man den Rechnungsbetrag ohne Mehrwertsteuer? Kreuze an.

☐ 1000 € – 19 € ☐ 1000 € – 190 €

☐ 1000 € : 0,19 ☐ 1000 € : 1,19

2 Frau Weber notiert sich, bei welchem Kilometerstand sie wie viel Liter getankt hat und was ein Liter Diesel gekostet hat.

	A	B	C	D	E
1	Kilometer	Liter	Preis pro Liter	Gesamtpreis	Verbrauch in Liter auf 100 km
2	35000	35,7	1,36 €	48,55 €	-------
3	35867	49,4	1,45 €		
4	36422	29,4	1,28 €		
5	37225	52,5	1,22 €		

a) Mit welcher Formel kann in Zelle D2 der Gesamtpreis berechnet werden?
Trage alle Gesamtpreise in Spalte D ein.

b) Berechne den durchschnittlichen Verbrauch auf 100 km zwischen jeweils zwei Tankstopps. Trage die Ergebnisse in die Tabelle ein.

c) Gib für Zelle E3 eine Formel zur Berechnung des Durchschnittsverbrauchs auf 100 km an.

3 Die Punkte P (6|0), Q (0|– 3) und R (– 2|– 4) gehören zum Graphen einer linearen Funktion.

a) Zeichne den Graphen der Funktion.

b) Gib die zugehörige Funktionsgleichung an.

4

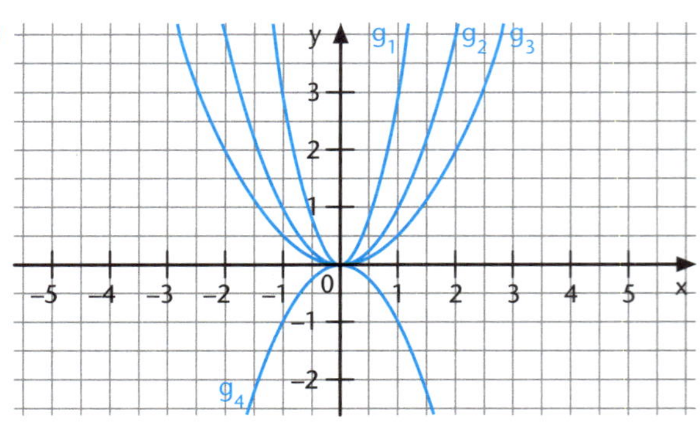

a) Ordne jedem Graphen die passende Funktionsgleichung zu.

	$y = -x^2$		$y = 0,5x^2$		$y = x^2$		$y = 3x^2$

b) Was kannst du über den Verlauf des Graphen einer quadratischen Funktion mit der Gleichung $y = a \cdot x^2$ aussagen, wenn du weißt, dass $a < 0$ ist?

1 Richtig ist: ____________________

2 a) und b): Tabelle von Frau Weber

	A	B	C	D	E
1	Kilometer	Liter	Preis pro Liter	Gesamtpreis	Verbrauch in Liter auf 100 km
2	35000	35,7	1,36 €	48,55 €	-------
3	35867	49,4	1,45 €		
4	36422	29,4	1,28 €		
5	37225	52,5	1,22 €		

a) Formel für Zelle D2: ____________________

c) Formel für Zelle E3: ____________________

Nebenrechnungen:

3 a)

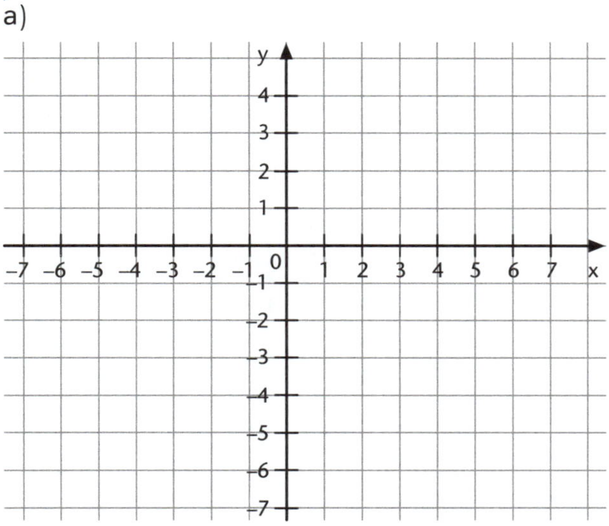

b) Funktionsgleichung:

____

4 a)

Graph	Funktionsgleichung
	$y = -x^2$
	$y = 0{,}5x^2$
	$y = x^2$
	$y = 3x^2$

b) *Antwort:* ____________________

8 Tablet (von S. 8)

Im Internet wird ein Tablet zu folgenden Preisen angeboten.

256 €	252 €	320 €	269 €	279 €

a) Gib den Median (Zentralwert), die Spannweite und das arithmetische Mittel der Preise an.
b) Berücksichtigt man noch ein sechstes Angebot, beträgt das arithmetische Mittel nur noch 264 €. Wie teuer ist das Tablet aus diesem Angebot?

Zu a)
Zuerst werden die Daten der Größe nach geordnet:
252 €; 256 €; 269 €; 279 €; 320 €
Bei einer ungeraden Anzahl von Daten ist der Median der Wert in der Mitte. Bei einer geraden Anzahl von Daten stehen in der Mitte zwei Werte. Als Median gibt man dann das arithmetische Mittel dieser beiden Werte an.

Median: 269 €

Die Spannweite ist die Differenz zwischen dem größten und kleinsten Wert.

Spannweite: 320 € – 252 € = **68 €**

Beim arithmetischen Mittel werden alle Werte addiert und durch die Anzahl der Werte geteilt.

Arithmetisches Mittel:
(252 € + 256 € + 269 € + 279 € + 320 €) : 5
= 1376 € : 5 = **275,20 €**

Zu b)
x sei der Preis des neuen Angebots. Alle sechs Preise zusammen ergeben das Sechsfache des neuen arithmetischen Mittels von 264 €, also:

$$1376\text{ €} + x = 6 \cdot 264\text{ €}$$
$$1376\text{ €} + x = 1584\text{ €} \quad | -1376\text{ €}$$
$$x = 208\text{ €}$$

Beim sechsten Angebot kostet das Tablet **208 €.**

1 Gib jeweils den Median (Zentralwert), das arithmetische Mittel und die Spannweite der Stichprobe an.

a) 84,30 €; 65,80 €; 111,40 €; 99,70 €; 107,20 €

b) 4,50 m; 4,20 m; 5,10 m; 4,80 m; 5,30 m; 4,60 m

2 In einem Fahrstuhl befinden sich 12 Personen mit den auf dem Zettel angegebenen Gewichten*.

78,5 kg	96 kg	81,4 kg	54,5 kg
67,5 kg	93,4 kg	72,2 kg	56,8 kg
98,6 kg	78,2 kg	73,8 kg	84,3 kg

a) Bei der Angabe „max. 12 Personen" wurde davon ausgegangen, dass die Personen durchschnittlich 80 kg wiegen. Ist das hier so?

b) Wie groß ist die Spannweite der Gewichte* in der Liste?

c) Bestimme den Median der Werte in der Liste und berechne den Unterschied zum arithmetischen Mittel.

*„Gewicht" ist der umgangssprachliche Begriff. Korrekt müsste es „Masse" heißen.

3 Sabine hat mit sieben Sprüngen für den Weitsprung-Wettbewerb trainiert. Hier sind die Weiten der ersten fünf Sprünge:

4,20 m	4,65 m	3,95 m	4,10 m	4,45 m

Der sechste Sprung war zugleich Sabines schlechteste Weite. Nach dem mittelmäßigen siebten Sprung stellt Sabine fest:

(1) Die Weitsprungdaten haben eine Spannweite von 90 cm.
(2) Das arithmetische Mittel der Sprungweiten ist 4,20 m.

a) Wie weit ist Sabine im sechsten und siebten Versuch gesprungen?

b) Gib den Median der sieben Weitsprungdaten an.

1 a) sortierte Daten:

______ ______ ______ ______ ______

Median (Zentralwert): ______________

arithmetisches Mittel: ______________

Spannweite: ______________

b) sortierte Daten:

_____ _____ _____ _____ _____ _____

Median (Zentralwert): ______________

arithmetisches Mittel: ______________

Spannweite: ______________

2 a) *Antwort:* ______________________

____

____

____

____

____

b) *Antwort:* ______________________

____

____

c) Median: ______________________

Unterschied zum arithmetischen Mittel:

____

3 a) Weite sechster Versuch*:* ______________

Weite siebter Versuch*:* ______________

b) Median aller sieben Weitsprungdaten:

____

Nebenrechnungen:

9 Gleichungssysteme (von S. 8)

a) Löse das Gleichungssystem. I. $x - 2y = 4$
II. $3x + y = 5$

b) Ein Rechteck hat den Umfang 30 cm, wobei die eine Seite 2 cm länger ist als die andere Seite.
Wie lang sind die Seiten?

Zu a)

I. $x - 2y = 4$
II. $3x + y = 5 \quad | \cdot 2$

I. $x - 2y = 4$
II. $6x + 2y = 10$

I. + II. $7x = 14 \quad | : 7$

$\mathbf{x = 2}$

$x = 2$ in Gleichung I. eingesetzt:

$2 - 2y = 4 \quad | -2$

$-2y = 2 \quad | : (-2)$

$\mathbf{y = -1}$

Lösung: $x = 2$ und $y = -1$

Zu b)

x: Breite; y: Länge

I. $2x + 2y = 30$
II. $y = x + 2$

II. in I. eingesetzt:

$2x + 2(x + 2) = 30$

$2x + 2x + 4 = 30 \quad | -4$

$4x = 26 \quad | : 4$

$\mathbf{x = 6{,}5}$

$x = 6{,}5$ in Gleichung II. eingesetzt:

$y = 6{,}5 + 2$

$\mathbf{y = 8{,}5}$

Die Seiten des Rechtecks betragen **6,5 cm** und **8,5 cm**.

10 Dreieck im Koordinatensystem (von S. 9)

a) Gib die Koordinaten der Punkte P, Q und R an.

b) Welchen Flächeninhalt hat das Dreieck PQR?

c) Trage den Punkt S (4|4) in das Koordinatensystem ein. Wie heißt die Figur PQRS?

d) Bestimme den Flächeninhalt der Figur PQRS.

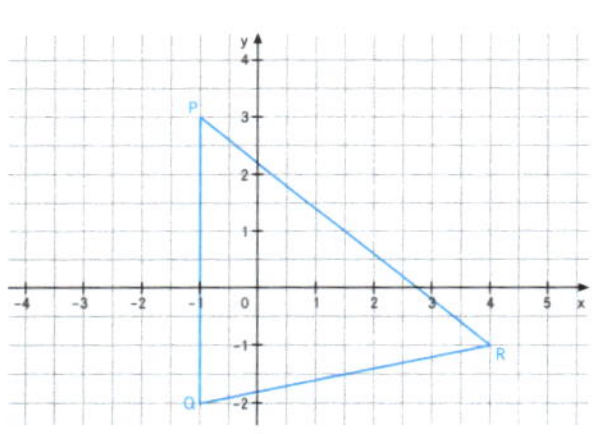

Zu a)

P (−1 | 3); Q (−1 | −2); R (4 | −1)

Zu b)

$g = 5\text{ cm};\ h = 5\text{ cm} \rightarrow A = \frac{5\text{ cm} \cdot 5\text{ cm}}{2} = \mathbf{12{,}5\text{ cm}^2}$

Zu c)

Die Figur PQRS ist ein **Parallelogramm**.

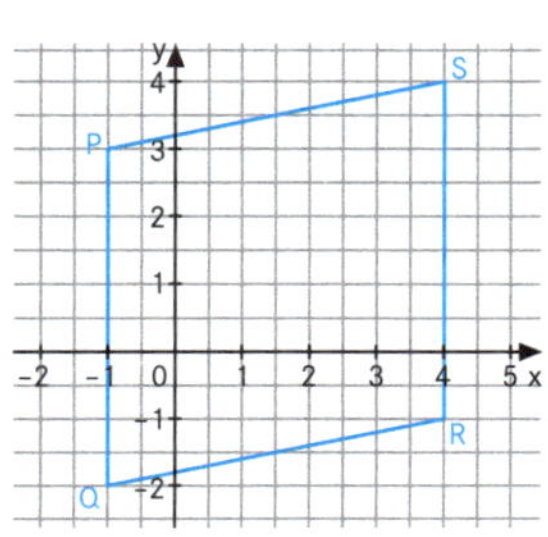

Zu d)

$A = g \cdot h$

$A = 5\text{ cm} \cdot 5\text{ cm}$

$\mathbf{A = 25\text{ cm}^2}$

1 Welche Lösungen hat das Gleichungssystem?

a) I. $x + 9y = -41$
II. $x - 4y = 24$

b) I. $x + 5y = 17$
II. $2x - 4y = 20$

c) I. $2x - 3y = 8$
II. $5x + 6y = 20$

d) I. $3x + 4y = 1$
II. $6x + 8y = 0$

2 Ein 50-Euro-Schein wird so in 10-Euro-Scheine und 5-Euro-Scheine gewechselt, dass die Anzahl der kleineren Scheine x dreimal so groß ist wie die Anzahl der größeren Scheine y.
Wie viele Scheine sind es?

3 Ein Korken und eine Flasche kosten zusammen 1,10 €.
Die Flasche ist 1 € teurer als der Korken.
Was kostet der Korken, was die Flasche?

4 Zeichne das Dreieck ABC mit A (−3 | 3,5), B (−3 | 0) und C (3 | 1) in das Koordinatensystem mit der Einheit 1 cm.

a) Welchen Flächeninhalt hat das Dreieck?

b) Finde einen vierten Punkt D so, dass das Viereck ABDC ein Parallelogramm ist.
Welche Koordinaten hat der Punkt D?

c) Welchen Flächeninhalt hat das Viereck ABDC?

5 Trage die Punkte A (−3 | 1), B (4 | 1) und C (4 | 4) in das Koordinatensystem (Einheit 1 cm) ein und verbinde sie zu einem Dreieck.

a) Berechne den Umfang des Dreiecks.

b) Markiere den Mittelpunkt M der Seite $\overline{BC}$.
Welche Koordinaten hat der Punkt M?

c) Zeichne durch den Punkt M die Parallele zu $\overline{AB}$. Sie trifft $\overline{AC}$ im Punkt D.
Wie heißt das Viereck ABMD und welchen Flächeninhalt hat es?

6 Das Dreieck ABC hat einen Flächeninhalt von 9 cm² und ist in ein Koordinatensystem mit der Einheit 1 cm eingezeichnet.
Die Punkte A (2 | 4) und B (2 | −2) sind bekannt; von C weiß man, dass dieser Punkt 1 cm von der x-Achse entfernt ist.
Welche vier Punkte des Koordinatensystems kommen für C in Frage?

1 a) x = ______ y = ______

b) x = ______ y = ______

c) x = ______ y = ______

d) x = ______ y = ______

Nebenrechnungen:

2 *Antwort:* ______

______

3 *Antwort:* ______

______

4

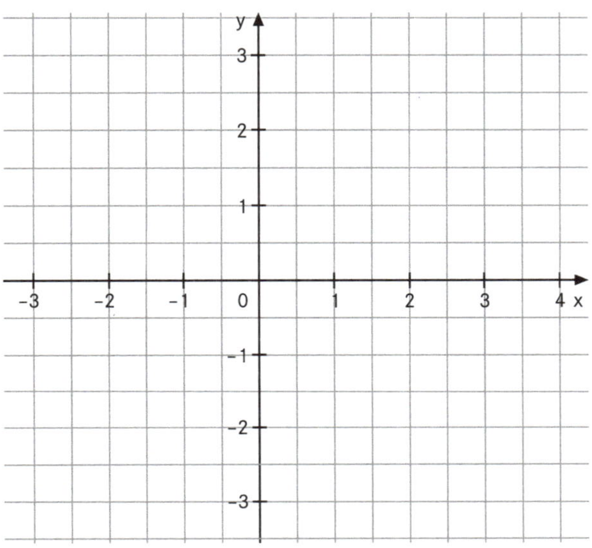

a) Flächeninhalt $A_{\triangle}$ = ______

b) D (|)

c) Flächeninhalt $A_{\square}$ = ______

5

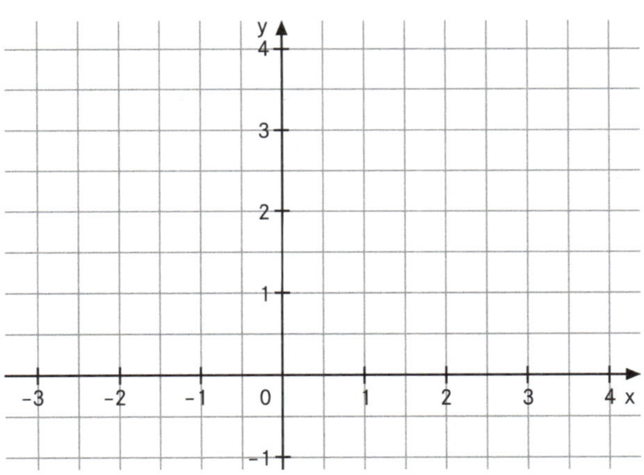

a) Umfang u = ______

b) M (|)

c) Figur: ______ ; A = ______

6

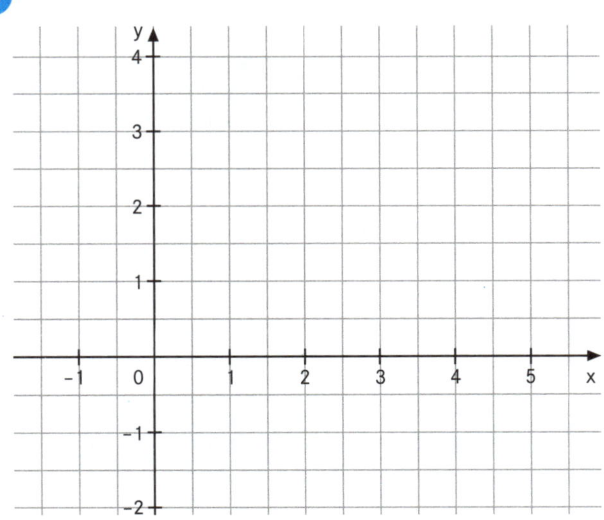

C_1 (|) C_3 (|)

C_2 (|) C_4 (|)

11 Schätzen (von S. 9)

Kreuze an, welche Maßangabe stimmen könnte.

Oberfläche	Volumen des Badewassers	Höhe eines Kirchturms

☐ $300\ dm^2$	☐ 550 *l*	☐ 850 mm
☐ $30\ cm^2$	☐ $55\,000\ cm^3$	☐ 85 dm
☐ $0{,}3\ m^2$	☐ $5{,}5\ m^3$	☐ 85 000 cm
☐ $30\,000\ mm^2$	☐ $5\,500\,000\ mm^3$	☐ 0,085 km

Oberfläche der Schokoladentafel

Eine Schokoladentafel ist ca. 8 cm breit, 16 cm lang und 1 cm hoch. Das ergibt einen Oberflächeninhalt von $O = 2 \cdot (8 \cdot 16 + 8 \cdot 1 + 16 \cdot 1)\ cm^2 = 304\ cm^2 = 30\,400\ mm^2 \approx \mathbf{30\,000\ mm^2}$.

Volumen des Badewassers

Geschätzte Innemaße einer Badewanne:

l = 180 cm, b = 60 cm, h = 50 cm

$V = 180\ cm \cdot 60\ cm \cdot 50\ cm$

$V = 540\,000\ cm^3 = 540\ l \approx$ **550 *l***

Höhe eines Kirchturms

Hilfreich ist das Umrechnen der Maße in Meter: 850 mm = 0,85 m; 85 000 cm = 850 m; 85 dm = 8,5 m; 0,085 km = 85 m

Nur **0,085 km** (= 85 m) ist realistisch.

12 Umzug (von S. 9)

Für den Transport von 90 Umzugskartons sucht Familie Meyer bei einer Leihfirma ein geeignetes Fahrzeug. Ein Karton hat folgende Abmessungen (in mm):
600 x 330 x 340.
Es stehen Transporter mit einem Ladevolumen von $5{,}8\ m^3$ und $9{,}5\ m^3$ zur Auswahl. Welchen Transporter würdest du empfehlen? Begründe rechnerisch.

Zunächst muss das Volumen eines Kartons berechnet werden.

Für Quader gilt die Volumenformel:

V = Länge · Breite · Höhe

$V = 600\ mm \cdot 330\ mm \cdot 340\ mm$
$\quad = 67\,320\,000\ mm^3$

$67\,320\,000\ mm^3 = 0{,}06732\ m^3$

90 Kartons haben das Volumen:

$90 \cdot 0{,}06732\ m^3 = 6{,}0588\ m^3$

Zu empfehlen ist der Transporter mit dem Ladevolumen von $9{,}5\ m^3$.

1 Wie viele Sekunden hat eine Schülerin vom ersten Schultag bis zum Ende der 10. Klasse etwa in der Schule verbracht?

☐ 3 600 000 s ☐ 360 000 000 s
☐ 36 000 000 s ☐ 3 600 000 000 s

2 Prüfe den Flächeninhalt eines 20-€-Scheins.

☐ $957{,}6\ cm^2$ ☐ $95\,760\ mm^2$
☐ $95{,}76\ dm^2$ ☐ $9\,576\ mm^2$

3 Kreuze an, welche Schätzung am besten passt.

a) Ungefähre Größe der lackierten Fläche eines Pkws

☐ $72\ m^2$ ☐ $720\ dm^2$
☐ $720\,000\ mm^2$ ☐ $7\,200\ cm^2$

b) Größe des Kofferraums eines Pkws

☐ 37 hl ☐ 370 000 ml
☐ $0{,}037\ m^3$ ☐ 37 000 *l*

4 Der Boden eines quaderförmigen Aquariums hat die Innenmaße 8 dm x 4,5 dm. Das Aquarium ist 6 dm hoch und bis 5 cm unter dem Rand gefüllt.

a) Wie viel Liter Wasser befinden sich in diesem Aquarium?

b) Ein Liter Wasser wiegt 1 kg. Gib die Masse der Wasserfüllung an.

5 Ein Schwimmbecken ist 25 m lang und verfügt über acht Bahnen von je 1,50 m Breite. Es ist an allen Stellen gleich tief und fasst $750\ m^3$ Wasser. Wie tief ist es?

6 Ein Quader ist doppelt so lang wie breit und dreimal so hoch wie breit. Sein Volumen beträgt $48\ cm^3$. Wie breit ist er?

7 Eine Baugrube ist 4 m lang, 2,50 m breit und 1,80 m tief.

a) Wie viel Kubikmeter Erde mussten ausgehoben werden?

b) Ein Kubikmeter Erde wiegt 1700 kg. Berechne die Masse des Erdaushubs in Tonnen.

1 Zeit in der Schule

2 Fläche 20-€-Schein

3 a) lackierte Fläche Pkw

b) Kofferraum Pkw

4

Antwort: a) ______

b) ______

5

Antwort: ______

6

Antwort: ______

7

Antwort: a) ______

b) ______

13 Aussagen (von S. 10)

Welche der folgenden Sachtexte passen zu der Gleichung $x + (x - 3) = 60$? Kreuze jeweils an.

1	Vera ist drei Jahre jünger als Max. Zusammen sind sie 60 Jahre alt.	☐ Ja	☐ Nein
2	Eine Lostrommel enthält dreimal so viele Nieten wie Gewinnlose. Insgesamt sind 60 Lose in der Trommel.	☐ Ja	☐ Nein
3	Familie Maier legt auf ihrer zweitägigen Radtour insgesamt 60 km zurück. Am zweiten Tag fahren sie 3 km weniger als am ersten Tag.	☐ Ja	☐ Nein
4	Ein 60 m^2 großer Saal wird mit Parkett ausgelegt. Länge und Breite des Raumes unterscheiden sich um 3 Meter.	☐ Ja	☐ Nein

(1): Max: x; Vera: $x - 3$
Gleichung $x + (x - 3) = 60$ ☒ **Ja**

(2): Gewinnlose: x; Nieten: 3x
Gleichung $x + 3x = 60$ ☒ **Nein**

(3): 1. Tag: x; 2. Tag : $x - 3$
Gleichung $x + (x - 3) = 60$ ☒ **Ja**

(4): Länge: x, Breite: $x - 3$
Gleichung $x \cdot (x - 3) = 60$ ☒ **Nein**

14 Parabeln in versch. Darstellungen (von S. 10)

Eine Parabel hat den Scheitelpunkt $S(3\,|\,-15)$ und ist gegenüber der Normalparabel um den Faktor $a = 2$ gestreckt. Gib die Scheitelpunktform der Parabel an und wandle diese in die allgemeine Form um.

$f(x) = 2\,(x - 3)^2 - 15$
$f(x) = 2\,(x^2 - 6x + 9) - 15$
$f(x) = 2x^2 - 12x + 18 - 15$
$f(x) = 2x^2 - 12x + 3$

15 Farbige Kugeln (von S. 10)

Aus einem Behälter mit 3 roten, 5 grünen und 2 blauen gleichartigen Kugeln wird eine verdeckt gezogen. Berechne die Wahrscheinlichkeiten für „blau“ und für „nicht rot“.
a) P (blau) b) P (nicht rot)

$P\,(E) = \frac{\text{Anzahl der günstigen Ergebnisse}}{\text{Anzahl der möglichen Ergebnisse}}$

Zu a)
Möglich sind 10 Ergebnisse; günstig sind 2 Ergebnisse, da 2 der 10 Kugeln blau sind.
Also: $P\,(\text{blau}) = \frac{2}{10} = \mathbf{0{,}2 = 20\,\%}$

Zu b)
Möglich sind 10 Ergebnisse; günstig sind 7 Ergebnisse, da 7 der Kugeln nicht rot sind.
Also: $P\,(\text{nicht rot}) = \frac{7}{10} = \mathbf{0{,}7 = 70\,\%}$

1 Welche Sachtexte passen zu der Gleichung $5x + 17 = 57$? Was gibt in diesen Fällen x an?

(1) Fünf Freunde gehen ins Kino. Sie kaufen Karten und anschließend Popcorn für 17 €. Insgesamt bezahlen sie 57 €.
(2) Frau May kauft 5 Flaschen Wein und 17 Flaschen Sekt. Sie bezahlt insgesamt 57 €.
(3) Ein 5 km langer Rundkurs für Crossräder wird x-mal durchfahren. Der Kurs liegt 17 km von Tannendorf entfernt. Es sind 57 Teilnehmer am Start.
(4) Ein Unternehmen soll 57 m^3 Muttererde transportieren. Der große Lkw bringt pro Fahrt 17 m^3, der kleine Lkw den Rest mit fünf Fahrten, jeweils voll beladen.
(5) Ein Rechteck ist 5 cm breit, seine Länge unbekannt. Wäre es 17 cm^2 größer, hätte es einen Flächeninhalt von 57 cm^2.

2 Eine Parabel wird durch die Gleichung $f(x) = -1{,}5\,(x + 4)^2 + 8$ beschrieben.

a) Gib den Scheitelpunkt an und beschreibe, wie man die Parabel aus der Normalparabel gewinnen kann.

b) Wandle die Scheitelpunktform in die allgemeine Form um.

3 Lukas behauptet, dass diese drei Gleichungen dieselbe Funktion beschreiben:
(1) $f(x) = (x - 1{,}5)^2 - 20{,}25$
(2) $g(x) = x^2 - 3x - 18$
(3) $h(x) = (x + 3) \cdot (x - 6)$
Überprüfe rechnerisch, ob Lukas recht hat.

4 Färbe die Kugeln im Behälter so, dass beim verdeckten Ziehen die angegebenen Wahrscheinlichkeiten bestehen.

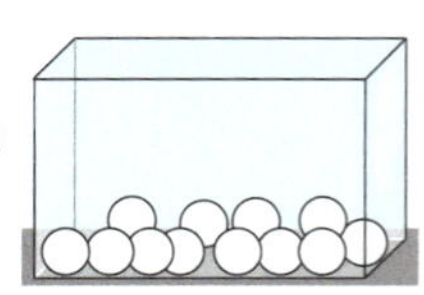

$P\,(\text{rot}) = \frac{1}{6}$
$P\,(\text{blau}) = \frac{1}{3}$
$P\,(\text{grün}) = \frac{1}{2}$

5 Aus dem Behälter zieht Uwe mit verbundenen Augen eine Kugel.

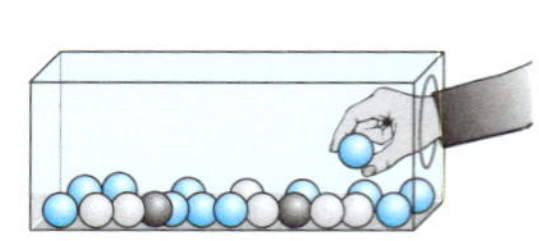

a) Mit welcher Wahrscheinlichkeit zieht er eine hellgraue Kugel?

b) Mit welcher Wahrscheinlichkeit zieht er keine schwarze Kugel?

1

Aussage	passt/passt nicht	Bedeutung von x bei den passenden Aussagen
(1)		
(2)		
(3)		
(4)		
(5)		

2 *Tipp:* Eine Parabel mit dem Scheitelpunkt S(u | v) wird durch die Scheitelpunktform $f(x) = a\,(x - u)^2 + v$ beschrieben. Am Faktor a kannst du erkennen, ob die Parabel gestreckt oder gestaucht und nach oben oder unten geöffnet ist.

a) S(_____ | _____)

____

____

____

b) f(x) = ________________

3 (1) f(x) = ________________

(2) $g(x) = x^2 - 3x - 18$

(3) h(x) = ________________

Hat Lukas recht?

☐ ja ☐ nein

4 Anzahl roter Kugeln: __________

Anzahl blauer Kugeln: __________

Anzahl grüner Kugeln: __________

5 a) Anzahl der möglichen Ergebnisse: _____

Anzahl der günstigen Ergebnisse: _____

P (hellgrau) = _____

b) Anzahl der möglichen Ergebnisse: _____

Anzahl der günstigen Ergebnisse: _____

P (nicht schwarz) = _____

16 Zylinder (von S. 10)

a) Skizziere das Netz eines Zylinders.
b) Ein Zylinder hat eine Grundfläche mit dem Radius 14 cm und ist 8 cm hoch.
Bestimme den Oberflächeninhalt des Zylinders gerundet auf ganze cm^2.

Netz: a)

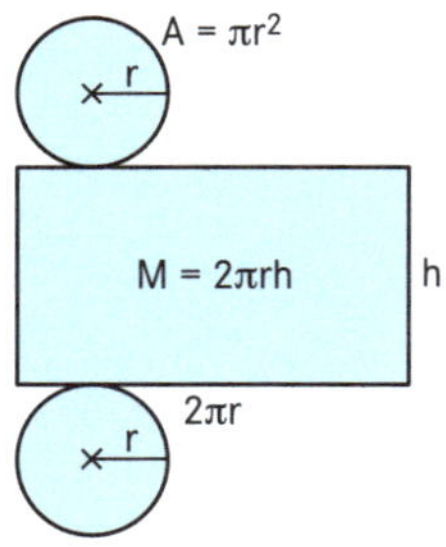

b) $O = 2\pi r^2 + 2\pi rh$

$O = 2\pi \cdot (14\text{ cm})^2 + 2\pi \cdot 14\text{ cm} \cdot 8\text{ cm}$

$O = 2\pi \cdot 196\text{ cm}^2 + 2\pi \cdot 112\text{ cm}^2$

$\mathbf{O \approx 1935\text{ cm}^2}$

17 Gehaltskürzungen (von S. 10)

Eine Tageszeitung schrieb am 18. Juli 2012 den Artikel: (siehe S. 10) Kreuze alle Fragen an, die man mithilfe dieses Artikels beantworten kann:

(1) ☐ Wie viel Euro jährliche Gehaltseinbußen hatten der König und der Prinz zusammen?
(2) ☐ Wurden beide Gehälter um denselben Prozentsatz gekürzt?
(3) ☐ Wie hoch war das Jahresgehalt von Felipe vor der Kürzung?
(4) ☐ Wie hoch war das Jahresgehalt des Königs nach der Kürzung?
(5) ☐ War das Jahresgehalt des Königs vor der Kürzung doppelt so hoch wie das Jahresgehalt von Felipe?

Die Fragen (1) und (4) können beantwortet werden:
(1) 20 910 € + 10 455 € = 31 365 €
(4) 7,1 % entspricht 20 910 € (Dreisatz)
1 % entspricht 20 190 € : 7,1
Der König bekommt noch 92,9 % seines alten Gehalts, das entspricht
20 910 € : 7,1 · 92,9 ≈ 273 597 €
Frage (2) und Frage (3) können nicht beantwortet werden, da für Felipe nur der Prozentwert gegeben ist.
Frage (5) kann nicht beantwortet werden: Die Kürzung beim König ist zwar doppelt so hoch, aber man weiß nicht, ob beide Gehälter um denselben Prozentsatz gekürzt wurden.

1 a) Zeichne das Netz des Zylinders.
b) Berechne vom abgebildeten Zylinder den Flächeninhalt des Mantels und der Oberfläche.
c) Berechne das Volumen in Litern.

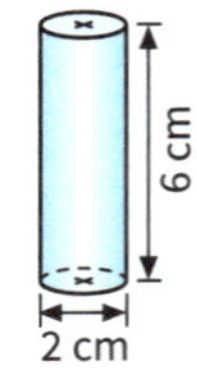

2 Eine Dose Suppe hat einen Durchmesser von 10,3 cm und eine Höhe von 12 cm.
a) Auf der Banderole (Dosenmantel) ist ein Inhalt von 998 ml angegeben. Trifft diese Angabe zu?
b) Wie viel Quadratmeter Papier braucht man zur Herstellung von 50 000 Banderolen?

3 Abgebildet ist der Mantel eines 8 cm hohen Zylinders. Berechne Durchmesser und Volumen des Zylinders.

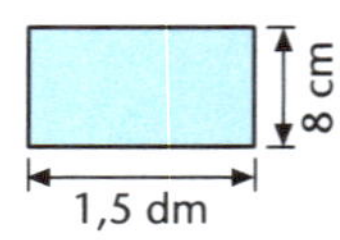

4 Markiere alle Zahlangaben, die benötigt werden, um die Schulden mit Zinsen zu berechnen. Berechne die Schulden.

Prinz Charles zahlt 350 Jahre alte Schulden zurück
Prinz Charles hat im Jahr 2008 eine über 350 Jahre alte Familienschuld beglichen, die anzusetzenden 3 % Zinsen aber ignoriert. Sein Urahn Karl II hatte 1651 für umgerechnet 572,20 Euro Uniformen beim Verband der Tuchmacher in Auftrag gegeben, aber nie bezahlt. Laut BBC hätte Prinz Charles über 50 000 Euro zurückzahlen müssen.

5 Die Klasse 10a mit 26 Schülerinnen und Schülern befindet sich an der Sophie-Scholl-Schule mit 542 Schülerinnen und Schülern. Im Kollegium dieser Schule sind 64 % Frauen, während in der 10a der Anteil weiblicher Personen bei 46 % liegt. Kreuze alle Fragen an, die mit diesen Informationen beantwortet werden können und berechne die Ergebnisse.
(1) ☐ Wie viele männliche Lehrkräfte hat die Sophie-Scholl-Schule?
(2) ☐ Wie viel Prozent aller Schülerinnen und Schüler gehören der Klasse 10a an?
(3) ☐ Ist der weibliche Anteil in der 10a oder im Kollegium größer?
(4) ☐ Wie viele Jungen besuchen die 10a?
(5) ☐ Wie viele Jungen gibt es an der Schule?
(6) ☐ Wie viele Schülerinnen und Schüler kommen auf eine Lehrkraft?

1 b) M = ______________

O = ______________

c) V = ______________

2 a) *Antwort:* ______________

____

____

b) *Antwort:* ______________

____

____

3 d = ______________

V = ______________

4

Prinz Charles zahlt 350 Jahre alte Schulden zurück
Prinz Charles hat im Jahr 2008 eine über 350 Jahre alte Familienschuld beglichen, die anzusetzenden 3% Zinsen aber ignoriert. Sein Urahn Karl II hatte 1651 für umgerechnet 572,20 Euro Uniformen beim Verband der Tuchmacher in Auftrag gegeben, aber nie bezahlt. Laut BBC hätte Prinz Charles über 50 000 Euro zurückzahlen müssen.

Zinssatz: ______________

Kapital: ______________

Schulden: ______________

5 Ergebnisse:

(1) ______________

____

(2) ______________

____

(3) ______________

____

(4) ______________

____

(5) ______________

____

(6) ______________

____

Nebenrechnungen und Zeichnung:

a) Netz

18 Dynamischer Flächeninhalt (von S. 11)

Mit einer dynamischen Geometrie-Software wurde die Strecke $\overline{AB}$ mit der Länge 4 cm erstellt und ein Kreis um A mit dem Radius $\overline{AB}$ gezeichnet. C ist ein Punkt auf dem Kreis um A. Das Dreieck ABC hat für $\alpha = 110°$ einen Flächeninhalt von 7,52 cm². Beschreibe die Veränderungen der Seitenlängen, der Winkelgrößen und des Flächeninhalts des Dreiecks, wenn du den Punkt C auf dem Kreis um A bewegst.

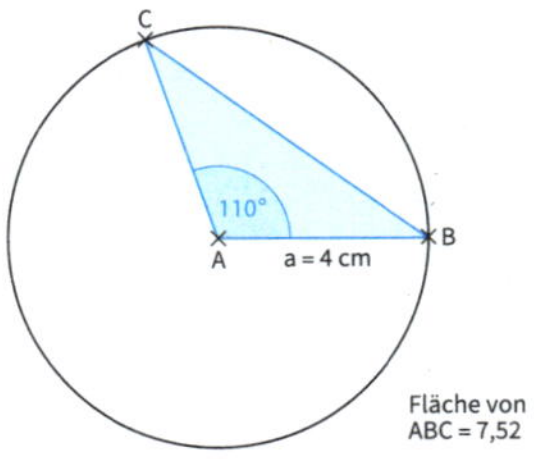

Bewegt man Punkt C des Dreiecks ABC auf dem Kreisbogen um A, dann verändern sich
- die Lage der Seite $\overline{AC}$,
- die Größe des Winkels α, denn $\overline{AC}$ ist ein Schenkel von α und
- die Länge der Seite $\overline{BC}$.

Die Längen der Seiten $\overline{AB}$ und $\overline{AC}$ bleiben gleich, denn ihre Länge entspricht dem Radius des Kreises auf dem C bewegt wird. Das Dreieck ABC bleibt also immer gleichschenklig.

Zudem verändert sich der Flächeninhalt des Dreiecks ABC, denn z. B.
- für $\alpha = 0°$ kommen die Schenkel zur Deckung, es entsteht kein Dreieck bzw. der Flächeninhalt ist 0 cm².
- für $\alpha = 90°$ entsteht ein rechtwinkliges gleichschenkliges Dreieck. Der Flächeninhalt beträgt also 8 cm².

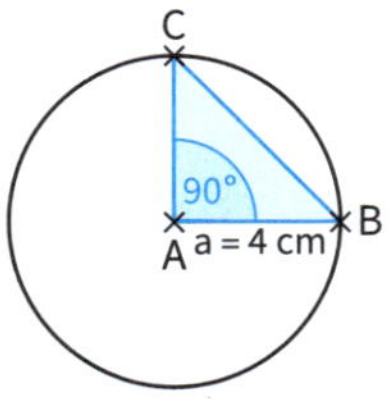

- für $\alpha = 180°$ bilden die Schenkel einen gestreckten Winkel, es entsteht kein Dreieck bzw. der Flächeninhalt ist 0 cm².

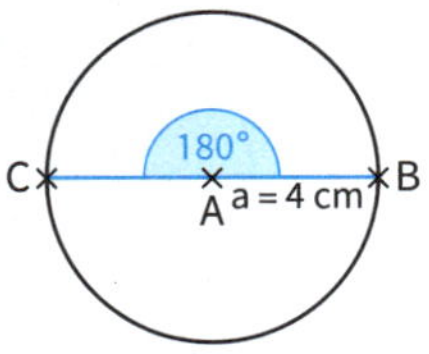

1 Die Abbildungen zeigen Anfang und Ende einer Bewegung des Punktes B. In Abb. 1 sieht man die Konstruktion. In dieser Konstruktion wird der Punkt B bewegt. Abb. 2 zeigt das Ergebnis dieser Bewegung.

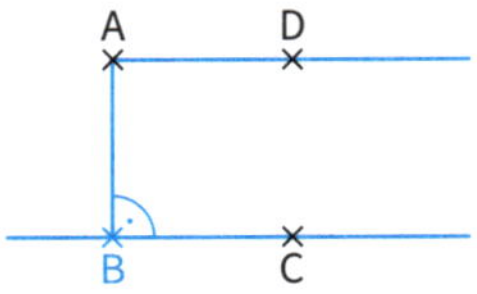

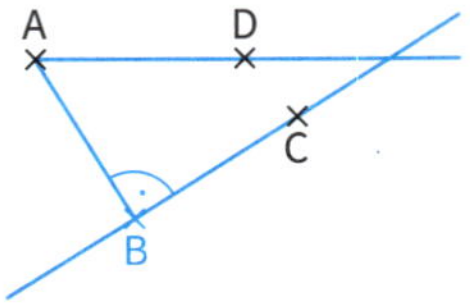

Begründe, ob die folgenden Aussagen zur Konstruktion richtig oder falsch sind.
(1) AD ist eine Gerade durch A und D.
(2) BC ist eine Gerade durch B und C.
(3) BC ist eine Senkrechte auf $\overline{AB}$.
(4) AD ist eine Senkrechte auf $\overline{AB}$.

2

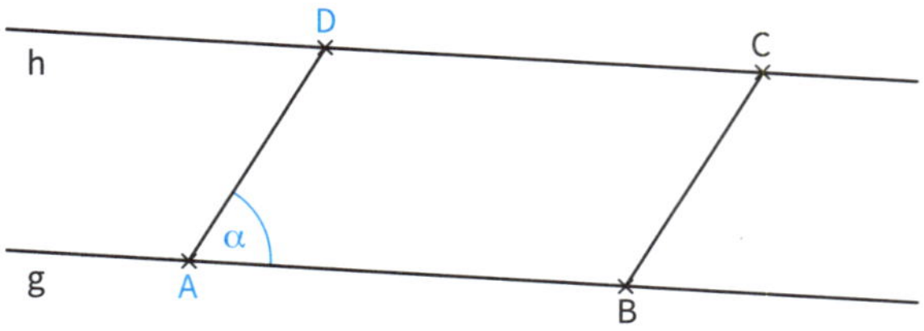

Das abgebildete Viereck ABCD wurde mit einem dynamischen Geometrieprogramm in folgenden Schritten erstellt:

(1) eine Gerade g zeichnen
(2) im Abstand von 2 cm eine zu g parallele Gerade h konstruieren
(3) Punkt A auf g setzen
(4) auf g einen Punkt B im Abstand von 4 cm von A konstruieren
(5) Punkt D auf h setzen
(6) auf h einen Punkt C im Abstand von 4 cm von D konstruieren
(7) die Punkte zu einem Viereck ABCD verbinden

a) Begründe mithilfe der Konstruktionsschritte, dass das Viereck ABCD ein Parallelogramm ist.

b) Stell dir vor, der Punkt D wird auf der Geraden h bewegt. Die Lage von AB verändert sich dabei nicht.
Gib an, wie groß der Winkel α gewählt werden muss, damit der Umfang des Vierecks ABCD am kleinsten ist.

1 Aussage 1:

Aussage 2:

Aussage 3:

Aussage 4:

2 a)

b)

19 Würfel (von S. 11)

(1)

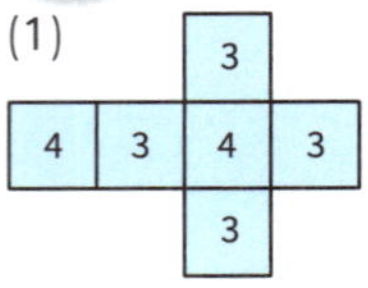

(2)

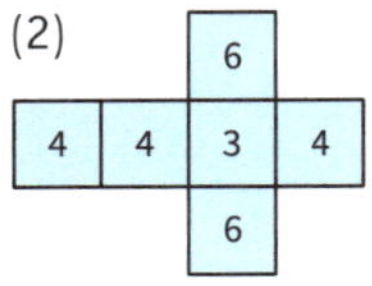

Oben siehst du die Netze zweier Würfel. Der Würfel (1) hat nur die Zahlen 3 und 4, der Würfel (2) die Zahlen 3, 4 und 6.

a) Gib die Wahrscheinlichkeit an, mit Würfel (1) eine Vier zu würfeln.
b) Gib die Wahrscheinlichkeit an, mit Würfel (2) eine Augenzahl größer als 3 zu würfeln.
c) Mit einem der beiden Würfel wurde 1000-mal gewürfelt und dabei 324-mal die Vier erzielt. Welcher Würfel ist das vermutlich gewesen? Begründe.

Zu a)
Von den sechs Feldern des Würfelnetzes (1) sind zwei mit der Zahl 4 beschriftet, also gilt

$P(4) = \frac{2}{6} = \frac{1}{3}$

Zu b)
Von den sechs Feldern des Würfelnetzes (2) sind fünf mit einer Zahl beschriftet, die größer als 3 ist, also gilt

$P(\text{größer als } 3) = \frac{5}{6}$

Zu c)
Bei 1000 Würfen kommt die relative Häufigkeit (rH) für ein bestimmtes Ereignis der Wahrscheinlichkeit schon sehr nah.

$rH(4) = \frac{324}{1000} = 0{,}324$

Für Würfel (1) gilt $P(4) = \frac{1}{3}$.

Für Würfel (2) gilt $P(4) = \frac{1}{2}$.

Da die relative Häufigkeit knapp unter $\frac{1}{3}$ liegt ($0{,}324 < 0{,}333\ldots$), ist mit großer Berechtigung davon auszugehen, dass mit dem **Würfel (1)** gewürfelt wurde. Sicher kann man aber nicht sein.

Hinweis: Bei der häufigen Wiederholung von Zufallsversuchen können – zwar ganz selten – völlig unerwartete Ergebnisse auftreten, bei denen die relative Häufigkeit von der Wahrscheinlichkeit erheblich abweicht.

1 a) Wie groß ist die Wahrscheinlichkeit, mit Würfel (1) eine Vier zu würfeln?

(1)

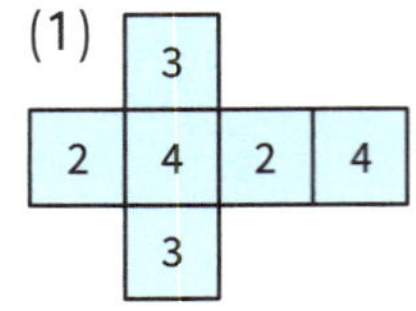

b) Wie groß ist die Wahrscheinlichkeit, mit Würfel (2) eine gerade Zahl zu würfeln?

(2)

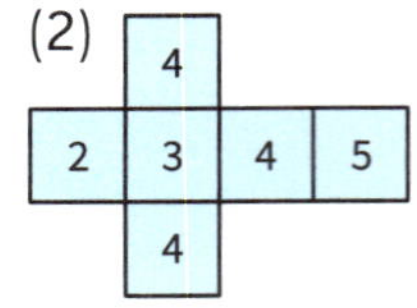

c) Wie groß ist die Wahrscheinlichkeit, mit Würfel (3) keine Sechs zu würfeln?

(3)

d) Mit einem der abgebildeten Würfel (1), (2) oder (3) wurde 800-mal gewürfelt. Dabei lag 548-mal eine Primzahl oben. Welcher Würfel ist das vermutlich gewesen? Begründe.

2 In einem Gefäß sind 9 Kugeln mit den Zahlen 1 bis 9. Es wird zufällig eine Kugel gezogen.

a) Wie groß ist die Wahrscheinlichkeit, eine ungerade Zahl zu ziehen?
b) Wie groß ist die Wahrscheinlichkeit, dass die gezogene Zahl kleiner als 5 ist?
c) Wie groß ist die Wahrscheinlichkeit, dass die gezogene Zahl
(1) durch 2 oder 3,
(2) durch 2 und 3 teilbar ist?

3 Bei einem zylinderförmigen „Würfel" stehen auf den Grundflächen die Augenzahlen 1 und 2 sowie auf der Mantelfläche die Augenzahl 3.

Bei einer langen Versuchsreihe von 2000 Würfen wurde die Augenzahl 3 insgesamt 1280-mal gewürfelt.
Gib Nährungswerte für die Wahrscheinlichkeiten der Augenzahlen an.
Begründe.

1 a) *Antwort:* ______

b) *Antwort:* ______

c) *Antwort:* ______

d) *Antwort:* ______

______

______

Begründung: ______

______

______

______

______

Nebenrechnungen:

2 a) *Antwort:* ______

______

______

b) *Antwort:* ______

______

______

c) *Antwort:* ______

______

______

______

______

3 *Lösung:* ______

______

______

Begründung: ______

______

______

______

______

______

______

20 Buchstaben-Design (von S. 11)

Emil ist Designer und entwirft neue Schriftarten für den Computer. Er beginnt mit dem Entwurf des Buchstabens A (siehe Abbildung rechts). Den noch fehlenden Querstrich möchte er aus ästhetischen Gründen so einzeichnen, dass er

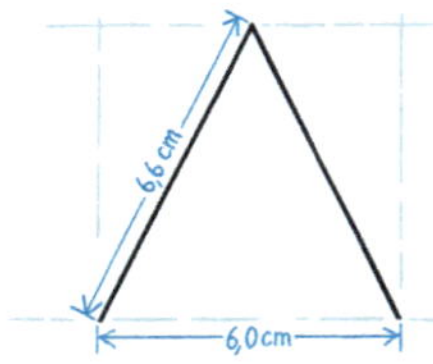

- $\frac{1}{3}$ der unteren Breite des Buchstabens als Länge hat und
- parallel zum Boden verläuft.

Berechne zunächst, wo Emil den Querstrich einzeichnen muss. Zeichne den Buchstaben auf ein extra Blatt. Zeichne den Querstrich ein und überprüfe an der Zeichnung deine Berechnung.

Gesucht ist $\overline{SC}$ bzw. $\overline{SD}$. Da die beiden Seiten $\overline{CD}$ und $\overline{AB}$ parallel zueinander verlaufen, kann man den Strahlensatz anwenden.

$\overline{CD} = \frac{1}{3} \cdot \overline{AB} = \frac{1}{3} \cdot 6\text{ cm} = 2\text{ cm}$

Mit Strahlensatz:

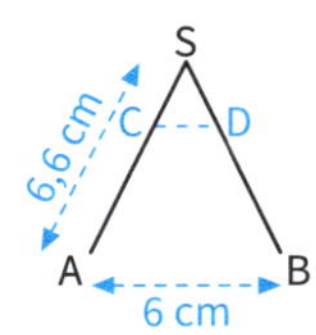

$$\frac{\overline{SC}}{\overline{SA}} = \frac{\overline{CD}}{\overline{AB}}$$

$$\frac{\overline{SC}}{6{,}6\text{ cm}} = \frac{2\text{ cm}}{6\text{ cm}} \quad | \cdot 6{,}6\text{ cm}$$

$$\overline{SC} = \frac{2\text{ cm} \cdot 6{,}6\text{ cm}}{6\text{ cm}}$$

$$\overline{SC} = 2{,}2\text{ cm}$$

Wenn man genau gezeichnet hat, sollte man in der Zeichnung 2,2 cm als Länge der Strecke messen.

21 Lineare Funktion (von S. 11)

Die Graphen der Funktionen f mit der Gleichung $y = 0{,}5x - 3$ und g mit der Gleichung $y = -2x - 3$ wurden in einem Koordinatensystem dargestellt.
Beschreibe – ohne zu zeichnen – Lage und Verlauf der beiden Graphen.

Beide Funktionen f und g sind lineare Funktionen der Form $y = m \cdot x + n$, wobei m die Steigung und n den y-Achsenabschnitt der Geraden angibt. Da bei beiden Funktionen der y-Achsenabschnitt gleich ist, schneiden sich die Geraden im Punkt $(0|-3)$.
Der Graph von f steigt, weil $m_f = 0{,}5 > 0$ ist und der Graph von g fällt, weil $m_g = -2 < 0$ ist.
Hinweis: Wenn man die Geraden zeichnet, erkennt man, dass die beiden Geraden senkrecht aufeinander stehen. Rechnerisch sieht man das daran, dass $m_f \cdot m_g = 0{,}5 \cdot (-2) = -1$ ist.

1 Fins Augenhöhe beträgt 1,75 m. Er peilt über den Stab die Spitze des Hausdaches an. Wie hoch ist das Haus?

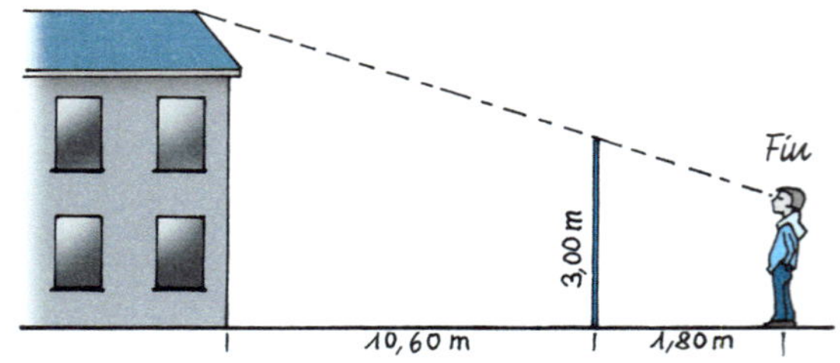

2 Es gilt: $\overline{XY}$ ist parallel zu $\overline{VW}$
$\frac{1}{3}\overline{UX} = \overline{UV}$
Welche der folgenden Gleichungen ist richtig?
Begründe deine Antwort.

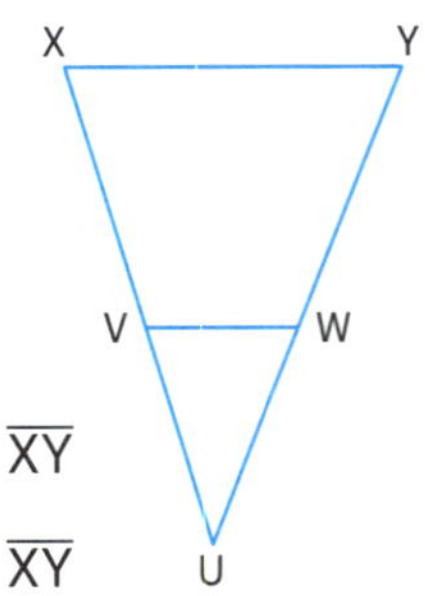

- ☐ $\frac{1}{3}\overline{VW} = \overline{XY}$
- ☐ $\overline{VW} = 3 \cdot \overline{XY}$
- ☐ $\overline{VW} \cdot \overline{XY} = \frac{1}{3}$
- ☐ $3 \cdot \overline{VW} = \overline{XY}$

3 Hanna ist 1,50 m groß und wirft einen 1,20 m langen Schatten. Der neben ihr laufende Sebastian hat zum gleichen Zeitpunkt einen Schatten von 1,45 m.
Wie groß ist Sebastian?

4 Ordne Funktionsgleichungen und Diagramme einander zu.

(1) $y = 2x - 5$
(2) $y = 3 - x$
(3) $y = \frac{3x + 5}{2}$
(4) $y = -\frac{1}{5}x$

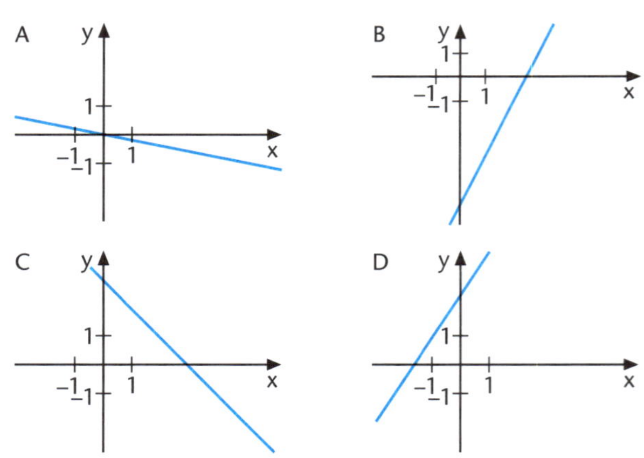

5 Beschreibe den Verlauf der Graphen der linearen Funktionen f und g mit den Gleichungen f: $y = 1{,}5x$ und g: $y = 1{,}5x - 1$.

6 Gib die Steigung einer Geraden an, die durch die Punkte $A(0|2)$ und $B(4|0)$ verläuft.

1 *Antwort:* ______________________________

____

____

Skizze und Nebenrechnungen:

2 *Begründung:* ______________________________

____

____

____

3 *Antwort:* ______________________________

____

4

Funktionsgleichung	(1) $y = 2x - 5$	(2) $y = 3 - x$	(3) $y = \frac{3x + 5}{2}$	(4) $y = -\frac{1}{5}x$
Diagramm				

5 Verlauf des Graphen von f: ______________________________

____

Verlauf des Graphen von g: ______________________________

____

Vergleich: ______________________________

____

6 *Antwort:* ______________________________

____

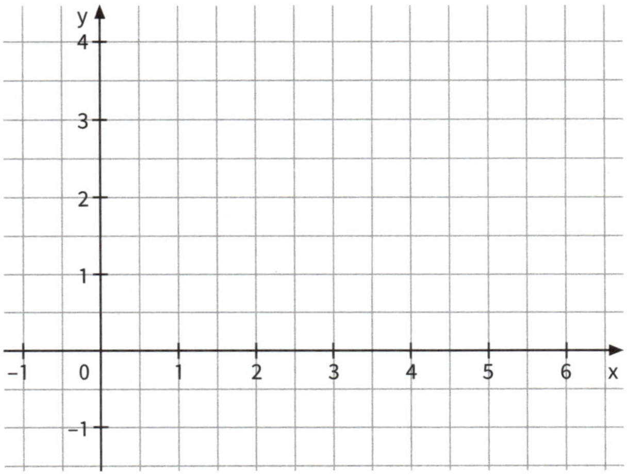

Abschlusstest – Basisaufgaben

1 Rechnen und Ordnen

Rechne und trage deine Ergebnisse auf der Zahlengeraden ein.

a) Berechne die Differenz von 6,5 und 7,3.

b) Berechne die Differenz von –1,2 und –0,8.

c) Dividiere 4 durch –16.

d) Teile das Produkt aus –3 und –50 durch die dritte Potenz von 5.

e) Subtrahiere vom Produkt aus $-\frac{3}{5}$ und 35 das Vierfache von –5.

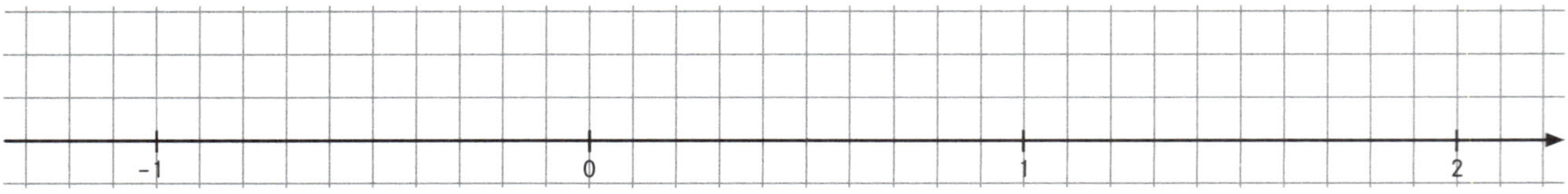

2 Quadrat und Rechteck

Der Flächeninhalt eines Quadrats beträgt 36 cm^2.

a) Bestimme den Umfang: u = ______

b) Gib die Seitenlängen von zwei Rechtecken an, die auch einen Flächeninhalt von 36 cm^2 haben.

(1) a = ______ b = ______ (2) a = ______ b = ______

3 Abschlussfahrt

Für die Abschlussfahrt einer Jahrgangsstufe 10 stehen Venedig, Paris, Prag oder London als Ziele zur Auswahl. Eine Abstimmung unter den 80 Schülerinnen und Schülern der Jahrgangsstufe ergab: Jeder Vierte ist für Venedig, 20 % sind für Paris. Nach London wollen dreimal so viele wie nach Prag.

a) Wie viele Schülerinnen und Schüler sind für die einzelnen Ziele?

Venedig: ______ Paris: ______ London: ______ Prag: ______

b) Gib die relativen Häufigkeiten für die einzelnen Ziele in Prozent an.

Venedig: ______ % Paris: ______ %

London: ______ % Prag: ______ %

Kreisdiagramm:

c) Stelle die relativen Häufigkeiten in einem Kreis- und einem Streifendiagramm dar.

Streifendiagramm:

4 Lineare Funktionen

In einem Koordinatensystem sind die Graphen der Funktionen $f(x) = -0{,}2x - 3$ und $g(x) = -0{,}2x + 3$ dargestellt. Beschreibe Lage und Verlauf der beiden Graphen, ohne zu zeichnen.

____

____

5 Gleichungssysteme

a) Löse das Gleichungssystem.

I: $5x - 3y = 53$
II: $4x + 3y = 37$

x = ________ y = ________

b) Das Dreifache einer Zahl ist um 1 kleiner als eine zweite Zahl. Die Summe aus dem Doppelten der ersten Zahl und 2 ergibt 36. Berechne die beiden Zahlen mit einem Gleichungssystem.

1. Zahl: ________ 2. Zahl: ________

6 Dynamisches Dreieck

Mit einem dynamischen Geometrieprogramm wurde nebenstehende Zeichnung erstellt:

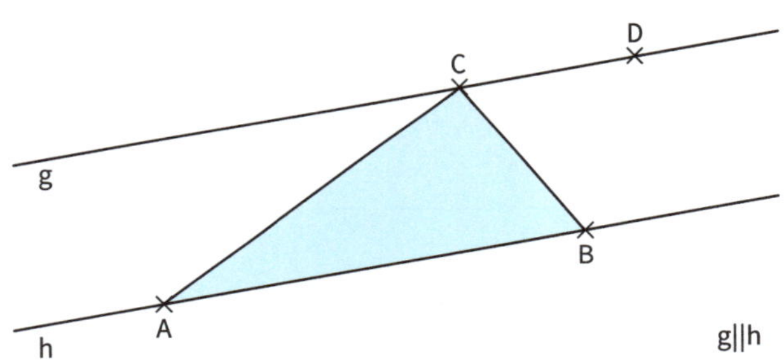

- g ist die Parallele zu h durch D.
- A und B sind Punkte auf h.
- C ist ein Punkt auf g.
- A, B und C sind Eckpunkte des Dreiecks ABC.

a) Der Punkt C wird auf der Geraden g bewegt. Was verändert sich, was bleibt gleich? Begründe.

____

____

b) Der Punkt D wird auf den Punkt B gezogen. Skizziere, wie die Figur dann aussieht.

7 Dreieck im Koordinatensystem

a) Zeichne das Dreieck A(–1|–1), B(3|–1) und C(3|2) in das gegebene Koordinatensystem.

b) Berechne die Länge der Seite $\overline{AC}$ und den Flächeninhalt A des Dreiecks.

$\overline{AC}$ = ________________

A = ________________

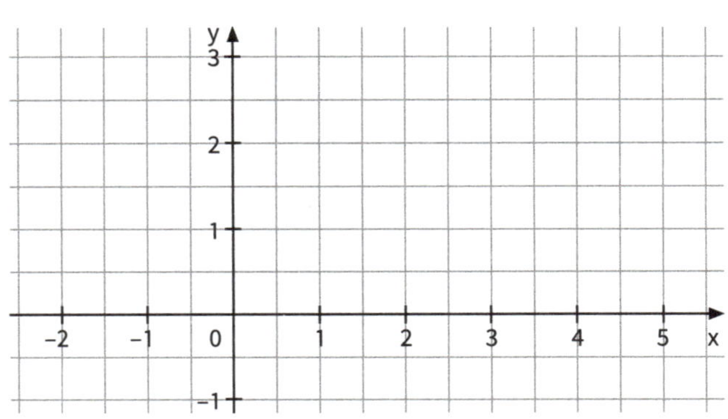

8 Prozente

a) Wie viel sind 40 % von 130 €?

____

b) Von wie viel Kilogramm sind 4 % genau 12 kg?

____

c) Wie viel Prozent sind 24 cm von 6 m?

____

d) Berechne 3 % Zinsen von 760 € Spareinlage.

____

9 Kinobesucher

In der ersten Woche nach der Premiere eines neuen Science Fiction Films sind in einem Kino folgende Besucherzahlen notiert worden:

Do: 625, Fr: 745, Sa: 820, So: 655, Mo: 423, Di: 388, Mi: 495.

a) Gib für diese erste Kinowoche des Films das arithmetische Mittel der Besucherzahlen pro Tag an.

____

b) Nachdem der Film zwei Wochen gelaufen ist, steht in der Zeitung: „In den ersten beiden Kinowochen haben durchschnittlich 450 Besucher pro Tag den Film gesehen."
Wie viele Personen haben den Film noch in der zweiten Kinowoche gesehen?

____

10 Lostrommel

In einer Lostrommel sind 300 Lose, davon 20 Hauptgewinne.

a) Wie groß ist die Wahrscheinlichkeit, dass das erste gezogene Los ein Hauptgewinn ist?

____

b) Unter den ersten 30 gezogenen Losen waren zwei Hauptgewinne. Lukas zieht das 31. Los.
Vergleiche die Wahrscheinlichkeit für einen Hauptgewinn mit der ersten Ziehung. Ist sie jetzt:

☐ kleiner, ☐ größer, ☐ genauso groß?

11 Gleichungen und Graphen

Ordne den Funktionsgleichungen die zugehörigen Graphen (g_1, g_2, ...) zu.

	$y = x + 1$
	$y = -x^2$
	$y = x^2 + 2x + 1$
	$y = x^2 + 2$

	$y = x^2 - 2$
	$y = 0{,}5x + 1$
	$y = -2x + 1$
	$y = -2x^2$

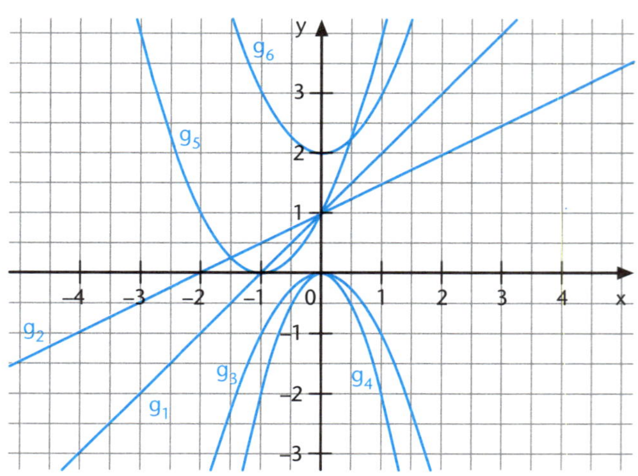

12 Fahrstuhl

Für ein Büro in der ersten Etage wird eine Palette mit Kopierpapier angeliefert. Die Palette muss mit dem Fahrstuhl transportiert werden. Wie schwer ist das Kopierpapier?
Hinweis:
Maße eines DIN-A4-Blattes (in cm): 21,0 x 29,7

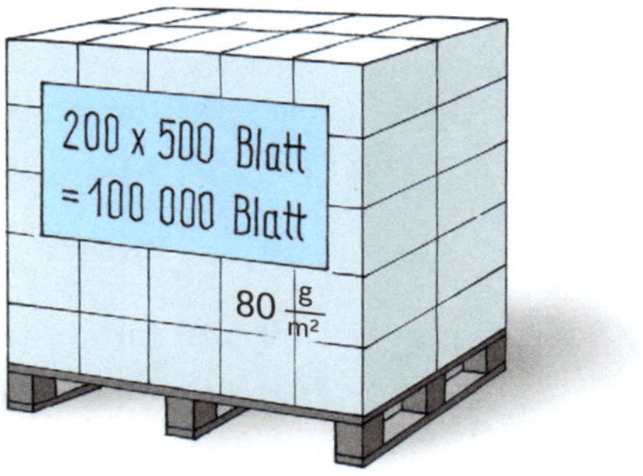

13 Parabeln in verschiedenen Darstellungen

Eine Parabel hat den Scheitelpunkt S(− 1,5 | 3,5). Sie ist nach unten geöffnet und gegenüber der Normalparabel um 0,5 gestaucht.
Gib die Scheitelpunktform der Parabel an und wandle diese in die allgemeine Form um.

f(x) = ________________ (Scheitelpunktform)

f(x) = ________________ (allgemeine Form)

14 Wasserfass

a) Berechne das Volumen des Wasserfasses. Runde auf Liter.

V = ________________

b) Berechne den Oberflächeninhalt des Fasses. Runde auf Zehntel m^2.

O = ________________

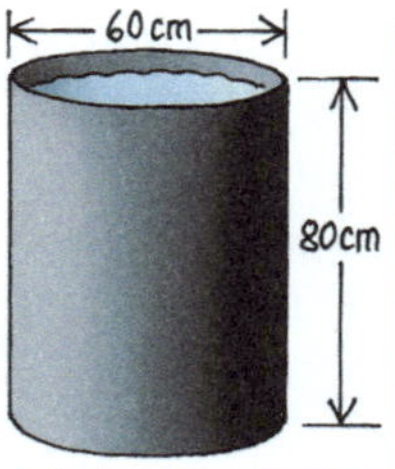

15 Größen bestimmen

Kreuze an, welche Maßangabe stimmen könnte. *Tipp:* Schätze zuerst die Maße.

Ladevolumen eines Lasters

- ☐ 5 m^3
- ☐ 500 000 dm^3
- ☐ 50 000 *l*
- ☐ 500 cm^3

Länge eines Springseils

- ☐ 250 000 mm
- ☐ 25 dm
- ☐ 2500 cm
- ☐ 0,025 km

Fläche eines Handballfeldes

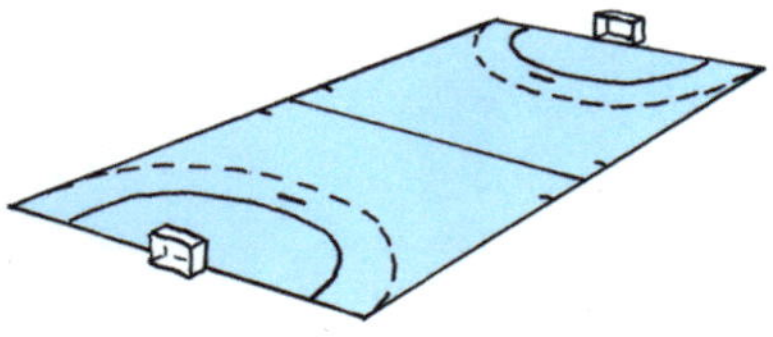

- ☐ 80 000 cm^2
- ☐ 8000 dm^2
- ☐ 800 m^2
- ☐ 0,8 km^2

16 Straßenfest

Die Bewohner des Parkwegs planen ein Straßenfest.
Die Tabelle zeigt die Kalkulation für den Grillstand.

	A	B	C	D
1		Verkaufspreis	Stückzahl	Einnahmen
2	Essen			
3	Bratwurst	2,00 €	60	120,00 €
4	Currywurst	2,50 €	45	112,50 €
5	Steak	3,50 €	50	175,00 €
6	Brötchen	0,50 €	200	100,00 €
7				
8	Trinken			
9	Softdrinks	2,00 €	250	500,00 €
10	Wasser	1,00 €	150	150,00 €
11				
12			Gesamteinnahmen	1.157,50 €
13				

a) Insgesamt sollen ________ Würste verkauft werden.

b) Der Preis für ein Steak steht in Zelle ________ .

Es soll ________ € kosten.

c) Die voraussichtlichen Einnahmen aus dem Bratwurstverkauf werden in der Zelle ________ mit der Formel ________________ berechnet.

d) Gib zwei verschiedene Formeln an, um die Gesamteinnahmen in Zelle D12 zu berechnen.

D12: ________________________ oder ________________________

17 Lohnerhöhungen

Kreuze die Fragen an, die anhand des Artikels beantwortbar sind:

(1) ☐ Wurde das Gehalt von Facharbeitern und ungelernten Arbeitern um denselben Prozentsatz erhöht?

(2) ☐ Wurde das Gehalt von Facharbeitern und Akademikern mit Berufserfahrung um denselben Prozentsatz erhöht?

(3) ☐ Um wie viel Prozent wurde das monatliche Gehalt von Facharbeitern angehoben?

(4) ☐ Um wie viel Prozent wurde das monatliche Gehalt von ungelernten Arbeitern angehoben?

(5) ☐ Um wie viel Prozent wurde das monatliche Gehalt aller drei Gruppen (Facharbeiter, Ungelernte, Akademiker) durchschnittlich erhöht?

Sattes Lohnplus

Müde kamen die acht Verhandlungsführer, bestehend aus Arbeitgebern und Arbeitnehmern, nach über 13 Stunden Diskussion aus dem Hotel „Gloria“ und stellten sich den Fragen der Presse. In langen Gesprächen haben sie vereinbart, die Einkommen der Facharbeiter auf 2712 € und die der Arbeiter ohne Ausbildung auf 2007 € zu erhöhen. In beiden Fällen wird damit das Gehalt um 112 € angehoben. Bei Akademikern mit Berufserfahrung wird das Gehalt sogar um 200 € angehoben. Die vereinbarte Laufzeit des Vertrages beträgt 13 Monate.

18 Funktionsbeschreibung

Beschreibe so genau wie möglich, wie bei den jeweiligen Funktionen der x-Wert und der y-Wert zusammenhängen. Gib auch jeweils an, um welche Art von Funktion es sich handelt.

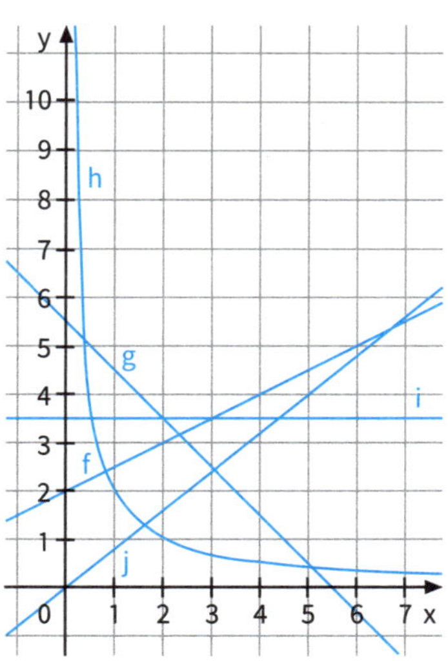

Graph f	
Graph g	
Graph h	
Graph i	
Graph j	

19 Würfeln mit einem Quader

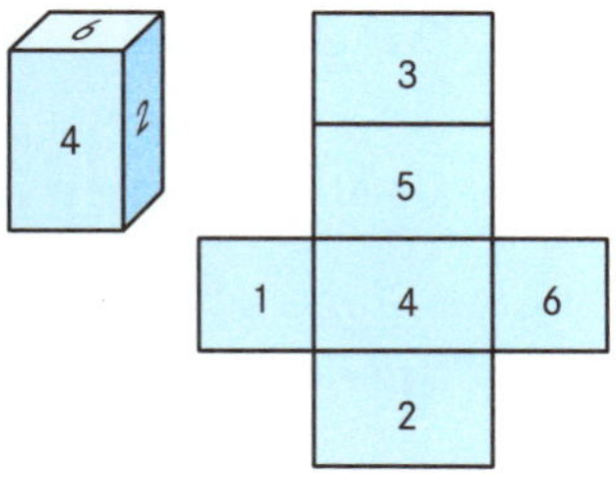

Die Grundflächen des abgebildeten Holzquaders sind Quadrate. Auf den Flächen des Quaders stehen wie bei einem normalen Würfel die Zahlen 1 bis 6. Mit einer sehr großen Anzahl von Versuchen wurde ermittelt, dass die Wahrscheinlichkeit, die Augenzahl 6 zu würfeln, ca. 8 % beträgt.

a) Schau dir das Netz des Quaders genau an und bestimme auch für die übrigen Augenzahlen 1 bis 5 Näherungswerte für die Wahrscheinlichkeiten.

Augenzahl	1	2	3	4	5	6
Näherungswert für Wahrscheinlichkeit						8 %

Begründe, warum man nur Näherungswerte angeben kann.

b) Der Quader wird in einer Versuchsreihe 4000-mal gewürfelt. Wie oft wird dann ungefähr die Augenzahl 6 auftreten? Begründe.

20 Baumhöhe

Die Baumspitze wird über einen 3 m langen Stab angepeilt. Bestimme die Höhe des Baumes.

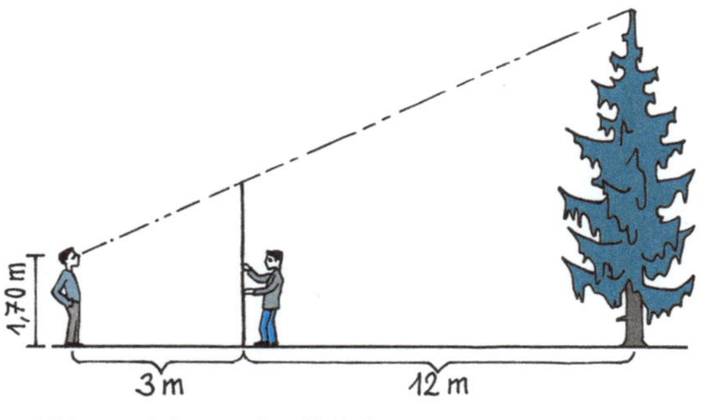

Skizze nicht maßstäblich

21 Rechengeschichten

Welche der folgenden Sachtexte passen zu der Gleichung $x + 0{,}5x = 30$? Kreuze jeweils an!

1	Eine Lostrommel enthält 30 Lose. Es gibt doppelt so viele Gewinne wie Nieten.	☐ Ja	☐ Nein
2	Robert nimmt sich vor, 30 Tage lang täglich 1 Euro zu sparen. Die Hälfte der Zeit schafft er leider nur 50 Cent zu sparen.	☐ Ja	☐ Nein
3	Für eine Feier werden 30 Liter Fruchtbowle bestellt. Zu einer 1-Liter-Flasche Mineralwasser wird jeweils 0,5 Liter frischer Fruchtsaft hinzugefügt.	☐ Ja	☐ Nein
4	Max ist nur halb so alt wie sein Bruder. Zusammen sind sie 30 Jahre alt.	☐ Ja	☐ Nein

Eingangstest – Komplexe Aufgaben

1 Preisänderungen (Lösung Seite 52)

a) Eine Bluse kostet 74,90 €. Der Preis wird um 35 % gesenkt. Berechne den neuen Preis.

____

b) Der Preis für einen Anzug wurde um 40 % auf 179,94 € reduziert. Wie teuer war er vorher?

____

c) Der Preis für ein Rennrad wird um 50 € erhöht und beträgt jetzt 499 €. Um wie viel Prozent wurde der Preis erhöht?

____

2 Werkstück (Lösung Seite 53)

Das abgebildete Werkstück ist ein Quader, aus dem oben eine Halbkugel mit dem Radius 5 cm gefräst wurde (Maße in cm). Das Werkstück besteht aus Stahl mit der Dichte $7{,}9\,\frac{g}{cm^3}$.

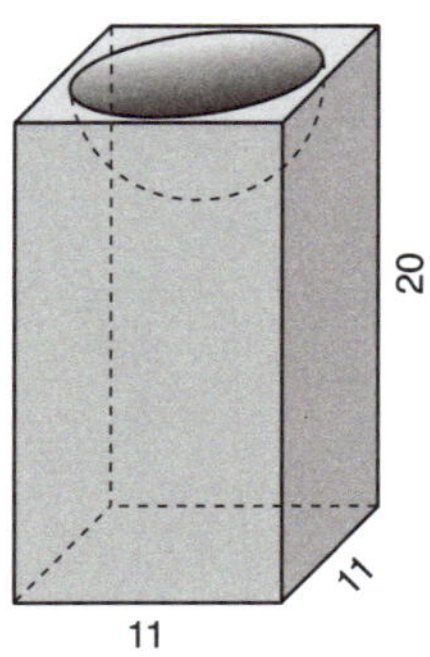

a) Berechne die Masse m des Werkstücks.

m = ________________

b) Berechne auch den Oberflächeninhalt.

O = ______________________________

3 Straßenbahnfahrplan (Lösung Seite 54)

Der grafische Fahrplan gibt Auskunft über die Fahrt einer Straßenbahn vom Bahnhof (Bhf.) bis zum Tierpark mit den Zwischenhalten Rosentor, Nordheide und Stadion.

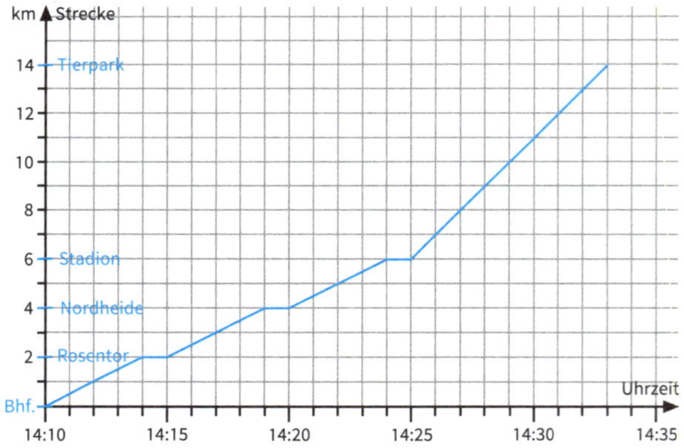

a) Gib die Entfernung zwischen den Haltestellen Bahnhof und Tierpark an.

____

b) Bestimme mithilfe der Grafik die Durchschnittsgeschwindigkeiten zwischen den Haltestellen.

____

c) Vervollständige mithilfe der Grafik den Fahrplan mit Ankunfts- und Abfahrtzeiten.

Haltestelle	Bahnhof	Rosentor		Nordheide		Stadion		Tierpark
	ab	an	ab	an	ab	an	ab	an
Uhrzeit	____	____	____	____	____	____	____	____

4 Fahrradurlaub (Lösung Seite 55)

Die nebenstehende Grafik zeigt, wie sich der Verbrauch eines Autos ändert, wenn man einen Dach- oder Heckträger (mit Fahrrädern) montiert.

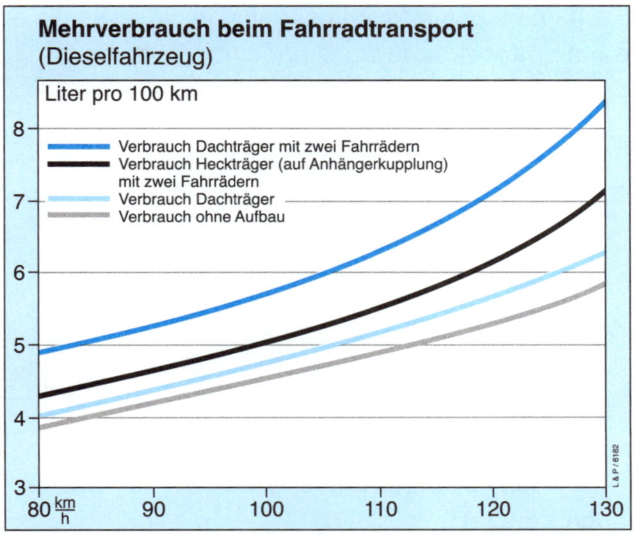

a) Lennard behauptet, dass bei 80 $\frac{\text{km}}{\text{h}}$ der Verbrauch eines Autos mit zwei Fahrrädern auf dem Dachträger ungefähr doppelt so hoch ist wie bei einem Auto ohne Aufbau. Nimm Stellung zu dieser Aussage.

____

____

b) Herr Tropper fährt immer mit einem Dachträger. Diesmal hat er aber darauf noch zwei Fahrräder montiert. Um wie viel Prozent steigt dadurch der Verbrauch bei 120 $\frac{\text{km}}{\text{h}}$?

____

____

c) Herr und Frau Tropper überlegen, ob sie auf dem Dachträger des Autos ihre beiden Fahrräder in den Urlaub nach Schweden mitnehmen. Herr Tropper fährt im Schnitt 100 $\frac{\text{km}}{\text{h}}$. Erstelle einen Graphen, der den Gesamtverbrauch für beide Varianten (mit und ohne Fahrräder) in Abhängigkeit von der zurückgelegten Strecke beschreibt.
Benutze dafür das rechts abgebildete Koordinatensystem.

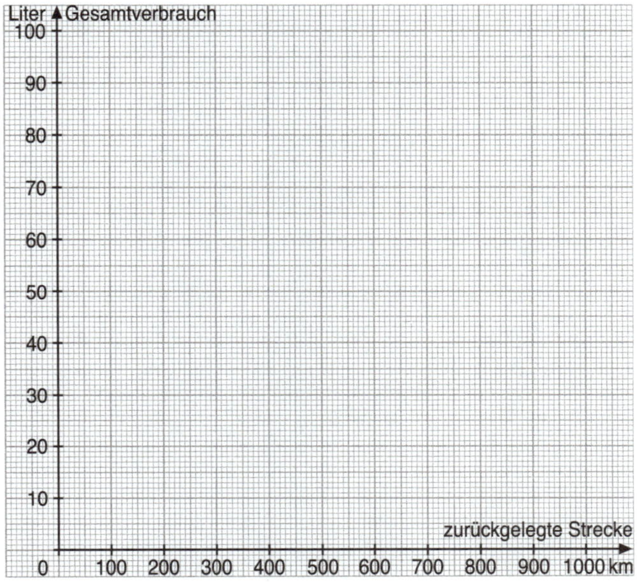

5 Herzogstandbahn (Lösung Seite 56)

Der Kartenausschnitt zeigt ein Wandergebiet in der Nähe von München. Anhand der Höhenlinien kann man erkennen, wie steil das Gelände ist. Eine Höhenlinie verbindet jeweils Punkte der Erdoberfläche, die auf gleicher Höhe über dem Meeresspiegel (ü. M.) liegen.
Wer sich den anstrengenden Aufstieg auf den Fahrenberg sparen will, benutzt den Sessellift. Die Herzogstandbahn bringt in nur 4 Minuten ihre Gäste von der Talstation am Walchensee auf den Fahrenberg.
Wie lang ist die Strecke, die eine Kabine bei ihrer Fahrt auf den Berg zurücklegt?

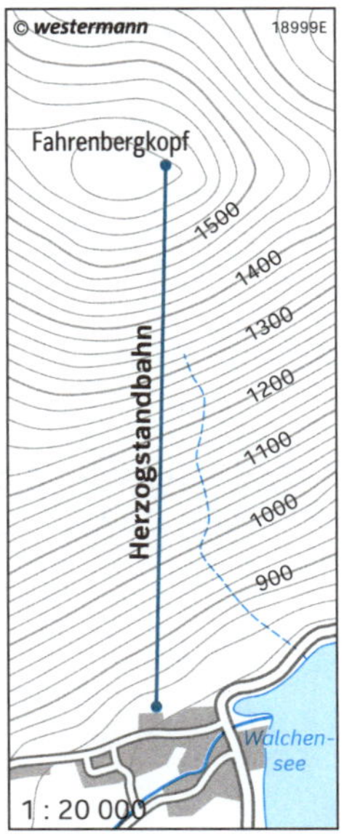

6 Konservendosen (Lösung Seite 57)

Sechs Konservendosen werden von einem Plastikband umfasst. Jede Dose hat einen Radius von 4 cm.

a) Berechne die Länge des Plastikbandes.

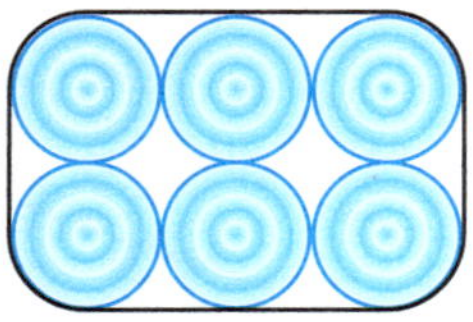

Länge: ______________________

b) Reicht für Dosen mit doppeltem Radius ein doppelt so langes Plastikband? Begründe deine Antwort.

____

____

7 Gläser (Lösung Seite 58)

Ein Likörglas und ein Rotweinglas werden mit Wasser gefüllt.

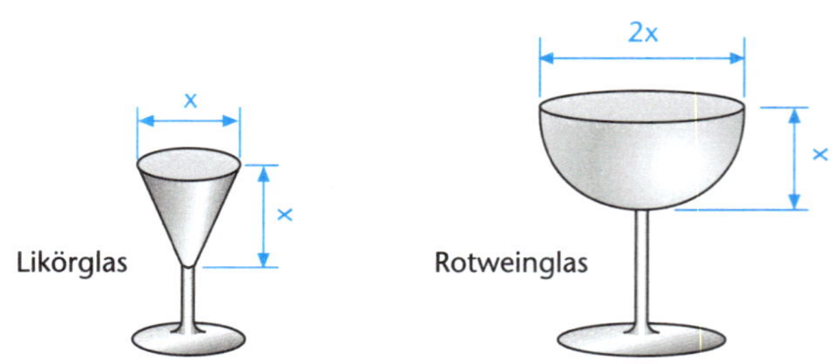

a) Wie viele vollständig gefüllte Likörgläser werden benötigt, um das Rotweinglas bis zum Rand zu füllen?

____

b) Welcher der abgebildeten Graphen zeigt am besten, wie sich die *Höhe h* des Flüssigkeitsspiegels beim gleichmäßigen Befüllen des **Rotweinglases** in Abhängigkeit von der *Zeit t* ändert? Kreuze an.

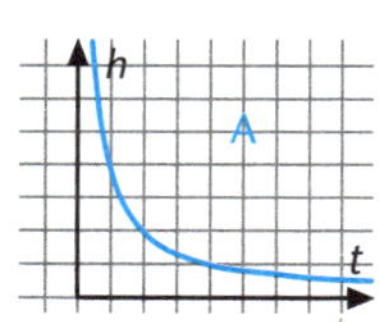

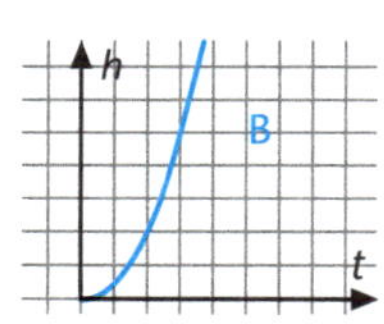

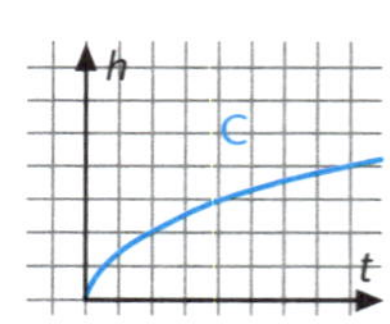

☐ ☐ ☐

8 Agenturmeldung (Lösung Seite 59)

> Vor allem in Thüringen und Sachsen hängt oder liegt die *weiße Bluse* bei fast jeder neunten Frau (87,4 Prozent) im Schrank, ergab jetzt eine Umfrage.

Die nebenstehende Pressemeldung ist fehlerhaft. Begründe.

____

____

____

____

9 Kugelstoßen (Lösung Seite 60)

Hier siehst du den ersten Teil der Flugbahn einer gestoßenen Kugel (Maße in m).

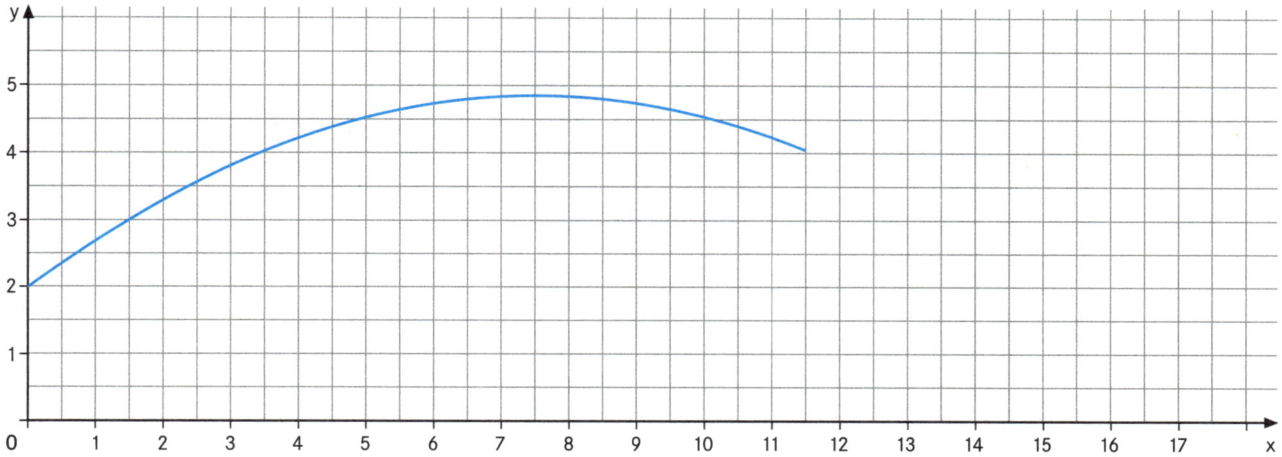

Die Flugbahn kann näherungsweise mit der Funktionsgleichung $f(x) = -0{,}05\,x^2 + 0{,}75\,x + 2$ beschrieben werden.

a) Lies am Graphen ab, aus welcher Höhe die Kugel abgestoßen wurde.

____

b) Berechne, welche maximale Höhe die Kugel erreicht. Kontrolliere dein Ergebnis am Graphen.

____

c) Berechne die Kugelstoßweite und vervollständige die Flugbahn.

____

10 Haus mit Satteldach (Lösung Seite 61)

Der Zeichnung kannst du die Außenmaße eines Einfamilienhauses entnehmen.

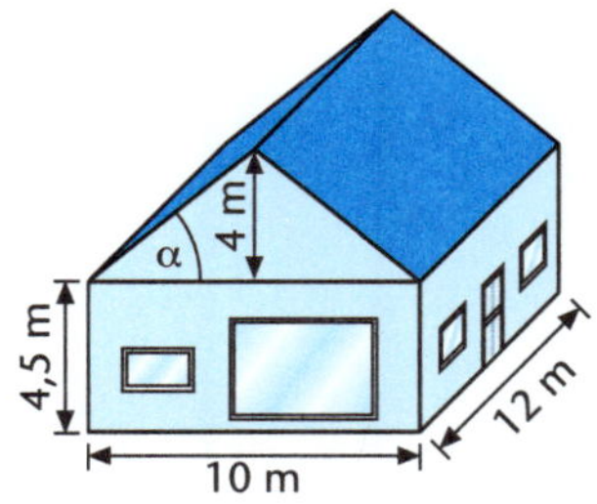

a) Berechne das Volumen des Hauses (umbauter Raum).

____

b) Wie groß ist die gesamte Dachfläche?

____

c) Berechne den Neigungswinkel α des Dachs.

____

11 Nebenjobs (Lösung Seite 62)

Bei einer Umfrage unter 580 Zehntklässlern geben 30 % an, neben der Schule zu jobben. Insgesamt nehmen 348 Mädchen an der Umfrage teil. Von den befragten Mädchen haben 25 % einen Nebenjob.

a) Berechne den prozentualen Anteil der Mädchen und Jungen an den befragten Zehntklässlern.

____

b) Wie viele Mädchen haben keinen Nebenjob?

____

c) Wie viel Prozent der Jungen haben keinen Nebenjob?

____

12 Kraftstoffkosten im Vergleich (Lösung Seite 63)

a) Berechne die unterschiedlichen Kraftstoffkosten für eine Fahrleistung von 10 000 km/Jahr. Veranschauliche die Kosten in einem Diagramm.

b) Im Preis von einem Liter Super (1,50 €) ist eine Mineralölsteuer von 65,96 ct enthalten. Wie viel Prozent des Preises sind das?

c) Im Preis von einem Liter Diesel (1,40 €) sind 47,04 ct Mineralölsteuer enthalten. Frau Schmidt (Benzinfahrzeug) und Herr Groß (Dieselfahrzeug) fahren beide pro Jahr 15 000 km. Wie viel zahlt Frau Schmidt jährlich mehr Mineralölsteuer?

(Quelle: www.erdgas.info)

13 Seitenlängen beim Quadrat (Lösung Seite 64)

Welche Aussagen sind falsch? Begründe, warum sie falsch sind.
(1) Verdoppelt man die Seitenlänge eines Quadrats, so vervierfacht sich der Umfang.
(2) Verdoppelt man die Seitenlänge eines Quadrats, so vervierfacht sich der Flächeninhalt.
(3) Verdreifacht man die Seitenlänge eines Quadrats, so verdreifacht sich der Umfang.
(4) Verdreifacht man die Seitenlänge eines Quadrats, so verdreifacht sich der Flächeninhalt.

14 Tonnenschwere Goldmünze (Lösung Seite 65)

Zwei Zeitungen berichteten im Oktober 2011 über die größte Goldmünze der Welt.

(1) „Eine Tonne schwer und 80 cm Durchmesser, reines Gold im Wert von 55 Millionen US-Dollar."
(2) „... sie ist 80 cm hoch, 12 cm dick, 1 Tonne schwer und zu 99,99 Prozent aus Feingold. Ihr Materialwert liegt bei 34 000 000 €."

a) Vergleiche die Angaben zum Materialwert der Meldungen (1) und (2). Bestimme den Wechselkurs zwischen Euro und Dollar für Oktober 2011.

b) Stimmt die angegebene Dicke in (2) mit den in (1) genannten Maßen überein? Rechne bei Gold mit einer Dichte von $19{,}3\ \frac{g}{cm^3}$.

c) Löse die Formel für das Volumen eines Zylinders nach r auf. Berechne damit den Radius r einer solchen Goldmünze, die dieselbe Dicke hat, aber nur halb so schwer ist.

15 Kapitalanlage (Lösung Seite 66)

Zur Konfirmation erhält Henrik 1000 € von seinen Großeltern. Er legt das Geld zu 1,5 % an und will den Betrag so lange unangetastet lassen, bis sich sein Anfangskapital verdoppelt hat.

a) Wie viele Jahre muss Henrik ungefähr warten?

b) In welcher Zeit würde sich bei gleicher Verzinsung ein Kapital von 10 000 € verdoppeln?

16 Zwei Würfel (Lösung Seite 67)

Es wird gleichzeitig mit einem blauen und einem schwarzen Würfel gewürfelt.
Das Ergebnis (3;5) bedeutet: Mit dem blauen Würfel wurde eine 3 und mit dem schwarzen Würfel eine 5 gewürfelt.

a) Wie viele Ergebnisse sind möglich?

____

b) Wie groß ist die Wahrscheinlichkeit für das Ergebnis (3;5)?

____

c) Wie groß ist die Wahrscheinlichkeit, einen Pasch, d. h. zwei gleiche Zahlen, zu würfeln?

____

17 Fußballduell (Lösung Seite 68)

Die abgebildete Grafik vergleicht, wie viel Euro in Deutschland und wie viel Euro in England durch internationale und nationale Medienerlöse eingenommen werden.

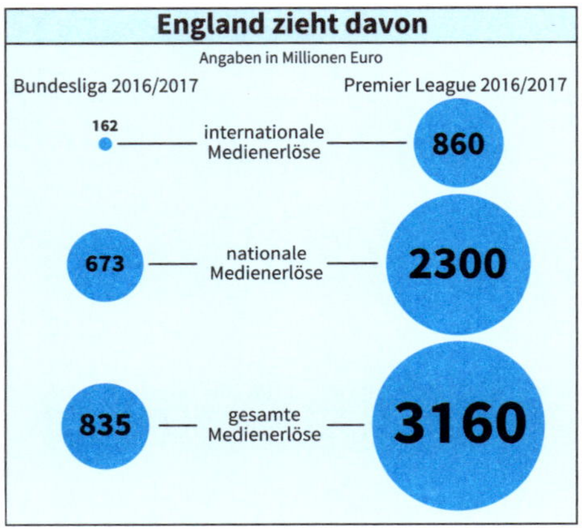

a) Wie viel Prozent der gesamten Medienerlöse in Deutschland machen die nationalen Medienerlöse aus?

____

____

b) Angenommen der internationale Medienerlös wächst jedes Jahr in Deutschland um 10 %. Nach wie vielen Jahren ist er dann ungefähr so groß wie in England im Jahr 2016/2017?

____

____

c) Begründe, warum die Darstellung der beiden Kreise zum internationalen Medienerlös irreführend ist.

____

____

18 Zahlenrätsel (Lösung Seite 69)

(1) Subtrahiere vom Dreifachen einer Zahl 8, dann erhältst du 5 mehr als die Zahl.	(2) Verdreifachst du die Differenz aus einer Zahl und 8, so erhältst du 5 weniger als die Zahl.	(3) Subtrahiert man 8 von einer Zahl, so erhält man das Dreifache der Summe aus 5 und der Zahl.

a) Welches Zahlenrätsel gehört zu der Gleichung $x - 8 = 3(5 + x)$? Nr.: ________

b) Löse die Gleichung $x - 8 = 3(5 + x)$.

$x =$ ________

c) Schreibe auch zu den anderen Zahlenrätseln eine passende Gleichung auf.

Nr. (   ): ______________________

Nr. (   ): ______________________

19 Smartphone-Nutzung (Lösung Seite 70)

Die Schülerinnen und Schüler aller 10. Klassen einer Schule wurden befragt, wie oft sie ihr Smartphone am Tag vor der Befragung zum Telefonieren, Simsen oder Surfen ungefähr benutzt haben. Das Ergebnis wurde in einem Boxplot dargestellt.

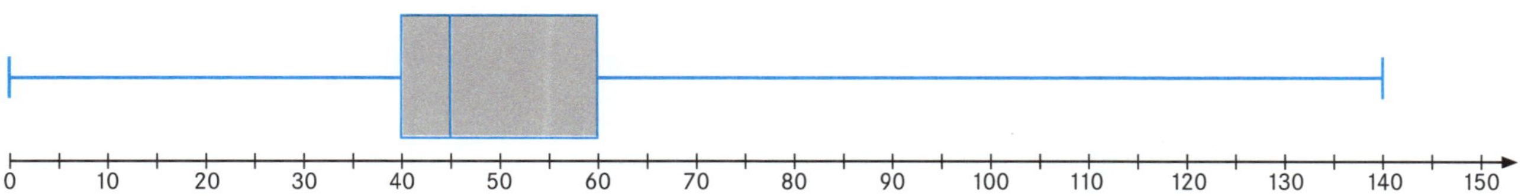

a) Entnimm dem Boxplot folgende Werte:

Spannweite: ______ Median (Zentralwert): ______ unteres Quartil: ______ oberes Quartil: ______

b) Felix behauptet: „Die meisten Schüler haben mehr als 60-mal mit dem Smartphone telefoniert, gesimst oder gesurft." Nimm Stellung.

____

____

20 Fläche NRW (Lösung Seite 71)

Der Kartenausschnitt zeigt das Bundesland Nordrhein-Westfalen. Bestimme näherungsweise die Größe der Fläche von Nordrhein-Westfalen. Benutze den Maßstab der Karte. Begründe dein Vorgehen.

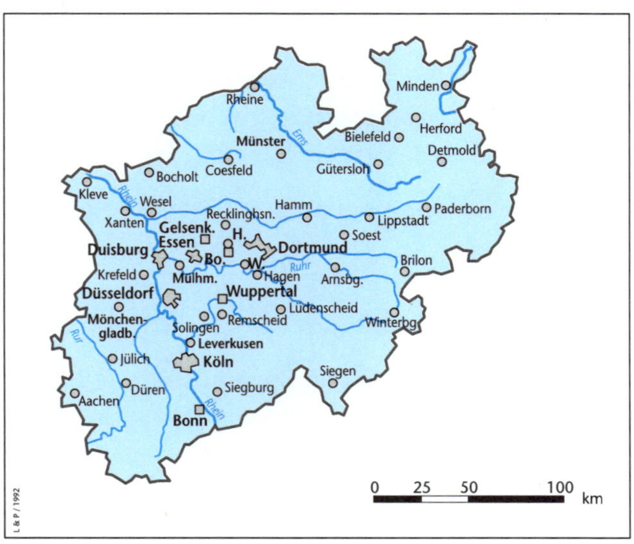

21 Quadratische Gleichungen (Lösung Seite 72)

In der Abbildung siehst du, wie zwei Schüler die Gleichung $x^2 - 8x + 20 = 0$ gelöst haben.

Marcel	Paul
$x^2 - 8x + 20 = 0$	$x^2 - 8x + 20 = 0$
$x_{1/2} = 4 \pm \sqrt{16 + 20}$	$x_{1/2} = 4 \pm \sqrt{16 - 20}$
$x_{1/2} = 4 \pm \sqrt{36}$	$x_{1/2} = 4 \pm \sqrt{-4}$
$x_1 = 4 + 6 = 10$	
$x_2 = 4 - 6 = -2$	keine Lösung

a) Prüfe die Lösungswege. Welcher Weg stimmt, welcher Fehler wurde gemacht?

b) Löse folgende Gleichungen. Nicht immer brauchst du eine Lösungsformel.

(1) $(x + 7) \cdot (x - 7) = 0$ (2) $x^2 + 8x + 16 = 0$ (3) $x^2 - 5x = 0$ (4) $4x^2 + 96x - 100 = 0$

22 Glücksrad (Lösung Seite 73)

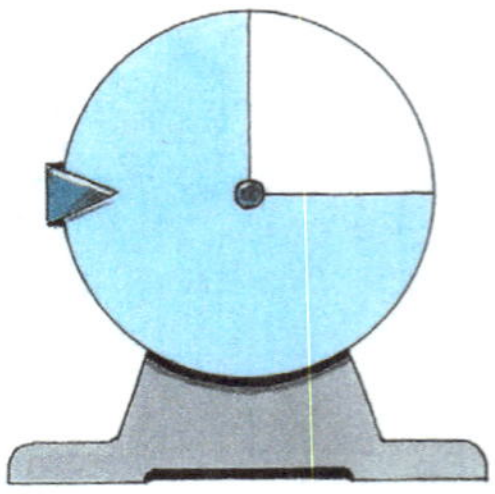

Auf einem Schulfest kann man am Stand der Klasse 10a für einen Einsatz von 1 € zweimal das abgebildete Glücksrad drehen. Bleibt es jedes Mal auf der gleichen Farbe stehen, gewinnt man, und zwar bei „blau" einen Trostpreis im Wert von 0,30 € und bei „weiß" einen Sachpreis von 8 €.

a) Zeichne ein Baumdiagramm und bestimme die Wahrscheinlichkeiten:

(1) P(blau ; blau): ____________________

(2) P(weiß ; weiß): ____________________

b) Wie groß ist die Wahrscheinlichkeit, bei diesem Spiel zu verlieren?

____

c) Es werden 400 Spiele durchgeführt. Mit welchem Gewinn kann die Klasse rechnen?

____

23 Angebote (Lösung Seite 74)

Frau Kurt kann für zwei Jahre einen Lottogewinn von 1 000 000,– € sparen. Drei Banken bieten ihr unterschiedliche Zinssätze an:

A 1. Jahr 1,2 %; 2. Jahr 1,7 % **B** 1. Jahr 0,9 %; 2. Jahr 2,0 % **C** 1. Jahr 1,4 %; 2. Jahr 1,5 %

a) Welche Bank kannst du empfehlen? Begründe.

____

____

b) Würdest du die gleiche Bank auch für jeden anderen Sparbetrag empfehlen? Begründe.

____

____

24 Brückenkonstruktion (Lösung Seite 75)

Über den Fluss soll eine Brücke führen, die in A beginnt und in B endet. Vermesser haben am unteren Flussufer eine 400 m lange Strecke $\overline{AC}$ abgesteckt und von dort folgende Winkel vermessen:

$\sphericalangle$ BAC = 67,8° und $\sphericalangle$ ACB = 49,3°

Bestimme die Länge der Brücke durch eine maßstäbliche Zeichnung und durch Berechnung auf einem extra Blatt.

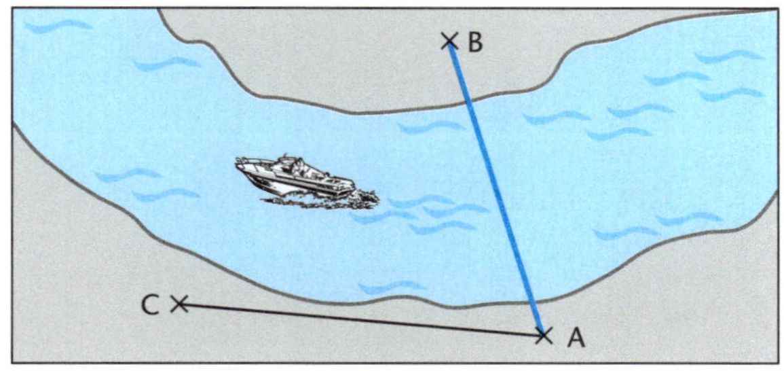

25 Fotos online (Lösung Seite 76)

Lena möchte zu Weihnachten große Fotos verschenken. Im Internet findet sie einen Online-Bilderdienst, bei dem sie pro Bild 59 Cent bezahlt. Für den Versand kommen einmalig 1,19 € dazu.

	A	B	C	D	E	F
1	Anzahl Fotos	1	2	3	4	5
2	Stückpreis in €	0,59	0,59	0,59	0,59	0,59
3	Versandkosten in €	1,19	1,19	1,19	1,19	1,19
4	Gesamtkosten in €	1,78	2,37	2,96		
5						

a) Wie viel bezahlt Lena, wenn sie sich drei Fotos zusenden lässt? Gesamtkosten: ______________

b) Notiere die Formel, die in die Zelle C4 eingegeben wurde. Formel: ______________

c) Welche Eingaben liefern das korrekte Ergebnis in Zelle E4? Kreuze die richtigen Ergebnisse an.

☐ E1*E2 ☐ =E1*E2+E3 ☐ =2*C4 ☐ =D4+0,59

26 Riesentasse (Lösung Seite 77)

In Koblenz steht vor einem Café die rechts abgebildete Riesentasse.

a) Schätze folgende Größen:

Tassenhöhe: ____________

oberer/unterer Tassendurchmesser: ____________ / ____________

b) Jenny hat die folgenden drei Körper gezeichnet, um das Volumen der Riesentasse damit abzuschätzen. Welcher der drei Körper wird das beste Ergebnis liefern? Kreuze an und begründe deine Antwort.

☐  ☐ 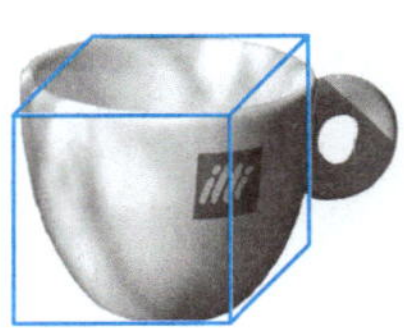 ☐ 

____

____

c) Wie teuer wäre ein Cappuccino in dieser Riesentasse, wenn 0,2 *l* Cappuccino in diesem Café 2,80 € kosten?

____

1 Preisänderungen (von S. 42)

a) Eine Bluse kostet 74,90 €. Der Preis wird um 35 % gesenkt. Berechne den neuen Preis.
b) Der Preis für einen Anzug wurde um 40 % auf 179,94 € reduziert. Wie teuer war er vorher?
c) Der Preis für ein Rennrad wird um 50 € erhöht und beträgt jetzt 499 €. Um wie viel Prozent wurde der Preis erhöht?

Zu a)
35 % von 74,90 € = 74,90 € · 0,35
≈ 26,22 €

74,90 € – 26,22 € = 48,68 €
oder
100 % – 35 % = 65 %
74,90 € · 0,65 ≈ 48,68 €

Der neue Preis der Bluse ist **48,68 €.**

Zu b)
179,94 € entsprechen 60 % des ursprünglichen Preises x.

$60\,\% \mathrel{\hat{=}} 179{,}94\,€$

$1\,\% \mathrel{\hat{=}} \frac{179{,}94\,€}{60}$

$100\,\% \mathrel{\hat{=}} \frac{179{,}94\,€ \cdot 100}{60} = 299{,}90\,€$

kürzer: x = 179,94 € : 0,6 = 299,90 €

Der Anzug kostete vorher **299,90 €.**

Zu c)
Gesucht ist zunächst der prozentuale Wachstumsfaktor q.

Alter Preis: 449 € (499 € – 50 €)
Neuer Preis: 499 €

449 € · q = 499 € | : 449 €
q = 499 € : 449 €
q = 1,1114

Zu diesem Wachstumsfaktor q gehört der Prozentsatz (gerundet) p % ≈ 11,14 %
oder
Wie viel Prozent sind 50 € von 449 €?

$p\,\% = \frac{50\,€}{449\,€} \approx 0{,}1114 = 11{,}14\,\%$

Der Preis wurde um rund **11,14 %** erhöht.

1 Svenja und Silke sind begeisterte Kart-Fahrerinnen.
Svenja legt 12 Runden zurück, das sind nur 80 % der Anzahl von Runden, die Silke in derselben Zeit geschafft hat.
Wie viele Runden hat Silke geschafft?

2 Ein Reisebüro wirbt für eine 14-tägige Mittelmeer-Kreuzfahrt im September. Der Normalpreis pro Person in einer Außenkabine im B-Deck beträgt 1 990 €. Bei Buchung bis Ende März kostet die Kreuzfahrt in derselben Kategorie nur 1 293,50 €.
Wie viel Prozent gegenüber dem Normalpreis spart man bei Buchung bis Ende März?

3 Gegenüber dem Vorjahr ist ein Auto 8 % billiger geworden. Es kostet jetzt 22 264 €.
Wie teuer war das Auto im Vorjahr?

4 In einer Kleinstadt sind wöchentlich 840 Hausmülltonnen zu leeren.
Jede dieser Hausmülltonnen ist erfahrungsgemäß mit durchschnittlich 18 kg Abfall gefüllt.

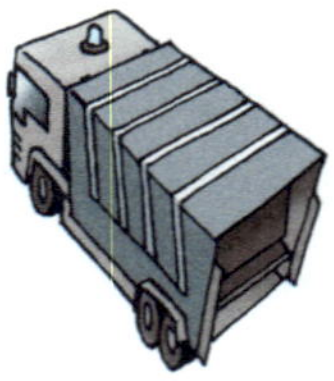

Durch ein Neubaugebiet hat sich Anfang 2017 die Zahl der Tonnen um 15 % erhöht, zugleich ist auch die durchschnittliche Abfallmenge pro Tonne um 5 % gewachsen.
Wie viel Abfall aus Hausmülltonnen mussten die Stadtreinigungswerke der Kleinstadt 2017 insgesamt abtransportieren?

5 Zum Schuljahresbeginn 2014/2015 nahm eine neue Schule ihren Betrieb mit wenigen Schülerinnen und Schülern auf. 2015/2016 waren es schon 50 % mehr, zum Schuljahresbeginn 2016/2017 noch einmal 40 % mehr, nämlich 189.
Mit wie vielen Schülerinnen und Schülern nahm die Schule den Betrieb auf?

2 Werkstück (von S. 42)

Das abgebildete Werkstück ist ein Quader, aus dem oben eine Halbkugel mit dem Radius 5 cm gefräst wurde (Maße in cm). Das Werkstück besteht aus Stahl mit der Dichte $7{,}9\,\frac{g}{cm^3}$.

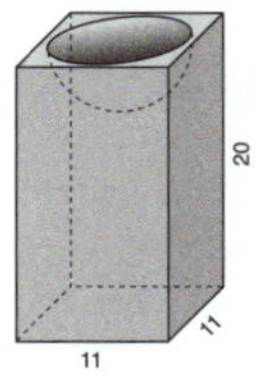

a) Berechne die Masse m des Werkstücks.
b) Berechne auch den Oberflächeninhalt.

Zu a)
Volumen Werkstück =
Volumen Quader – Volumen Halbkugel
Das Volumen des Quaders beträgt:
$V_Q = 11\text{ cm} \cdot 11\text{ cm} \cdot 20\text{ cm} = 2420\text{ cm}^3$
Das Volumen der Kugel beträgt:
$V_K = \frac{4}{3} \cdot \pi \cdot (5\text{ cm})^3 = \frac{4}{3} \cdot \pi \cdot 125\text{ cm}^3 \approx 523{,}6\text{ cm}^3$
Das Volumen der Halbkugel beträgt dann
$V_{HK} = 523{,}6\text{ cm}^3 : 2 = 261{,}8\text{ cm}^3$
Das Volumen des Werkstücks beträgt dann
$V_Q - \frac{1}{2} V_{HK} = 2420\text{ cm}^3 - 261{,}8\text{ cm}^3 = 2158{,}2\text{ cm}^3$

Da jeder Kubikzentimeter Stahl 7,9 g wiegt, ergibt sich die **Masse m** des Werkstücks aus:
$m = 7{,}9\,\frac{g}{cm^3} \cdot 2158{,}2\text{ cm}^3 = 17\,049{,}78\text{ g} \approx$ **17 kg**

Zu b)

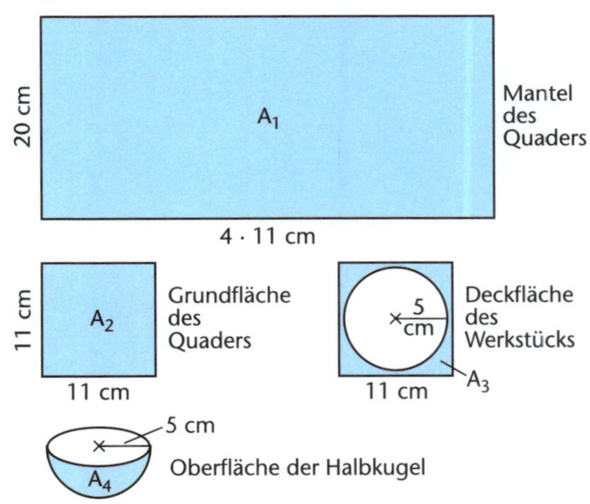

$A_1 = 20\text{ cm} \cdot 44\text{ cm} = 880\text{ cm}^2$
$A_2 = (11\text{ cm})^2 = 121\text{ cm}^2$
$A_3 = 121\text{ cm}^2 - \pi \cdot (5\text{ cm})^2 \approx 42{,}5\text{ cm}^2$

$A_4 = \frac{1}{2} \cdot 4 \cdot \pi \cdot r^2 = 2\pi \cdot (5\text{ cm})^2 \approx 157{,}1\text{ cm}^2$

$O = A_1 + A_2 + A_3 + A_4$
$O = 880\text{ cm}^2 + 121\text{ cm}^2 + 42{,}5\text{ cm}^2 + 157{,}1\text{ cm}^2$
$O = 1200{,}6\text{ cm}^2$

Der **Oberflächeninhalt ist ca. 1200,6 cm²** groß.

1 Dieser Turm aus Holz steht als Modell vor dem Eingang zu einer Ausstellung.

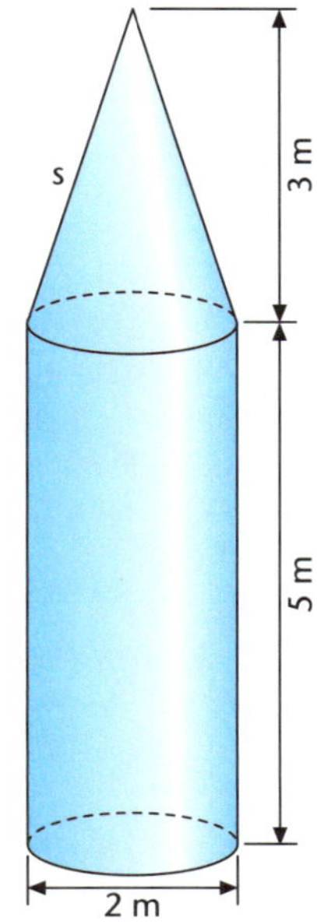

a) Ein Kubikmeter Holz wiegt 0,76 t. Wie schwer ist das Modell insgesamt? Runde auf zehntel Tonne.

b) Das Modell soll einen Schutzanstrich erhalten, damit es vor der Witterung geschützt ist. Pro Quadratmeter wird ein halber Liter Farbe gebraucht.
Wie viele Liter Farbe werden insgesamt benötigt?

Hinweis: Berechne zunächst s.

2 In den abgebildeten Holzzylinder wird ein 5 cm tiefes Loch mit dem Radius 2 cm gebohrt.
1 cm³ Holz wiegt 0,76 g.
Berechne die Masse des Werkstücks.

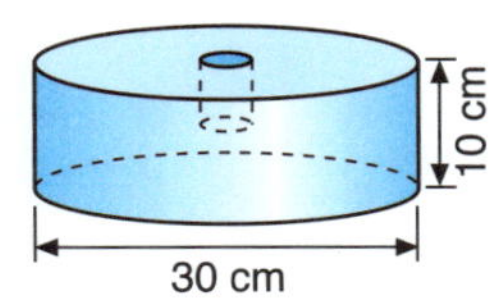

3 Die Skizze zeigt ein Werkstück aus Aluminium. Es besteht aus einer quadratischen Pyramide mit einer kegelförmigen Aushöhlung. Der Winkel zwischen den Seitenflächen und der Grundfläche beträgt 67°. Die Höhe des Kegels beträgt die Hälfte der Höhe der Pyramide.

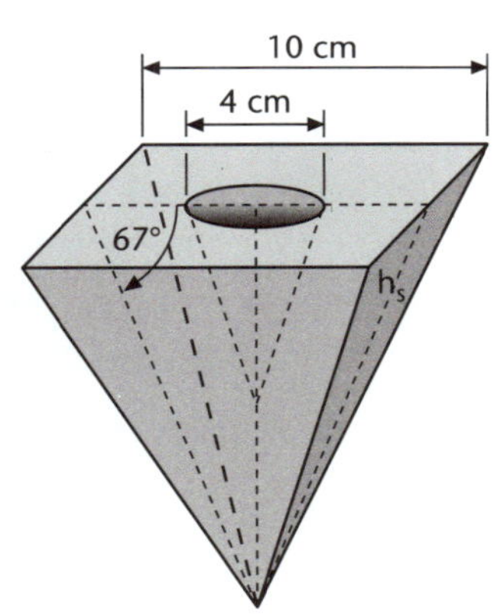

a) Wie groß ist die Körperhöhe der Pyramide?

b) Wie groß ist das Volumen des Werkstücks?

c) Ein Kubikzentimeter Aluminium wiegt 2,7 g. Berechne die Masse des Werkstücks in kg.

3 Straßenbahnfahrplan (von S. 42)

Der grafische Fahrplan gibt Auskunft über die Fahrt einer Straßenbahn vom Bahnhof (Bhf.) bis zum Tierpark mit den Zwischenhalten Rosentor, Nordheide und Stadion.

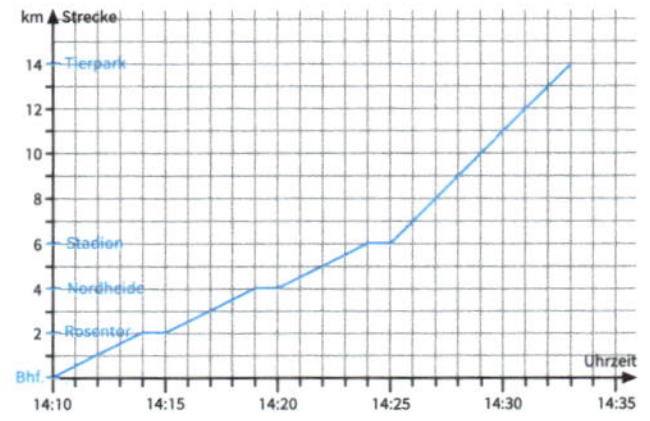

a) Gib die Entfernung zwischen den Haltestellen Bahnhof und Tierpark an.
b) Bestimme mithilfe der Grafik die Durchschnittsgeschwindigkeiten zwischen den Haltestellen.
c) Vervollständige mithilfe der Grafik den Fahrplan mit Ankunfts- und Abfahrtzeiten.

Zu a)
Die Entfernung zwischen den Haltestellen Bahnhof und Tierpark lässt sich aus dem Weg-Zeit-Diagramm ablesen. Sie **beträgt 14 km.**

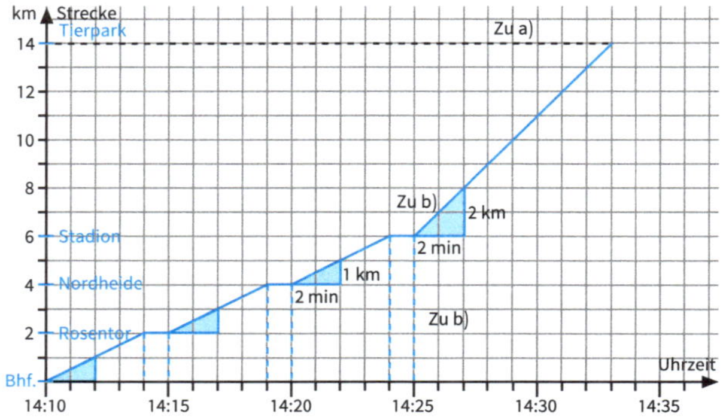

Zu b)
Je schneller die Straßenbahn fährt, desto steiler steigt der Graph an. Drei der vier Steigungsdreiecke sind kongruent, d. h., vom Bahnhof bis Stadion fährt die Straßenbahn zwischen den Haltestellen mit gleicher Durchschnittsgeschwindigkeit ($\frac{1\,\text{km}}{2\,\text{min}}$, also 30 $\frac{\text{km}}{\text{h}}$). Vom Stadion bis zum Tierpark fährt sie schneller ($\frac{2\,\text{km}}{2\,\text{min}}$, also 60 $\frac{\text{km}}{\text{h}}$).

Zu c)

	Uhrzeit	
Bahnhof	ab	14:10
Rosentor	an	14:14
	ab	14:15
Nordheide	an	14:19
	ab	14:20
Stadion	an	14:24
	ab	14:25
Tierpark	an	14:33

1 Die Klasse 10a veranstaltet um 20:00 Uhr eine Party im Jugendheim. Ina und Paul machen sich mit dem Fahrrad auf den Weg.

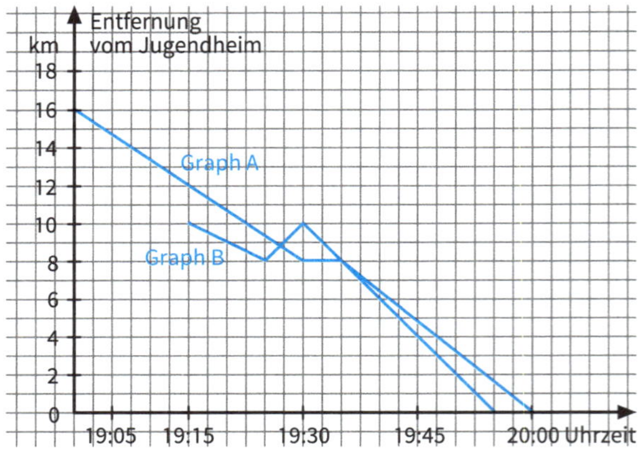

a) Ina startet 19:00 Uhr. Graph A beschreibt ihre Fahrt. Beurteile anhand dieser Darstellung, ob die Aussagen zutreffen können.

Nach einer Viertelstunde hat Ina bereits 5 km zurückgelegt.	☐ Ja	☐ Nein
Nach 30 Minuten legt Ina eine Rast ein.	☐ Ja	☐ Nein
Anfangs fährt Ina durchschnittlich 8 $\frac{\text{km}}{\text{h}}$.	☐ Ja	☐ Nein

b) 15 Minuten nach Ina beginnt Paul seine Fahrt. Diese ist in Graph B dargestellt. Beschreibe, wie sie verlaufen sein könnte.

c) Mit welcher konstanten Geschwindigkeit hätte Paul die gesamte Strecke fahren müssen, um 15 Minuten vor Ina anzukommen?

2 Eine 8 km lange Wanderung führt die Klasse 10b auf das Nebelhorn.

Die ersten Kilometer geht es nur leicht bergauf, und die Gruppe kommt gut voran. Dann fordert ein Klettersteig (K) die Kondition aller heraus. Gut, dass am Ende des Steigs eine Hütte (H) zur Rast einlädt. Von hier aus führt ein fast ebener Weg zum Gipfelkreuz (G).

a) Skizziere in einem Koordinatensystem einen zu der Beschreibung passenden Graphen für die Zuordnung *Zeit t* → *Weg s*.

b) Trage K, H und G am Graph ein.

4 Fahrradurlaub (von S. 43)

Die Grafik (siehe S. 43) zeigt, wie sich der Verbrauch eines Autos ändert, wenn man einen Dach- oder Heckträger (mit Fahrrädern) montiert.

a) Lennard behauptet, dass bei 80 $\frac{km}{h}$ der Verbrauch eines Autos mit zwei Fahrrädern auf dem Dachträger ungefähr doppelt so hoch ist wie bei einem Auto ohne Aufbau. Nimm Stellung zu dieser Aussage.

b) Herr Tropper fährt immer mit einem Dachträger. Diesmal hat er aber darauf noch zwei Fahrräder montiert. Um wie viel Prozent steigt dadurch der Verbrauch bei 120 $\frac{km}{h}$?

c) Herr und Frau Tropper überlegen, ob sie auf dem Dachträger des Autos ihre beiden Fahrräder in den Urlaub nach Schweden mitnehmen. Herr Tropper fährt im Schnitt 100 $\frac{km}{h}$. Erstelle einen Graphen, der den Gesamtverbrauch für beide Varianten (mit und ohne Fahrräder) in Abhängigkeit von der zurückgelegten Strecke beschreibt.
Benutze dafür das rechts abgebildete Koordinatensystem.

Zu a)
Lennards **Aussage ist falsch.**
Man muss beachten, dass die y-Achse nicht bei 0 beginnt. Entsprechend muss man die Werte von 4 Liter bzw. 5 Liter pro 100 km vergleichen.

Zu b)
Bei 120 $\frac{km}{h}$ lesen wir ab:
Der Verbrauch mit leerem Dachgepäckträger liegt bei ca. 5,6 Liter pro 100 km, mit zwei Fahrrädern auf dem Dach bei ca. 7,1 Liter pro 100 km. Mit dem Dreisatz kann man nun den prozentualen Anstieg bestimmen:

5,6 Liter ≙ 100 %
1,0 Liter ≙ 17,86 % (≈ 100 % : 5,6)
7,1 Liter ≙ 126,8 % (≈ 17,86 % · 7,1)

Also steigt der Verbauch um **ungefähr 27 %.**

Zu c)

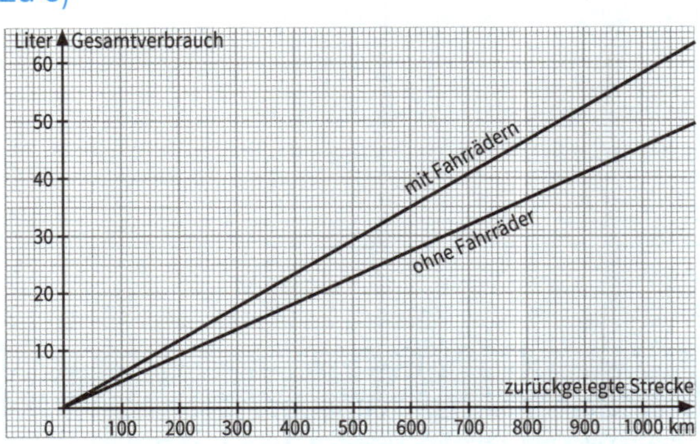

1 Die Grafik zeigt die Entwicklung der Aktie der Firma UV in den Monaten Januar bis Juni.

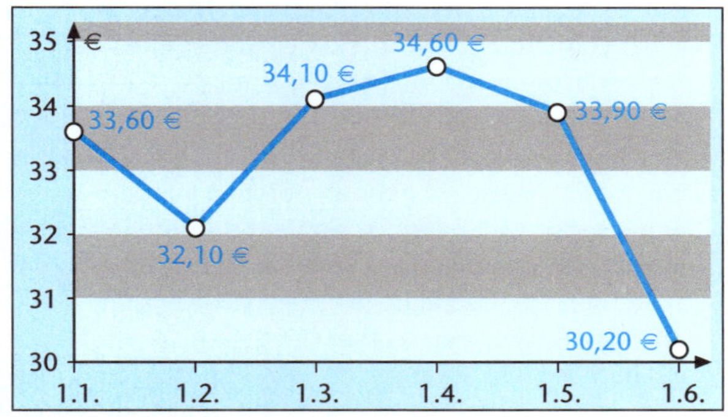

a) Um wie viel Prozent hat die Aktie der Firma UV vom 1.5. bis 1.6. verloren?

b) Im letzen Jahr hatte die Aktie der Firma durchschnittlich einen Wert von 33,65 €. Hat sie diesen Durchschnittswert auch in den dargestellten sechs Monaten erreicht?

c) Die Grafik vermittelt den Eindruck, als sei die Aktie der Firma UV vom 1.5. bis 1.6. so abgestürzt, dass sie fast nichts mehr wert ist. Wodurch entsteht dieser Eindruck?

d) Zeichne ein Säulendiagramm, das die Entwicklung des Aktienkurses vom 1.1. bis 1.6. realistisch darstellt.

2 Die Klasse 10a führte eine Befragung zur Computernutzung in zwei 7. Klassen durch.

	7a	davon befragt	7b	davon befragt
Mädchen	14	11	16	14
Jungen	16	13	16	12

a) Wie viel % der Mädchen und Jungen aus der Klasse 7a haben an der Umfrage teilgenommen?

b) Stelle für die Klasse 7b in einem Kreisdiagramm die Anteile der Jungen und Mädchen in der Klasse und die jeweiligen Anteile der Mädchen und Jungen, die befragt wurden, dar.

c) Von den Befragten nutzten den Computer 45 % für Emails, 84% zum Chatten, 72 % zum Spielen und 38 % für Internetrecherchen. Ist es sinnvoller, die Umfrageergebnisse in einem Kreisdiagramm oder in einem Säulendiagramm darzustellen? Begründe deine Antwort.

5 Herzogstandbahn (von S. 43)

Der Kartenausschnitt zeigt ein Wandergebiet in der Nähe von München. Anhand der Höhenlinien kann man erkennen, wie steil das Gelände ist. Eine Höhenlinie verbindet jeweils Punkte der Erdoberfläche, die auf gleicher Höhe über dem Meeresspiegel (ü. M.) liegen. Wer sich den anstrengenden Aufstieg auf den Fahrenberg sparen will, benutzt den Sessellift. Die Herzogstandbahn bringt in nur 4 Minuten ihre Gäste von der Talstation am Walchensee auf den Fahrenberg.
Wie lang ist die Strecke, die eine Kabine bei ihrer Fahrt auf den Berg zurücklegt?

Die Länge der gesuchten Strecke ermittelt man mithilfe des Satzes des Pythagoras.

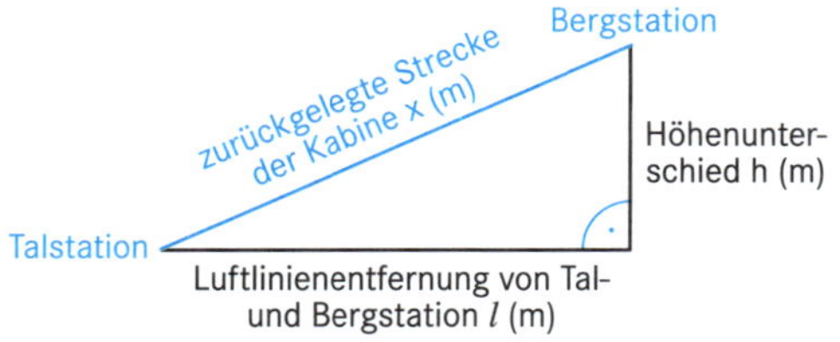

Zunächst bestimmen wir den Höhenunterschied zwischen Tal- und Bergstation.
An den Höhenlinien lesen wir ab:
Talstation 830 m ü. M.
Bergstation 1580 m ü. M.
Der Höhenunterschied h beträgt also 750 m.

Die Luftlinienentfernung (Entfernung über Grund) l zwischen Tal- und Bergstation bestimmt man in zwei Schritten:
(1) Entfernungen der beiden Orte in der abgebildeten Karte bestimmen.
(2) Kartenmaßstab nutzen.

Zu (1) Der Abstand zwischen Tal- und Bergstation in der Karte beträgt 5 cm.
Zu (2) Der Maßstab 1 : 20 000 bedeutet:
1 cm auf einer Karte entsprechen 20 000 cm in der Wirklichkeit. Man muss die gemessene Strecke also mit 20 000 multiplizieren:
$5\text{ cm} \cdot 20000 = 100000\text{ cm}$.
Die Entfernung l zwischen den beiden Orten beträgt in der Realität also etwa 1000 m.
Jetzt lässt sich die gesuchte Strecke x mit dem Satz des Pythagoras ermitteln:
$x^2 = h^2 + l^2$
$= (750\text{ m})^2 + (1000\text{ m})^2 = 1\,562\,500\text{ m}^2$
$x \approx 1250\text{ m}$
Die Kabine legt also eine Strecke von ungefähr **1250 m** zurück.

1 Bestimme die Länge der blau eingetragenen Strecke im Dreieck. Runde auf mm.

a)
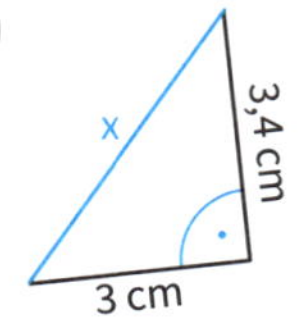

b)
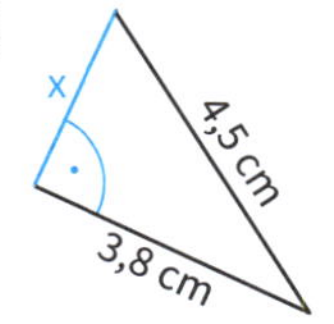

c)
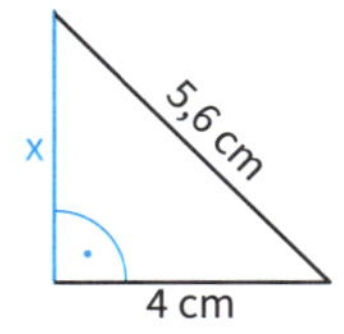

d)
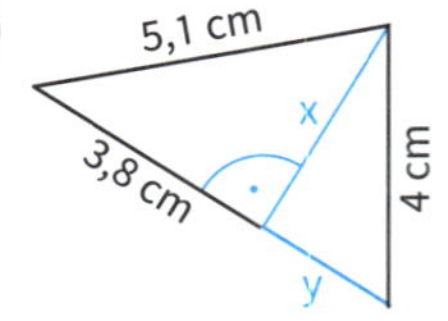

2 Das sogenannte „Haus des Nikolaus“ ist ein bekanntes Zeichenspiel und Rätsel. Man löst es, wenn man es schafft, das Haus in einem Zug zu zeichnen und dabei keine Strecke zweimal zu durchlaufen.

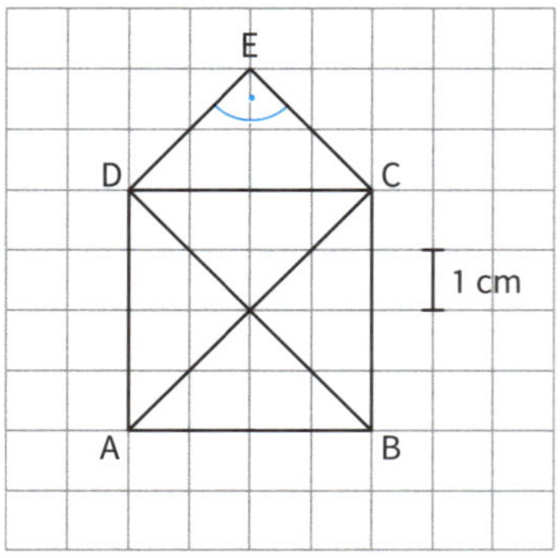

Bestimme rechnerisch die Länge des gesamten Streckenzuges. Runde das Ergebnis auf mm.

3 Bei Skisprungwettbewerben werden häufig Seilkameras eingesetzt. Sie liefern Aufnahmen der Skispringer aus der Vogelperspektive und übertragen diese an verschiedene Fernsehsender. In der Skizze ist eine Seilkamera an einem Trageseil befestigt, das zwischen zwei 12 m hohen Stahlpfosten über die Sportstätte gespannt ist.
Wie lang ist das Trageseil?

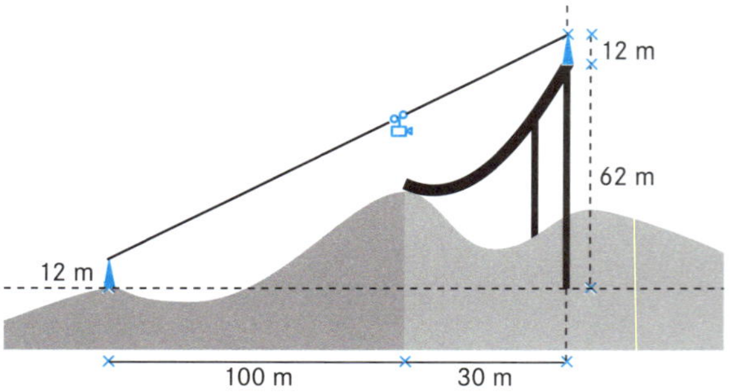

6 Konservendosen (von S. 44)

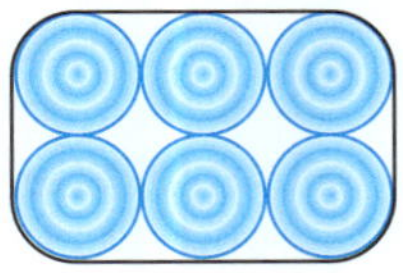

Sechs Konservendosen werden von einem Plastikband umfasst. Jede Dose hat einen Radius von 4 cm.

a) Berechne die Länge des Plastikbandes.

b) Reicht für Dosen mit doppeltem Radius ein doppelt so langes Plastikband? Begründe deine Antwort.

Zu a)

Zur Berechnung der Länge des Bandes unterteilt man es in gerade und gekrümmte Stücke.

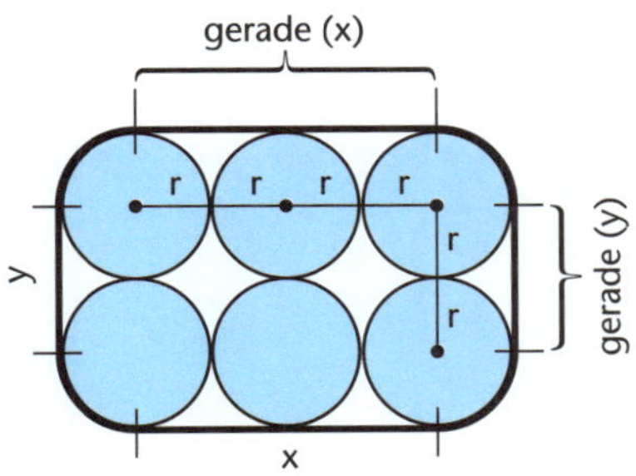

$x = 4 \cdot \text{Radius}$ $\quad y = 2 \cdot \text{Radius}$

$x = 4 \cdot 4\ \text{cm}$ $\quad y = 2 \cdot 4\ \text{cm}$

$x = 16\ \text{cm}$ $\quad y = 8\ \text{cm}$

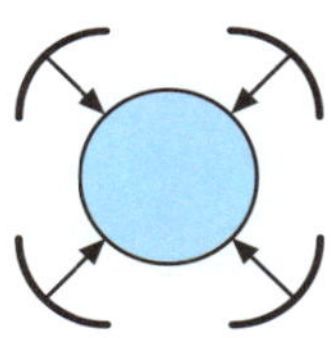

Die vier gekrümmten Stücke entsprechen jeweils dem Viertelkreis, bilden zusammen also einen ganzen Kreis, dessen Umfang zu berechnen ist.

$u = 2\pi r$

$u = 2 \cdot \pi \cdot 4\ \text{cm}$

$u \approx 25{,}1\ \text{cm}$

Die Gesamtlänge des Bandes berechnet sich so: $l = 2x + 2y + u$

$l \approx 2 \cdot 16\ \text{cm} + 2 \cdot 8\ \text{cm} + 25{,}1\ \text{cm}$

$\mathbf{l \approx 73{,}1\ cm}$

Zu b)

Gesamtlänge l_1 des Bandes mit Radius r:

$l_1 = 2x + 2y + u$ $\quad$ | r einsetzen

$l_1 = 2 \cdot 4r + 2 \cdot 2r + 2\pi r$

$l_1 = 8r + 4r + 2\pi r$

Gesamtlänge l_2 mit doppeltem Radius:

$l_2 = 8 \cdot (2r) + 4 \cdot (2r) + 2\pi \cdot (2r)$

$l_2 = 16r + 8r + 4\pi r \ (= 2 \cdot l_1)$

Ein doppelt so langes Band reicht also.

1 Vier Konservendosen werden von einem Plastikband umfasst. Jede Dose hat einen Radius von 5 cm. Berechne die Länge des Plastikbandes.

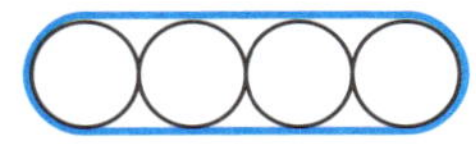

2 Sechs Konservendosen werden wie in der Abbildung gezeigt von einem Plastikband umfasst. Jede Dose hat einen Radius von 6 cm. Berechne die Bandlänge.

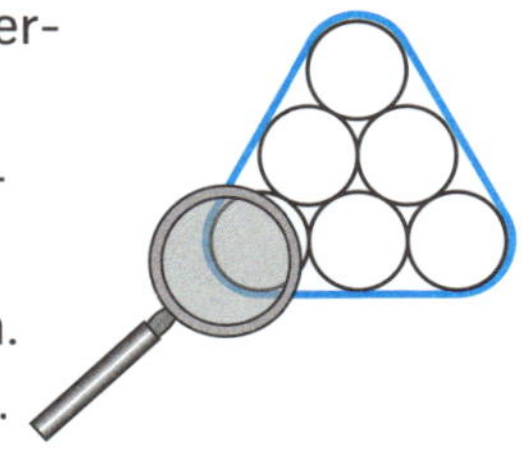

Hinweis: Das Lupenbild hilft dir bei der Lösung der Aufgabe. Überlege dazu, wie groß der Winkel α und demzufolge der Winkel β ist.

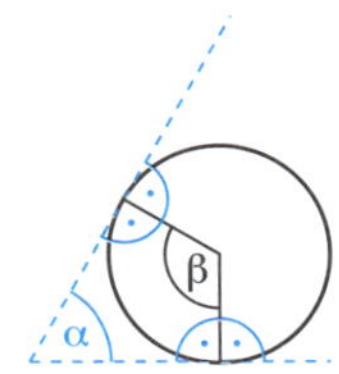

3 Der Kreis hat einen Radius von r = 8 cm.

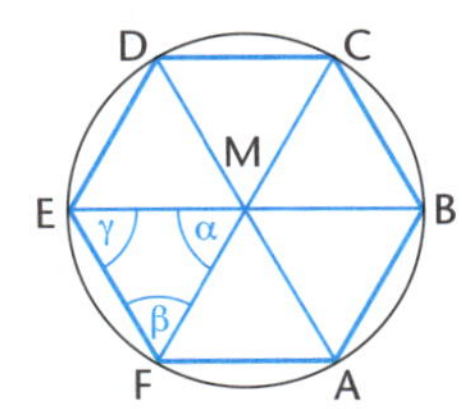

a) Berechne im Dreieck FME die Größe der Winkel.

b) Berechne den Umfang des regelmäßigen Sechsecks ABCDEF.

c) Um wie viel Prozent ist der Umfang des Kreises größer als der Umfang des regelmäßigen Sechsecks?

d) Welche Höhe hat das Trapez BCDE? Ermittle diese Höhe mit einer Zeichnung und berechne anschließend den Flächeninhalt des Trapezes.

e) Wie vergrößert sich der Flächeninhalt des Sechsecks, wenn der Radius des Umkreises verdoppelt wird? Wie vergrößert sich gleichzeitig der Umfang des Sechsecks?

4 Aus einer quadratischen Sperrholzplatte mit einer Fläche von $0{,}25\ \text{m}^2$ wird der größtmögliche Kreis ausgeschnitten.

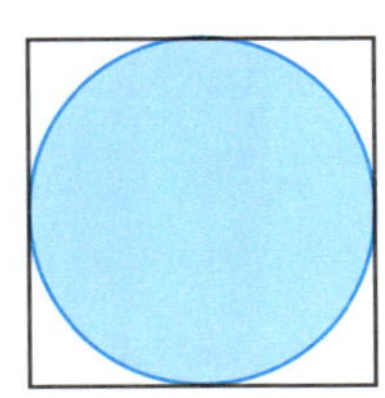

a) Berechne Flächeninhalt und Umfang des Kreises.

b) Wie viel Prozent der ursprünglichen Platte sind Abfall?

7 Gläser (von S. 44)

(von S. 44)

Ein Likörglas und ein Rotweinglas werden mit Wasser gefüllt.

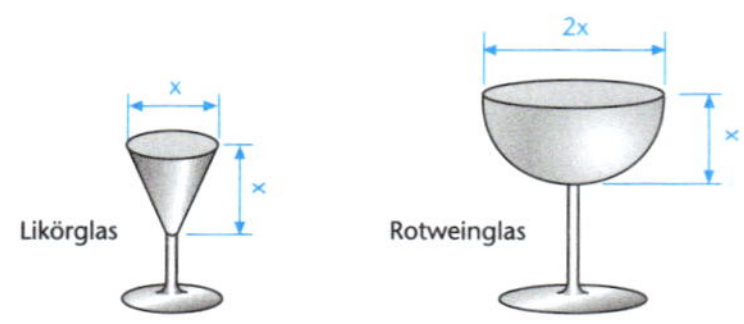

a) Wie viele vollständig gefüllte Likörgläser werden benötigt, um das Rotweinglas bis zum Rand zu füllen?

b) Welcher der abgebildeten Graphen zeigt am besten, wie sich die *Höhe h* des Flüssigkeitsspiegels beim gleichmäßigen Befüllen des **Rotweinglases** in Abhängigkeit von der *Zeit t* ändert? Kreuze an.

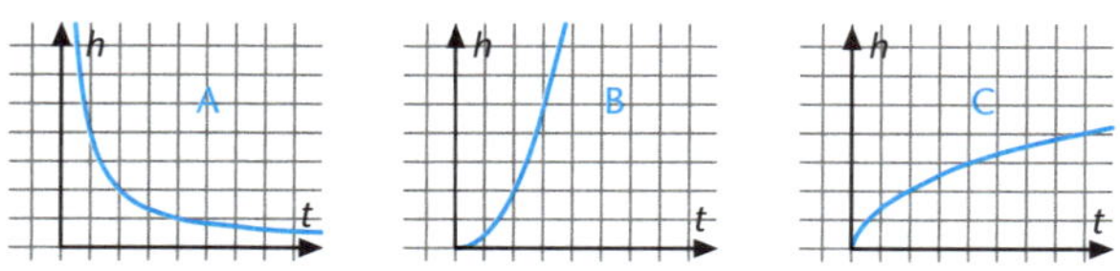

Zu a)
Zunächst muss das Volumen jedes Glases mit einem Term beschrieben werden.

– Der Kelch des Likörglases hat die Form eines auf die Spitze gestellten Kegels mit $r = \frac{1}{2}x$ und $h = x$. Also:
$V_{Likörglas} = \frac{1}{3} \cdot \pi \cdot (\frac{1}{2}x)^2 \cdot x = \frac{1}{3} \cdot \pi \cdot \frac{1}{4}x^2 \cdot x$
$= \frac{1}{12}\pi \cdot x^3$

– Der Kelch des Rotweinglases hat die Form einer Halbkugel mit $r = x$. Also:
$V_{Rotweinglas} = \frac{1}{2} \cdot \frac{4}{3} \cdot \pi \cdot x^3 = \frac{2}{3} \cdot \pi \cdot x^3$

Aus $(\frac{1}{12}\pi \cdot x^3) \cdot \mathbf{8} = \frac{2}{3} \cdot \pi \cdot x^3$ folgt: **8** randvolle Likörgläser füllen das Rotweinglas.

Zu b)
Je höher ein Punkt des Graphen liegt, desto voller ist das Gefäß.

A: Zu Beginn nimmt die Füllhöhe für eine kurze Zeit rapide, später immer langsamer ab.
B: Die Füllhöhe steigt zu Beginn ein wenig, später immer stärker an.
C: Der Flüssigkeitsspiegel steigt für kurze Zeit rasch, später immer weniger stark an.

Da das Rotweinglas nach oben zunehmend breiter wird und in gleicher Zeit stets die gleiche Flüssigkeitsmenge in das Glas fließt, steigt die Füllhöhe immer langsamer an.
Deshalb: **Richtig ist der Graph C.**

1 Ein quaderförmiger Behälter besitzt die in der Zeichnung angegebenen Innenmaße. Er wird langsam mit einer Flüssigkeit gefüllt. Pro Minute fließen 150 cm^3 in den Behälter.

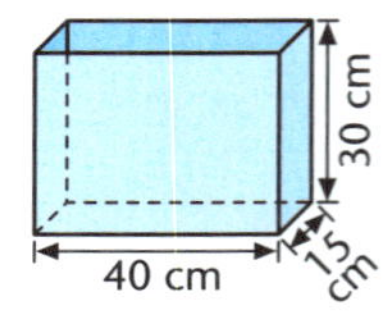

a) Welches Volumen hat der Behälter?

b) Nach wie vielen Minuten ist der Behälter voll?

c) Skizziere den Graphen der Funktion f: *Zeit x (in min) ⟶ Füllhöhe y (in cm).*

d) Wie lautet die zu f gehörende Funktionsgleichung?

2 Auch der folgende Behälter wird langsam mit einer Flüssigkeit gefüllt.

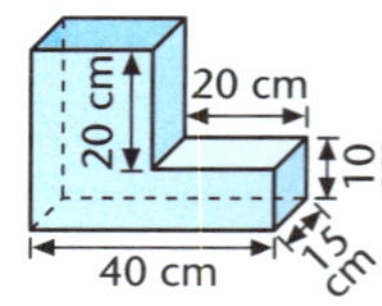

Es sollen in jeder Minute 150 cm^3 in den Behälter fließen.

a) Nach wie vielen Minuten ist jetzt der Behälter bis zum Rand gefüllt?

b) Skizziere den Graphen dieses Füllvorgangs im Koordinatensystem.

3 Verschiedene Gefäße werden gleichmäßig mit Wasser gefüllt.

a) Ordne jedem Gefäß den Graphen zu, der dessen Füllvorgang am besten darstellt.

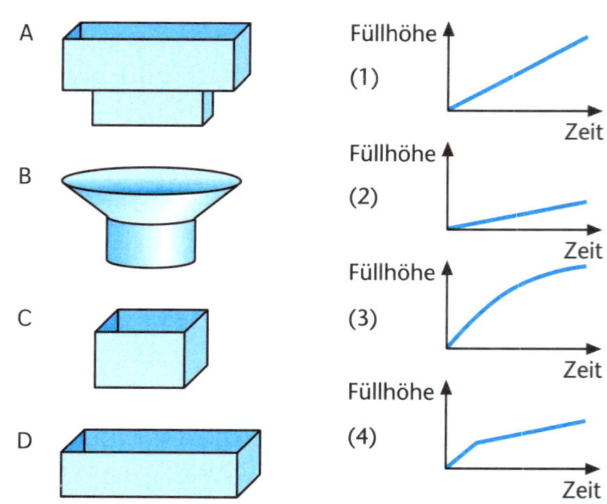

b) Skizziere ein Gefäß, dessen Füllvorgang zu diesem Graphen passt.

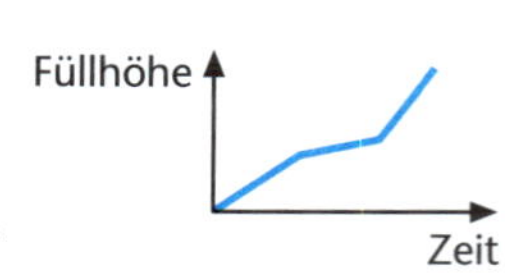

8 Agenturmeldung (von S. 44)

Vor allem in Thüringen und Sachsen hängt oder liegt die *weiße Bluse* bei fast jeder neunten Frau (87,4 Prozent) im Schrank, ergab jetzt eine Umfrage.

Die nebenstehende Pressemeldung ist fehlerhaft. Begründe.

Die Meldung ist fehlerhaft, denn „jede neunte Frau" bedeutet:

Bei einer von neun Frauen hängt eine weiße Bluse im Schrank.

1 von 9 $= \frac{1}{9} \approx 0{,}11 = \frac{11}{100} = 11\,\%$

Unter 100 Frauen sind dann etwa elf Frauen zu finden, bei denen eine weiße Bluse im Schrank hängt.

Laut Agenturmeldung ist die weiße Bluse als Kleidungsstück sehr beliebt, nämlich bei 87,4 % der Frauen, d. h. unter 100 Frauen gibt es etwa 87, unter zehn Frauen sind etwa neun zu finden, bei denen eine weiße Bluse im Schrank hängt.

Richtig müsste die Meldung also lauten:

„Vor allem in Thüringen und Sachsen hängt oder liegt die weiße Bluse bei **etwa neun von zehn Frauen (87,4 Prozent)** im Schrank, ergab jetzt eine Umfrage."

Weitere Möglichkeit:

Da $87{,}4\,\% \approx 88\,\% \approx \frac{8}{9}$ gilt, hätte man auch schreiben können:

„Vor allem in Thüringen und Sachsen hängt oder liegt die weiße Bluse **bei etwa acht von neun Frauen (87,4 Prozent)** im Schrank, ergab jetzt eine Umfrage."

1 Nur zwei Angaben geben den Anteil der hellen Spielsteine auf dem Bild richtig wieder. Ordne zu.

20 %, ein Drittel, jeder vierte, 40 %, 25 %, jeder fünfte

2 Zwei Ausdrücke beschreiben denselben Anteil. Ordne die Zahlen den Buchstaben zu.

(1)	jeder zweite
(2)	fast die Hälfte
(3)	10 %
(4)	niemand
(5)	100 %

(A)	ein Zehntel
(B)	0 %
(C)	alle
(D)	50 %
(E)	49 %

3 Diese Schulnachrichten enthalten Fehler. Zeige rechnerisch, welche mathematische Aussage nicht mit dem Text übereinstimmt und korrigiere den Fehler.

(A) Jeder vierte Junge (4 %) der Klassenstufe 10 ist aktives Mitglied eines Sportvereins.

(B) Ein Zwanzigstel aller Schüler erhielten bei den Bundesjugendspielen eine Siegerurkunde. Letztes Jahr waren es sogar 5 %.

(C) Ein Fünftel aller Siebtklässler kommt mit dem Bus zur Schule. Unter den Achtklässlern sind es mit 25 % deutlich weniger.

4 Aus dem Mitteilungsblatt des FC Dribbel:

In der vorletzten Saison gewann unsere 1. C-Jugend-Mannschaft jedes dritte Spiel. Die letzte Saison verlief deutlich besser. Nach jedem sechsten Spiel verließ unsere Mannschaft als Sieger den Platz. Der Vereinsvorsitzende äußerte daher stolz: „Dies ist eine Steigerung um 50 %."

Was sagst du dazu?

5

Fuhr vor einigen Jahren noch jeder zehnte Autofahrer zu schnell, so ist es heute ‚nur noch' jeder fünfte. Doch auch fünf Prozent sind zu viele, und so wird weiterhin kontrolliert, und die Schnellfahrer haben zu zahlen.

Die Meldung ist fehlerhaft. Begründe.

9 Kugelstoßen (von S. 45)

Hier siehst du den ersten Teil der Flugbahn einer gestoßenen Kugel (Maße in m).

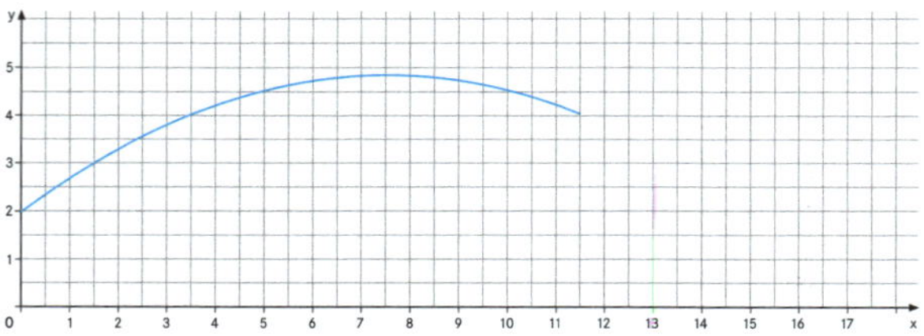

Die Flugbahn kann näherungsweise mit der Funktionsgleichung $f(x) = -0{,}05x^2 + 0{,}75x + 2$ beschrieben werden.

a) Lies am Graphen ab, aus welcher Höhe die Kugel abgestoßen wurde.

b) Berechne, welche maximale Höhe die Kugel erreicht. Kontrolliere dein Ergebnis am Graphen.

c) Berechne die Kugelstoßweite und vervollständige die Flugbahn.

Zu a)
Die Kugel wird aus **2 m Höhe** abgestoßen (Punkt auf der y-Achse).

Zu b)
Die Funktionsgleichung wird auf die Scheitelpunktform gebracht (quadratische Ergänzung).

$f(x) = -0{,}05 \cdot (x^2 - 15x - 40)$

$f(x) = -0{,}05 \cdot (x^2 - 15x + 7{,}5^2 - 7{,}5^2 - 40)$

$f(x) = -0{,}05 \cdot ((x - 7{,}5)^2 - 96{,}25)$

$f(x) = -0{,}05 \cdot (x - 7{,}5)^2 + 4{,}8125$

Die Kugel erreicht eine **Höhe von rund 4,81 m.**
Das passt zu dem y-Wert, den man am Graphen an der Stelle $x = 7{,}5$ abliest.

Zu c)
Wenn die Kugel am Boden aufprallt, ist die Flughöhe $f(x) = 0$.

$-0{,}05x^2 + 0{,}75x + 2 = 0 \quad | : (-0{,}05)$

$x^2 - 15x - 40 = 0 \quad |$ p-q-Formel

$x_{1/2} = 7{,}5 \pm \sqrt{7{,}5^2 + 40}$

$x_{1/2} = 7{,}5 \pm \sqrt{96{,}25}$

$x_1 \approx 17{,}31 \qquad (x_2 \approx -2{,}31)$

Die Kugel wird **17,31 m** weit gestoßen.
Das ist die **vollständige Flugbahn:**

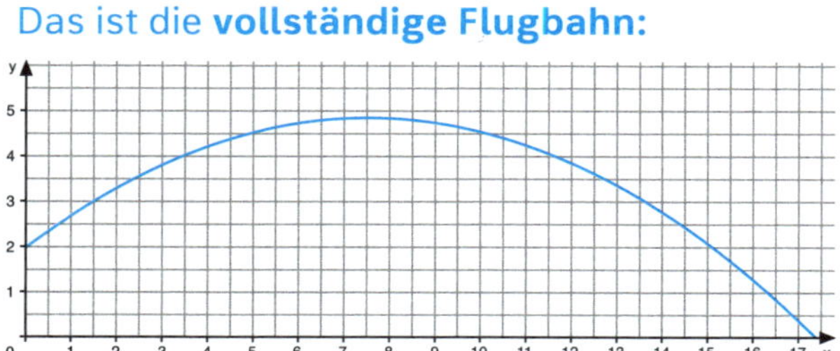

1 Ein Brückenbogen hat die Form einer Parabel mit der Gleichung $f(x) = y = -0{,}04x^2 + 38$

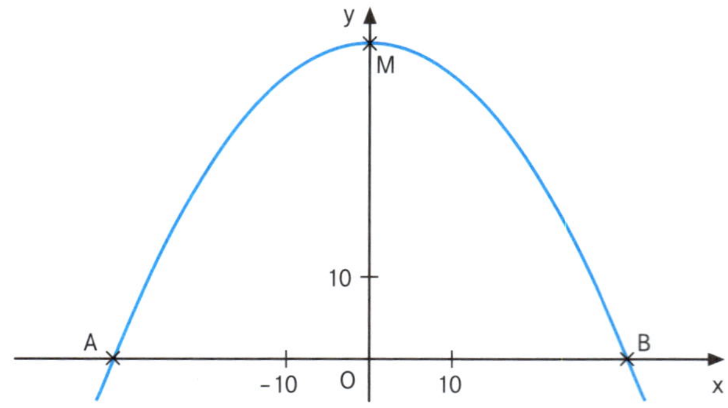

a) Wie lang ist die Strecke $\overline{OM}$?

b) Wie lang ist die Strecke $\overline{AB}$?

2 Die Zeichnung zeigt schematisch den Ablauf eines Weitsprungs. Das Gesäß des Springers bewegt sich etwa auf einer Parabel mit der Gleichung $y = -0{,}08x^2 + 0{,}4x + 0{,}7$.

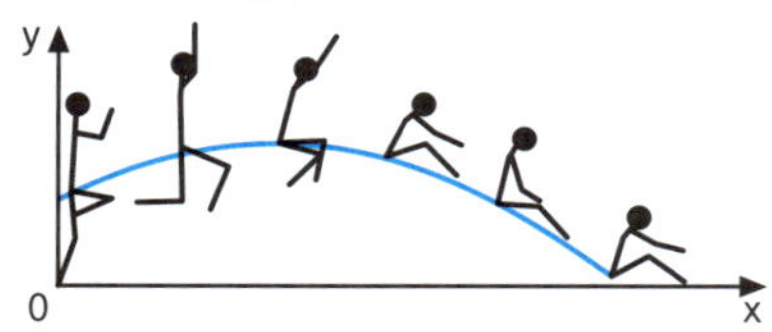

Wie weit vom Absprung entfernt setzt der Springer im Sand auf?

3 Elke versucht einen Korbwurf. Trifft sie? Begründe.

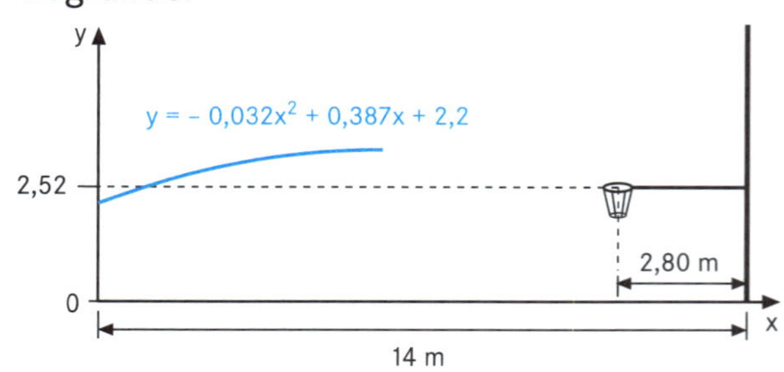

4 Das ist die Flugbahn eines Golfballes. Sie ist eine Parabel der Form $y = ax^2 + bx + c$.

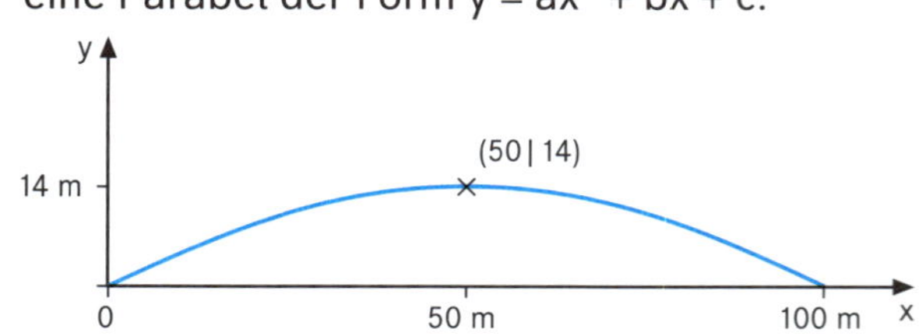

a) Bestimme den Wert von c.

b) Berechne a und b mithilfe der Punkte (50 | 14) und (100 | 0).
Schreibe dann die Funktionsgleichung auf.

10 Haus mit Satteldach (von S. 45)

Der Zeichnung kannst du die Außenmaße eines Einfamilienhauses entnehmen.

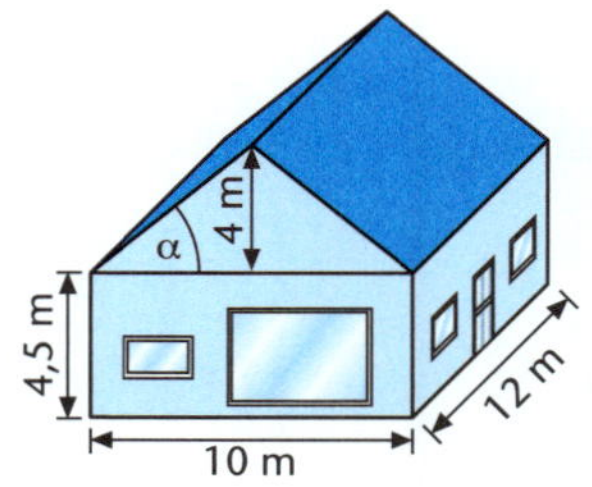

a) Berechne das Volumen des Hauses (umbauter Raum).
b) Wie groß ist die gesamte Dachfläche?
c) Berechne den Neigungswinkel α des Dachs.

Zu a)
Der untere Teil des Hauses ist ein Quader mit dem Volumen V_1, der obere Teil ist ein Prisma mit einem Dreieck als Grundfläche G und dem Volumen V_2.

$V_1 = a \cdot b \cdot c$ | $V_2 = G \cdot h$

$V_1 = 10\text{ m} \cdot 4{,}5\text{ m} \cdot 12\text{ m}$ | $V_2 = \frac{10\text{ m} \cdot 4\text{ m}}{2} \cdot 12\text{ m}$

$V_1 = 540\text{ m}^3$ | $V_2 = 240\text{ m}^3$

$V = V_1 + V_2 = 540\text{ m}^3 + 240\text{ m}^3 = 780\text{ m}^3$

Das Volumen des Hauses beträgt insgesamt **780 m³.**

Zu b)
Die Dachflächen bestehen aus zwei gleichen Rechtecken. Der Flächeninahlt eines Rechtecks berechnet sich aus x · 12 m.

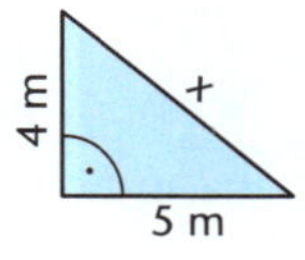

Die Länge der Dachkante x wird mit dem Satz des Pythagoras berechnet.

$x^2 = (4\text{ m})^2 + (5\text{ m})^2$

$x^2 = 41\text{ m}^2 \quad |\sqrt{}$

$x = \sqrt{41}\text{ m}^2 \approx 6{,}40\text{ m}$

$A = (6{,}40\text{ m} \cdot 12\text{ m}) \cdot 2 = 153{,}60\text{ m}^2$

Die gesamte Dachfläche ist **153,6 m²** groß.

Zu c)

$\tan\alpha = \frac{\text{Gegenkathete}}{\text{Ankathete}} = \frac{4\text{ m}}{5\text{ m}} = \frac{4}{5}$

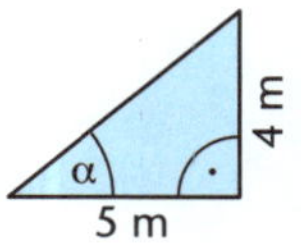

$\tan\alpha = 0{,}8$

$\alpha \approx 38{,}66°$

Der Neigungswinkel des Daches beträgt ca. **39°.**

1 Abgebildet ist ein gleichschenkliges Dreieck.

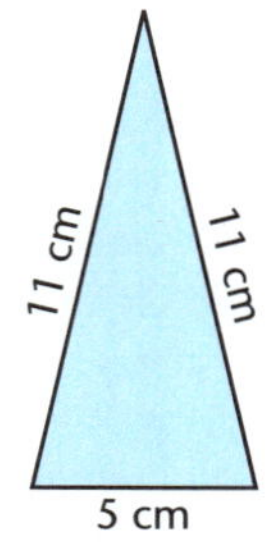

a) Berechne den Flächeninhalt des Dreiecks.

b) Berechne die Innenwinkel des Dreiecks.

2 Das Werkstück aus Eisen ist ein Prisma mit einem gleichschenkligen Trapez als Grundfläche.

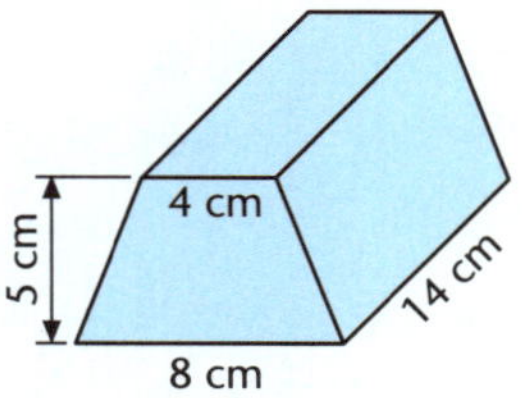

a) Berechne das Volumen des Werkstücks.

b) Berechne den Oberflächeninhalt des Werkstücks.

c) Berechne die Innenwinkel der Trapezfläche.

3 Abgebildet sind die Maße von Tor, Torraum und Strafraum eines Fußballfeldes. Das Tor ist 2,44 m hoch.

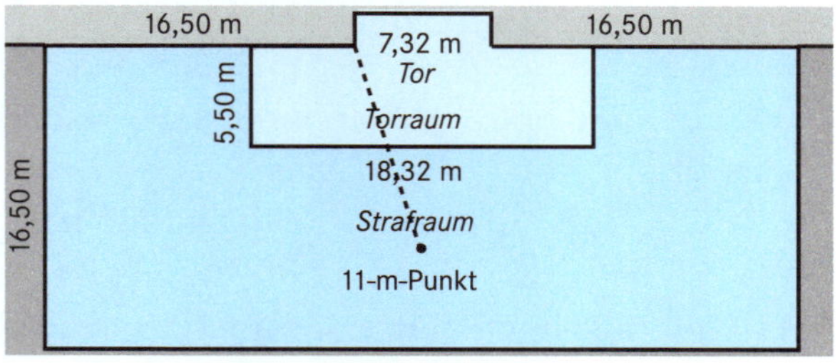

a) Wie groß ist der Strafraum eines Fußballfeldes außerhalb des Torraumes?

b) Vom Elfmeterpunkt wird ein Ball in gerader Linie in die obere linke Ecke geschossen, wo Pfosten und Latte zusammentreffen. Welchen Weg legt der Ball zurück?

c) Mit welchem Winkel hebt der Ball, dessen Weg in Teilaufgabe b) beschrieben ist, vom Boden ab?

4 Berechne den Flächeninhalt und Umfang des Parallelogramms.

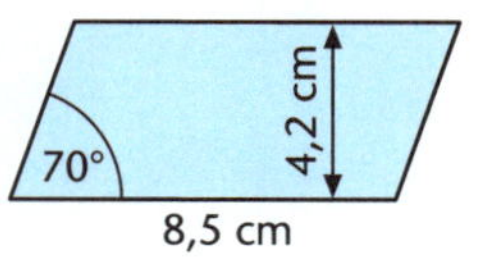

11 Nebenjobs (von S. 46)

Bei einer Umfrage unter 580 Zehntklässlern geben 30 % an, neben der Schule zu jobben. Insgesamt nehmen 348 Mädchen an der Umfrage teil. Von den befragten Mädchen haben 25 % einen Nebenjob.

a) Berechne den prozentualen Anteil der Mädchen und Jungen an den befragten Zehntklässlern.

b) Wie viele Mädchen haben keinen Nebenjob?

c) Wie viel Prozent der Jungen haben keinen Nebenjob?

Zu a)
348 der 580 Befragten sind Mädchen.
G = 580 W = 348 p % ist gesucht.
$p\,\% = \frac{W}{G} = \frac{348}{580} = 0{,}6 = 60\,\%$
Der prozentuale Anteil der **Mädchen** an den befragten Zehntklässlern beträgt **60 %.**
Also sind 40 % der befragten Zehntklässler Jungen.
Das sind 232 (= 580 – 348).

Zu b)
25 % (ein Viertel) der befragten 348 Mädchen geben an, einen Nebenjob zu haben. Das sind 348 : 4 = 87 Mädchen. Damit haben **261** (= 348 – 87) Mädchen keinen Nebenjob.

Zu c)
30 % der 580 befragten Zehntklässler haben einen Nebenjob.
G = 580 p % = 30 % W ist gesucht.
$W = G \cdot p\,\% = 580 \cdot 30\,\% = 580 \cdot 0{,}3 = 174$
174 der befragten Zehntklässler haben also einen Nebenjob und **406** (= 580 – 174) haben keinen Nebenjob.
Von diesen 406 Zehntklässlern ohne Nebenjob sind 261 Mädchen (s. Teil b)), also haben 145 (= 406 – 261) Jungen keinen Nebenjob.
Da insgesamt 232 Jungen an der Befragung teilgenommen haben, entspricht dies einem Anteil von $\frac{145}{232} = 0{,}625 = 62{,}5\,\%$.
62,5 % der Jungen haben keinen Nebenjob.
In der folgenden Tabelle sind noch einmal alle Daten zusammengestellt.

	Mit Nebenjob	Ohne Nebenjob	
Mädchen	87	261	348
Jungen	87	145	232
	174	406	**580**

1 An einer Schule sind 55 % der Schülerinnen und Schüler Mädchen. 35 % der Mädchen kommen mit dem Fahrrad zur Schule. Insgesamt fahren 40 % mit dem Fahrrad zur Schule.

a) Vervollständige das Baumdiagramm.

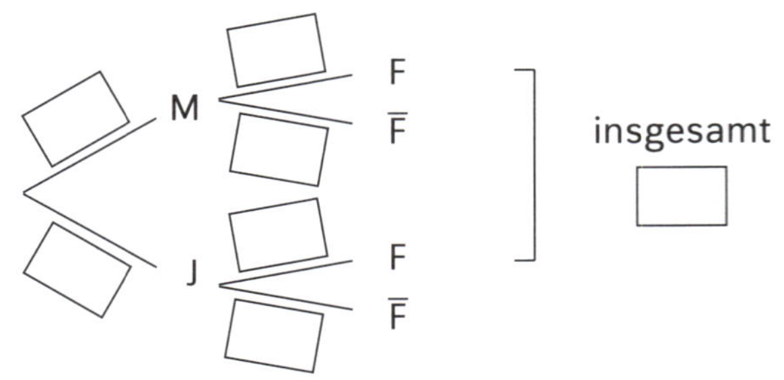

F: mit dem Fahrrad
$\overline{F}$: nicht mit dem Fahrrad

b) Berechne, wie viel Prozent der Jungen mit dem Fahrrad zur Schule kommen.

2 Bei einer Umfrage gaben 72 der 1200 Befragten an, Ökostrom zu beziehen. 32 % der Befragten waren älter als 40 Jahre. Von den unter 40-Jährigen bezogen 6,25 % Ökostrom. Vergleiche den prozentualen Anteil der Ökostromnutzer in den beiden Altersgruppen.

3 Eine Tüte Lakritzkonfekt enthält 60 Stücke in zwei Geschmacksrichtungen: Kakao und Kokos. Zwei Drittel der Konfektstücke besitzen die Form eines Quaders, der Rest ist zylinderförmig. Ein Drittel des Konfekts hat Kakaogeschmack, 12 Konfektstücke sind zylinderförmig und schmecken nach Kokos.

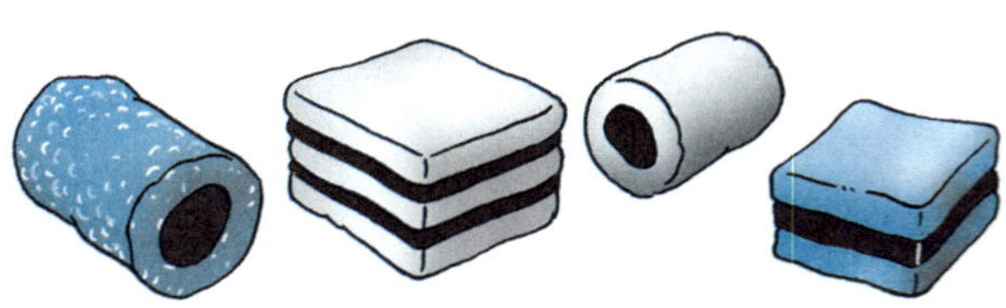

a) Wie viel % der Konfektstücke sind zylinderförmig?

b) Wie viele Konfektstücke sind zylinderförmig und schmecken nach Kakao?

c) Wie hoch ist die Wahrscheinlichkeit, ein quaderförmiges Konfekt mit Kokosgeschmack aus der vollen Tüte zu ziehen?

12 Kraftstoffkosten im Vergleich (von S. 46)

a) Berechne die unterschiedlichen Kraftstoffkosten für eine Fahrleistung von 10000 km/Jahr. Veranschauliche die Kosten in einem Diagramm.

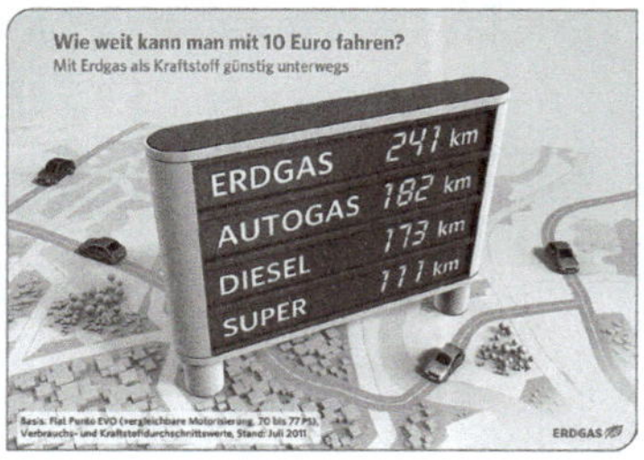

b) Im Preis von einem Liter Super (1,50 €) ist eine Mineralölsteuer von 65,96 ct enthalten. Wie viel Prozent des Preises sind das?

c) Im Preis von einem Liter Diesel (1,40 €) sind 47,04 ct Mineralölsteuer enthalten. Frau Schmidt (Benzinfahrzeug) und Herr Groß (Dieselfahrzeug) fahren beide pro Jahr 15000 km. Wie viel zahlt Frau Schmidt jährlich mehr Mineralölsteuer?

Zu a)

Dreisatz: Erdgas: 241 km für 10 €

10000 km für $\frac{10\text{ €}}{241} \cdot 10000 \approx$ **414,94 €**

Autogas: $\frac{10\text{ €}}{182} \cdot 10000 \approx$ **549,45 €**

Diesel: $\frac{10\text{ €}}{173} \cdot 10000 \approx$ **578,03 €**

Super: $\frac{10\text{ €}}{111} \cdot 10000 \approx$ **900,90 €**

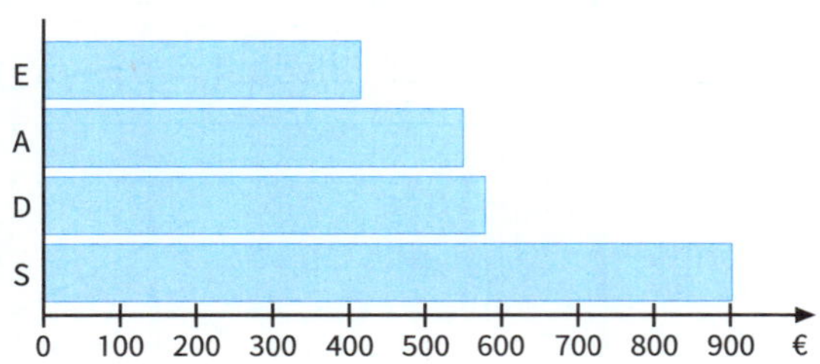

Zu b)

Anteil der Steuer am Bezinpreis:

$p\,\% = \frac{65{,}96\text{ ct}}{150\text{ ct}} \approx 0{,}440 =$ **44,0 %**

Zu c)

(1) Anteil der Steuer am Dieselpreis:

$p\,\% = \frac{47{,}04\text{ ct}}{140\text{ ct}} \approx 0{,}336 = 33{,}6\,\%$

(2) Gesamtkosten bei 15000 km
= 1,5 · Kosten bei 10000 km (siehe a)):
Super: 1,5 · 900,90 € = 1351,35 €
Diesel: 1,5 · 578,03 € = 867,05 €

(3) Steueranteile:
Frau Schmidt: 44,0 % von 1351,35 €
= 0,44 · 1351,35 € ≈ **594,59 €**
Herr Groß: 33,6 % von 867,05 €
= 0,336 · 867,05 € ≈ **291,33 €**

Frau Schmidt zahlt **303,26 €** mehr Steuern.

1 Ein Routenplaner zeigt für die Strecke von Köln nach Dortmund mit dem Auto 95 km an und nennt eine Fahrtzeit von 1 Stunde 30 Minuten. Der Regionalexpress fährt die etwas längere Bahnstrecke mit einer Durchschnittsgeschwindigkeit von 72 $\frac{\text{km}}{\text{h}}$ in der gleichen Zeit. Wie lang ist die Bahnstrecke?

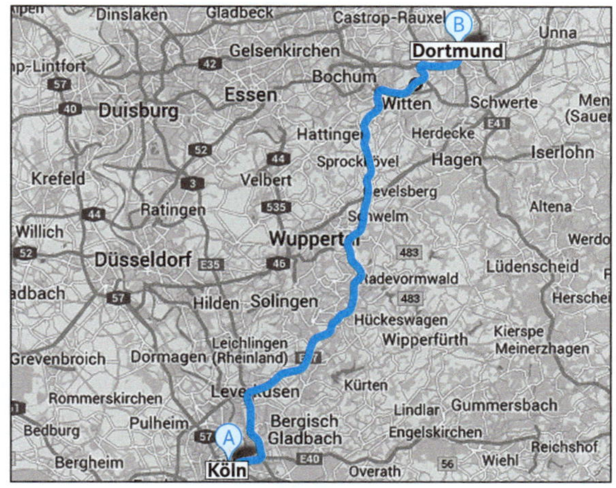

2 Das Schaubild gibt an, wie viel die Bundesbürger für Waren und Dienstleistungen des täglichen Bedarfs ausgeben, wenn 1000 € zu Grunde liegen.

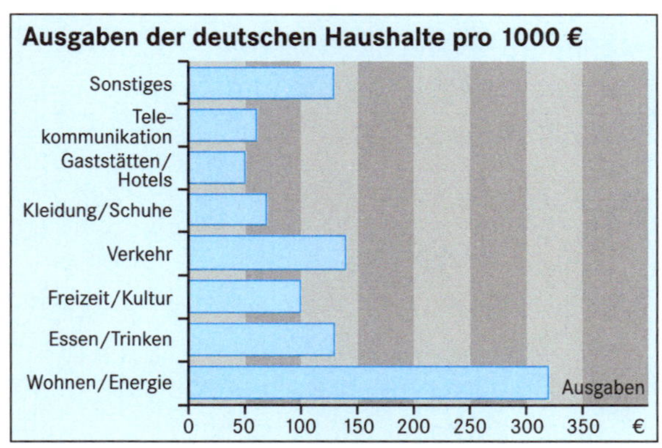

a) Aus dem Schaubild kann folgender Vergleich herausgelesen werden: „Für Wohnen/Energie geben die Bundesbürger etwa dreimal so viel aus wie für Freizeit/Kultur.“ Stelle mithilfe des Schaubilds mindestens drei weitere Vergleiche an.

b) Familie Wagner hat jährlich rund 30000 € zur Verfügung. Ihre Ausgaben entsprechen ungefähr den durchschnittlichen Ausgaben deutscher Haushalte. Wie viel Geld würde Familie Wagner nach dem abgebildeten Modell für Wohnen/Energie im Jahr ausgeben, wie viel für Verkehr?

13 Seitenlängen beim Quadrat (von S. 47)

Welche Aussagen sind falsch? Begründe, warum sie falsch sind.
(1) Verdoppelt man die Seitenlänge eines Quadrats, so vervierfacht sich der Umfang.
(2) Verdoppelt man die Seitenlänge eines Quadrats, so vervierfacht sich der Flächeninhalt.
(3) Verdreifacht man die Seitenlänge eines Quadrats, so verdreifacht sich der Umfang.
(4) Verdreifacht man die Seitenlänge eines Quadrats, so verdreifacht sich der Flächeninhalt.

Aussage (1) ist **falsch:**
$u_1 = 4a \quad u_2 = 4 \cdot 2a = 8a$
8a ist nur das Doppelte von 4a.

Aussage (2) ist **richtig:**
$A_1 = a^2 \quad A_2 = (2a)^2 = 2a \cdot 2a = 4a^2$
$4a^2$ ist das Vierfache von a^2.

Aussage (3) ist **richtig:**
$u_1 = 4a \quad u_3 = 4 \cdot 3a = 12a$
12a ist das Dreifache von 4a.

Aussage (4) ist **falsch:**
$A_1 = a^2 \quad A_3 = (3a)^2 = 3a \cdot 3a = 9a^2$
$9a^2$ ist sogar das 9-Fache von a^2.

Verdreifacht man dagegen bei einem Würfel die Kantenlänge, hat das folgende Auswirkung auf das Volumen:

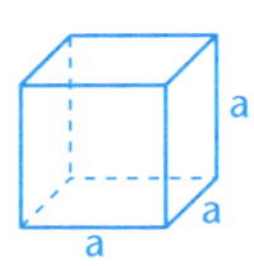

$\mathbf{V = a^3} \qquad V_3 = (3a)^3 \qquad \mathbf{V_3 = 27a^3}$

Verlängert man bei einer Fläche oder einem Körper alle Kanten um den Faktor k, so wächst:
- der Umfang der Fläche um das k-Fache,
- der Flächeninhalt bzw. die Oberfläche um das k^2-Fache,
- das Volumen des Körpers um das k^3-Fache.

Beispiel:
Bei einem Kegel mit dem Radius r und der Höhe h werden beide Maße verdoppelt. Wie ändert sich das Volumen?
Der vergrößerte Kegel hat den Radius 2r und die Höhe 2h.

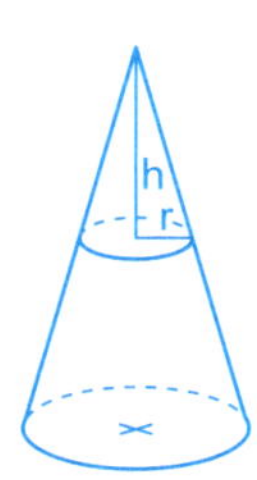

Es gilt: $V = \frac{\pi}{3}r^2h \qquad V = \frac{\pi}{3} \cdot (2r)^2 \cdot 2h$

$\mathbf{V = \frac{\pi}{3} \cdot 8r^2h}$

Das Volumen ist 8-mal so groß.

1 Wie ändert sich der Umfang eines Rechtecks, wenn man Länge und Breite verdoppelt?
- ☐ Der Umfang verdoppelt sich.
- ☐ Der Umfang vervierfacht sich.
- ☐ Der Umfang verachtfacht sich.

2 Wie ändert sich der Flächeninhalt eines Kreises, wenn man den Radius vervierfacht?
- ☐ Der Flächeninhalt verdoppelt sich.
- ☐ Der Flächeninhalt vervierfacht sich.
- ☐ Der Flächeninhalt verachtfacht sich.
- ☐ Der Flächeninhalt versechszehnfacht sich.

3 Wie ändert sich das Volumen eines Würfels, wenn man seine Kantenlänge halbiert?

4 Abgebildet sind eine große Kugel und vier kleine Kugeln, die nur halb so hoch sind.

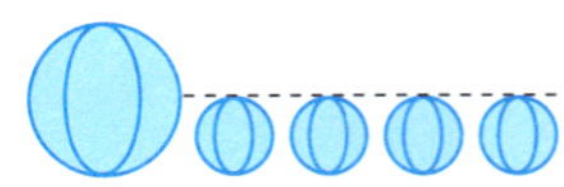

Die fünf Kugeln sind aus demselben Material. Die große Kugel wiegt 7 kg. Wie viel wiegen die vier kleinen Kugeln zusammen?

5 Beim abgebildeten Quader werden die Kantenlängen a, b und c verdoppelt.

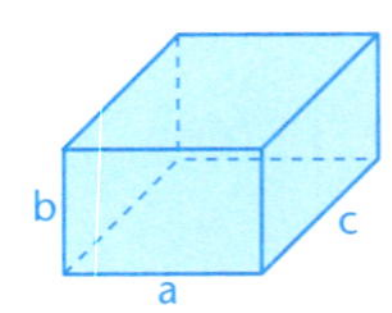

a) Wie ändert sich der Oberflächeninhalt des Quaders?

b) Wie ändert sich das Volumen des Quaders?

6 Die abgebildete Holzpyramide ist 24 cm hoch und wiegt 2 kg. 6 cm unterhalb der Spitze wird parallel zur Grundfläche ein Schnitt durch die Pyramide gelegt.

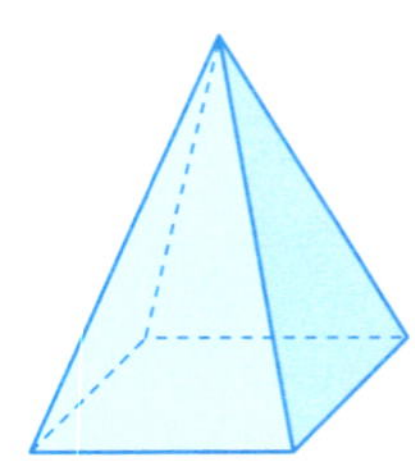

a) Wie schwer ist die abgeschnittene Spitze, die ja ebenfalls eine Pyramide ist?

b) Welchen Bruchteil von der Oberfläche der gesamten Pyramide beträgt die Oberfläche der Spitze?

☐ $\frac{1}{2}$	☐ $\frac{1}{16}$
☐ $\frac{1}{4}$	☐ $\frac{1}{32}$
☐ $\frac{1}{8}$	☐ $\frac{1}{64}$

14 Tonnenschwere Goldmünze (von S. 47)

Zwei Zeitungen berichteten im Oktober 2011 über die größte Goldmünze der Welt.

(1) „Eine Tonne schwer und 80 cm Durchmesser, reines Gold im Wert von 55 Millionen US-Dollar."
(2) „... sie ist 80 cm hoch, 12 cm dick, 1 Tonne schwer und zu 99,99 Prozent aus Feingold. Ihr Materialwert liegt bei 34 000 000 €."

a) Vergleiche die Angaben zum Materialwert der Meldungen (1) und (2). Bestimme den Wechselkurs zwischen Euro und Dollar für Oktober 2011.
b) Stimmt die angegebene Dicke in (2) mit den in (1) genannten Maßen überein? Rechne bei Gold mit einer Dichte von $19{,}3\,\frac{g}{cm^3}$.
c) Löse die Formel für das Volumen eines Zylinders nach r auf. Berechne damit den Radius r einer solchen Goldmünze, die dieselbe Dicke hat, aber nur halb so schwer ist.

Zu a)

Euro	US-Dollar
34 000 000	55 000 000
34	55
1	$\frac{55}{34} \approx 1{,}6176$

Im Oktober 2011 betrug der Wechselkurs zwischen Euro und Dollar **1,6176**. Für 1 Euro erhielt man 1,62 US-Dollar.

Zu b)

(1) $V = \frac{\text{Masse}}{\text{Dichte}} = \frac{1\,t}{19{,}3\,\frac{g}{cm^3}} = \frac{1\,000\,000\,g}{19{,}3\,\frac{g}{cm^3}}$

$$\mathbf{V \approx 51\,813{,}5\,cm^3}$$

Wegen $V = \pi \cdot r^2 \cdot h$ gilt:

$h = \frac{V}{\pi \cdot r^2} \approx \frac{51\,813{,}5\,cm^3}{\pi \cdot (40\,cm)^2}$, $\mathbf{h \approx 10{,}3\,cm}$

Dabei ist h die Dicke der Münze. Die Angaben stimmen also **nicht** überein.

Zu c)

$V = \pi \cdot r^2 \cdot h \rightarrow r^2 = \frac{V}{\pi \cdot h} \rightarrow r = \sqrt{\frac{V}{\pi \cdot h}}$

Halbe Masse bedeutet halbes Volumen.

$V = \frac{51\,813{,}5\,cm^3}{2} = 25\,906{,}75\,cm^3$

$h = 10{,}3\,cm$

$\mathbf{r} = \sqrt{\frac{25\,906{,}75\,cm^3}{p \cdot 10{,}3\,cm}} \approx \mathbf{28{,}3\,cm}$

Der Radius beträgt **28,3 cm.**

1

LOS ANGELES, 21. Mai 2010
Für die Rekordsumme von 7,85 Mio. Dollar (6,36 Mio. €) ist in Kalifornien jetzt ein Silberdollar aus dem Jahr 1794 verkauft worden. Von den Münzen wurden 1758 geprägt. Die jetzt verkaufte ist die älteste von den 150, die es noch gibt.

Flowing Hair Dollar

Masse	27 g
Durchmesser	39 bis 40 mm
Zusammensetzung	90 % Silber 10 % Kupfer
Prägung	1794 bis 1795

a) Bestimme anhand der Angaben im Nachrichtentext den Wechselkurs zwischen Euro und Dollar im Mai 2010.

b) Silber besitzt eine Dichte von $10{,}5\,\frac{g}{cm^3}$, Kupfer von $8{,}9\,\frac{g}{cm^3}$. Für die Silberlegierung des Flowing Hair Dollars wird die Dichte mit $10{,}34\,\frac{g}{cm^3}$ angegeben. Erkläre.

c) Bestimme die Dicke der Münze.

d) 1 Gramm der Silberlegierung hatte Ende Mai 2010 einen Materialwert von etwa 0,80 €. Wie viel Prozent des Materialwerts des Flowing Hair Dollars entspricht die Rekordsumme aus dem Verkauf?

2

Beim Aufschütten von Salz, Getreide, Sand usw. entstehen Schüttkegel. Wie hoch und wie breit ein Kegel wird, hängt von dem so genannten Böschungswinkel des Materials ab. Bei Mehl beträgt dieser Winkel zwischen Seitenlinie und Durchmesser ca. 45°. Der abgebildete Mehlkegel besteht aus 250 g Mehl, sein Durchmesser beträgt etwa 12 cm.

a) Wie viel wiegt ungefähr 1 cm^3 Mehl?

b) Wie hoch wäre der Kegel, wenn statt 250 g die doppelte Menge verwendet worden wäre?

15 Kapitalanlage (von S. 47)

Zur Konfirmation erhält Henrik 1000 € von seinen Großeltern. Er legt das Geld zu 1,5 % an und will den Betrag so lange unangetastet lassen, bis sich sein Anfangskapital verdoppelt hat.

a) Wie viele Jahre muss Henrik warten?

b) In welcher Zeit würde sich bei gleicher Verzinsung ein Kapital von 10 000 € verdoppeln?

Zu a)

Um zu berechnen, in wie vielen Jahren das Anfangskapital von 1000 € bei einem Zinssatz von 1,5 % auf ein Endkapital von 2000 € anwächst, überlegt man sich:

Anfangskapital 1000,0 €
↓ · 1,015
Kapital nach 1 Jahr 1015,00 €
↓ · 1,015 $\quad \cdot 1{,}015^2$
Kapital nach 2 Jahren 1030,225 € $\quad$ **$\cdot 1{,}015^x$**
Kapital ⋮
nach x Jahren 2000,00 €

Die Anzahl der Jahre bis zur Verdoppelung des Anfangskapitals auf 2000 € liefert demnach die Gleichung:

$$1000\text{ €} \cdot 1{,}015^x = 2000\text{ €} \quad | : 1000\text{ €}$$

$$1{,}015^x = \frac{2000\text{ €}}{1000\text{ €}}$$

$$1{,}015^x = 2$$

Lösen der Gleichung durch probierendes Einsetzen von ganzzahligen Exponenten:

$1{,}015^{40} \approx 1{,}81$
$1{,}015^{45} \approx 1{,}95$
$1{,}015^{46} \approx 1{,}98$
$1{,}015^{47} \approx 2{,}01$

Henrik muss also etwa **47 Jahre** bis zur Verdoppelung seines Anfangskapitals warten.

Zu b)

Die Lösung zu a) zeigt, dass die Höhe des Betrages keinen Einfluss auf die Verdoppelungszeit hat. Richtig ist daher: Auch ein Kapital von 10 000 € verdoppelt sich bei einem Zinssatz von 1,5 % in etwa **47 Jahren.**

1 Berechne die fehlenden Angaben mithilfe der Zinseszinsformel: $K_n = K_0 \cdot (1 + \frac{p}{100})^n$.

	a)	b)	c)
Kapital (K_0)	2000 €		1560 €
Zinssatz (p %)	1,4 %	1,6 %	1,5 %
Laufzeit (n)	4 Jahre	1 Jahr	
Endkapital (K_n)		751,84 €	1705,77 €

2 Legt man einen Betrag von 2000 € fest zu 1,6 % Zinsen an, so verdoppelt sich das Kapital durch Zins und Zinseszins nach etwa 44 Jahren. Wie viele Jahre dauert es ungefähr, bis sich das Kapital vervierfacht hat?

☐ etwa 66 Jahre ☐ etwa 100 Jahre
☐ etwa 88 Jahre ☐ etwa 135 Jahre

3 Im Diagramm ist die Entwicklung eines Anfangskapitals von 500 € bei einem festen Zinssatz über mehrere Jahre dargestellt. Das Endkapital y nach x Jahren kann durch die Gleichung $y = 500 \cdot (1 + \frac{p}{100})^x$ berechnet werden.

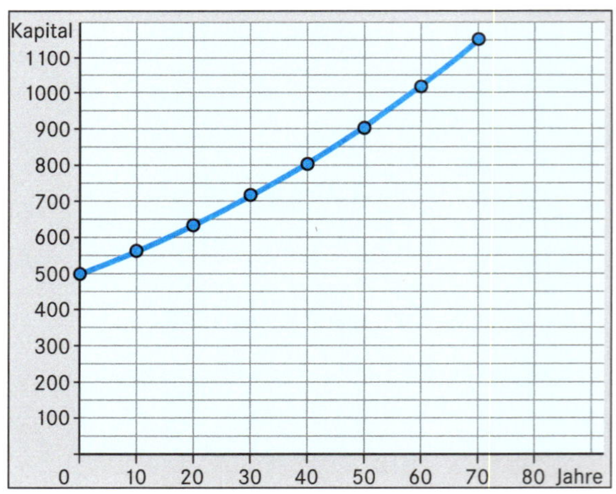

a) Lies aus dem Diagramm ab, nach welcher Zeit sich das Anfangskapital verdoppelt hat.

b) Gib an, zu welchem gleichbleibenden Zinssatz das Anfangskapital angelegt wurde. Notiere deine Rechnung. Runde das Ergebnis auf Zehntel %.

c) Wie lange würde es bei gleicher Verzinsung dauern, bis sich ein Kapital von 50 000 € verdoppelt hätte?

16 Zwei Würfel (von S. 48)

Es wird gleichzeitig mit einem blauen und einem schwarzen Würfel gewürfelt.

Das Ergebnis (3;5) bedeutet: Mit dem blauen Würfel wurde eine 3 und mit dem schwarzen Würfel eine 5 gewürfelt.

a) Wie viele Ergebnisse sind möglich?
b) Wie groß ist die Wahrscheinlichkeit für das Ergebnis (3;5)?
c) Wie groß ist die Wahrscheinlichkeit, einen Pasch, d. h. zwei gleiche Zahlen, zu würfeln?

Zu a)
Die möglichen Ergebnisse kann man sich in einer Tabelle darstellen.

	1	2	3	4	5	6
1	(1;1)	(1;2)	(1;3)	(1;4)	(1;5)	(1;6)
2	(2;1)	(2;2)	(2;3)	(2;4)	(2;5)	(2;6)
3	(3;1)	(3;2)	(3;3)	(3;4)	(3;5)	(3;6)
4	(4;1)	(4;2)	(4;3)	(4;4)	(4;5)	(4;6)
5	(5;1)	(5;2)	(5;3)	(5;4)	(5;5)	(5;6)
6	(6;1)	(6;2)	(6;3)	(6;4)	(6;5)	(6;6)

Das blau unterlegte Feld zeigt das Wurfergebnis: blauer Würfel 3, schwarzer Würfel 5.

Es gibt 6 · 6 = **36 mögliche Ergebnisse.**

Zu b)
(1) Von den 36 möglichen Ergebnissen ist nur ein einziges Ergebnis (3;5). **P (3;5) = $\frac{1}{36}$**

(2) Das Würfeln mit zwei Würfeln kann als zweistufiger Versuch aufgefasst werden. Für das Ergebnis (3;5) können wir ein vereinfachtes Baumdiagramm zeichnen.

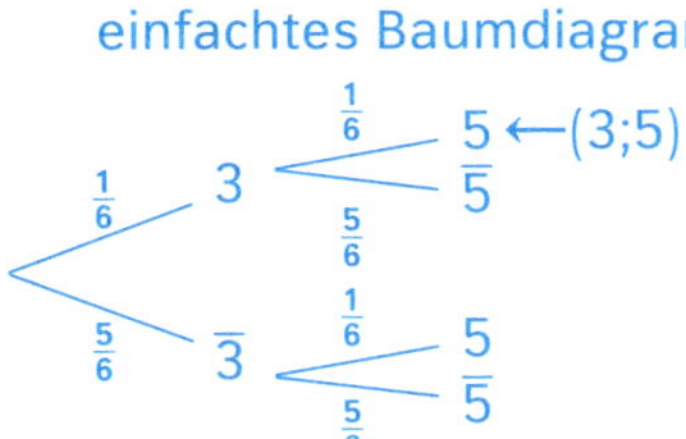

Mit der Pfadregel erhalten wir:
P (3;5) = $\frac{1}{6} \cdot \frac{1}{6} = \frac{1}{36}$

Zu c)
Es gibt die sechs Pasche (1;1), (2;2), (3;3), (4;4), (5;5) und (6;6).

P (Pasch) = $\frac{6}{36}$ **P (Pasch) = $\frac{1}{6}$**

1 Es wird mit den beiden Würfeln aus der nebenstehenden Aufgabe ⑯ gewürfelt. Benutze zur Beantwortung der folgenden Fragen die Tabelle aus der Lösungsspalte der Aufgabe ⑯.

a) Wie groß ist die Wahrscheinlichkeit, zwei verschiedene Zahlen zu würfeln?

b) Wie groß ist die Wahrscheinlichkeit, mindestens die Augensumme 10 zu würfeln?

c) Wie groß ist die Wahrscheinlichkeit, zwei ungerade Zahlen zu würfeln?

2 Herr Schmidt und Frau Schäfer würfeln abwechselnd mit zwei Würfeln, Frau Schäfer beginnt. Sie muss versuchen, die Augensumme 12 zu erzielen, Herr Schmidt ist erfolgreich mit der Augensumme 7.
Das Spiel ist zu Ende, wenn Frau Schäfer 3-mal die Augensumme 12 oder Herr Schmidt 15-mal die Augensumme 7 erzielt hat.
Begründe, wer von den beiden die besseren Gewinnchancen hat.

3 Abgebildet sind die Netze von zwei Würfeln, mit denen gleichzeitig gewürfelt wird.

(1)

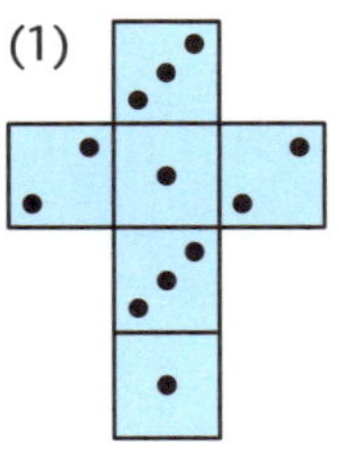

(2)

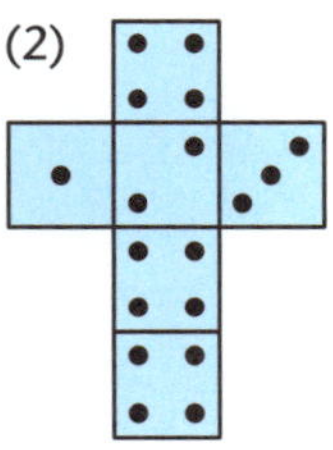

a) Wie groß ist die Wahrscheinlichkeit, eine gerade Augensumme zu würfeln?

b) Wie groß ist die Wahrscheinlichkeit, zwei gleiche Zahlen zu würfeln?

c) Wie groß ist die Wahrscheinlichkeit, die Augensumme 6 zu würfeln?

4 Die vier Könige eines Skatspiels werden gemischt und verdeckt auf den Tisch gelegt. Du drehst nacheinander zwei der vier Spielkarten um. Wie groß ist die Wahrscheinlichkeit,

a) die beiden schwarzen Könige umzudrehen?

b) einen roten und einen schwarzen König in beliebiger Reihenfolge umzudrehen?

17 Fußballduell (von S. 48)

(von S. 48)

Die abgebildete Grafik vergleicht, wie viel Euro in Deutschland und wie viel Euro in England durch internationale und nationale Medienerlöse eingenommen werden.

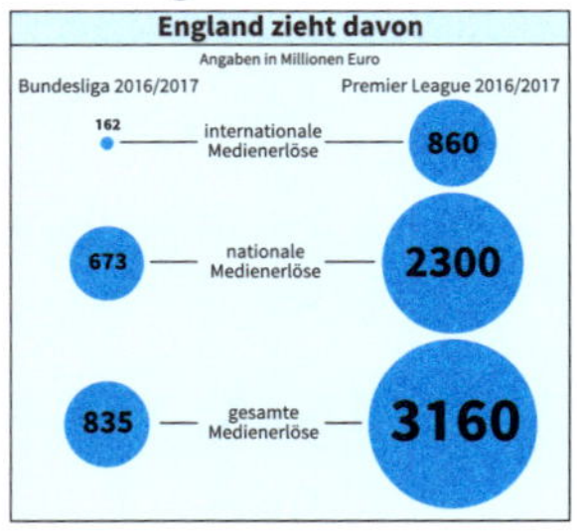

a) Wie viel Prozent der gesamten Medienerlöse in Deutschland machen die nationalen Medienerlöse aus?
b) Angenommen der internationale Medienerlös wächst jedes Jahr in Deutschland um 10 %. Nach wie vielen Jahren ist er dann ungefähr so groß wie in England im Jahr 2016/2017?
c) Begründe, warum die Darstellung der beiden Kreise zum internationalen Medienerlös irreführend ist.

Zu a)
gesamte Medienerlöse in Deutschland (G): 835 000 000 €
nationale Medienerlöse in Deutschland (W): 673 000 000 €
Gesucht: p % $p\,\% = \frac{673\,000\,000 \text{ Euro}}{835\,000\,000 \text{ Euro}} \approx 0{,}81 = \mathbf{81\,\%}$

Zu b)
Die internationalen Erlöse in England sind ungefähr 5,3-mal so hoch wie die in Deutschland (860 Mio. : 162 Mio. ≈ 5,3). Der Wachstumsfaktor beträgt 10 %. Daraus ergibt sich folgende Gleichung: $1{,}1^x = 5{,}3$
Systematisches Probieren liefert für $x \approx 17{,}5$.
Nach **17,5 Jahren** wären die internationalen Medienerlöse in Deutschland ungefähr so groß wie in England in der Saison 2016/17.

Zu c)
Die internationalen Erlöse in England sind ungefähr 5,3-mal so hoch wie die in Deutschland (siehe b). Betrachtet man den Flächeninhalt der Kreise, so ist der Radius des großen Kreises ca. 8-mal so groß wie der des kleinen Kreises, sodass der Flächeninhalt ca. 64-mal so groß ist. Entsprechend übertrieben groß wirken die internationalen Erlöse in England gegenüber denen in Deutschland.
Auch ohne exakte Bestimmung des Flächeninhalts sieht man durch bloßen gedankliche „Hineinlegen“ des kleinen in den großen Kreis, dass das Verhältnis der Euroangaben nicht mit dem Verhältnis der Flächeninhalte übereinstimmt.

1 Unter günstigen Bedingungen vermehren sich Fruchtfliegen täglich um 25 %. Angenommen, anfangs waren es zehn Fruchtfliegen.

a) Wie viele Fruchtfliegen sind es nach sieben Tagen?

b) Bestimme den Zeitraum, in dem sich die Anzahl der Fruchtfliegen verhundertfacht.

2 Im Jahr 2013 hatte China 1,36 Mrd. Einwohner, Indien 1,24 Mrd. Einwohner. Damit lebte mehr als ein Drittel der gesamten Weltbevölkerung von ungefähr 7 Milliarden Menschen in diesen beiden Ländern. In China wächst derzeit die Bevölkerung um 1,014 % pro Jahr, in Indien beträgt das Bevölkerungswachstum rund 1,7 %.

a) Wie viele Menschen werden bei einem angenommenen jährlichen Wachstum von 1,014 % im Jahr 2050 in China leben?

b) Angenommen, in beiden Ländern bleibt es bei der derzeitigen Wachstumsrate. Bestimme das Jahr, in dem Indien dann erstmals vor China hinsichtlich der Einwohnerzahl auf dem 1. Platz der Länder steht.

3 In der Tabelle ist die Entwicklung des durchschnittlichen Benzinverbrauchs der Autos in Deutschland im Verlauf der letzten 50 Jahre dargestellt:

Jahr	1960	1965	1970	1975	1980	1985
Verbrauch pro 100 km (in Liter)	8,1	8,7	9,6	9,9	10,1	9,9

Jahr	1990	1995	2000	2005	2010	2015
Verbrauch pro 100 km (in Liter)	9,4	9,0	8,3	7,8	7,5	7,2

a) Um wie viel Prozent ist der jährliche Verbrauch des Jahres 1960 kleiner als der des Jahres 1980?

b) Der Verbrauch des Jahres 2015 ist um genau 20 % kleiner als der des Jahres 1995. Kann man deswegen sagen, dass der Verbrauch in diesen 20 Jahren pro Jahr um 1 % abgenommen hat? Begründe deine Antwort.

c) Erstelle eine eigene grafische Darstellung, die den Eindruck erweckt, als wäre der Benzinverbrauch immer gefallen.

18 Zahlenrätsel (von S. 49)

(1) Subtrahiere vom Dreifachen einer Zahl 8, dann erhältst du 5 mehr als die Zahl.
(2) Verdreifachst du die Differenz aus einer Zahl und 8, so erhältst du 5 weniger als die Zahl.
(3) Subtrahiert man 8 von einer Zahl, so erhält man das Dreifache der Summe aus 5 und der Zahl.

a) Welches Zahlenrätsel gehört zu der Gleichung $x - 8 = 3(5 + x)$?
b) Löse die Gleichung $x - 8 = 3(5 + x)$.
c) Schreibe auch zu den anderen Zahlenrätseln eine passende Gleichung auf.

Zu a)
Um zu überprüfen, welches Zahlenrätsel zu der Gleichung $x - 8 = 3(5 + x)$ gehört, „übersetzen" wir die Terme rechts und links vom Gleichheitszeichen.
„$x - 8$" heißt „die Differenz aus einer Zahl und 8" oder „Subtrahiere 8 von einer Zahl";
„$3(5 + x)$" heißt „das 3-Fache der Summe aus 5 und einer Zahl" oder „Verdreifache die Summe aus 5 und einer Zahl".
Diese Formulierung findet man nur bei **Zahlenrätsel (3)**.

Zu b)
Die Lösung der Gleichung erhält man so:

$x - 8 = 3(5 + x)$ | Klammer ausmultiplizieren
$x - 8 = 15 + 3x$ | $+8$
$x = 23 + 3x$ | $-3x$
$-2x = 23$ | $:(-2)$
$x = -11{,}5$

Die gesuchte Zahl lautet **−11,5.**

Zu c)
Zahlenrätsel (1):
„Subtrahiere vom Dreifachen einer Zahl 8" heißt in der mathematischen Sprache: „$3x - 8$".
„5 mehr als die Zahl" heißt „$x + 5$".
„Erhältst du" steht für das Gleichheitszeichen.
Zum **Zahlenrätsel (1)** lautet die passende Gleichung also: $\mathbf{3x - 8 = x + 5}$
Zahlenrätsel (2):
„Verdreifache die Differenz aus einer Zahl und 8" heißt in mathematischer Sprache: „$3 \cdot (x - 8)$". „5 weniger als die Zahl" heißt „$x - 5$".
„Erhält man" steht für das Gleichheitszeichen.
Zum **Zahlenrätsel (2)** lautet die passende Gleichung also: $\mathbf{3(x - 8) = x - 5}$

1 Ordne jedem Zahlenrätsel die passende Gleichung zu und bestimme die Lösung.

- Die Differenz aus 3 und dem 3. Teil einer Zahl a ist 8. ④
- $\frac{3a}{8} = \frac{1}{2}a$ (C)
- $3 - \frac{1}{3}a = 8$ (B)
- $8 : 3a = 0{,}5a$ (D)
- Die Summe aus einer Zahl a und dem Dreifachen dieser Zahl a ergibt 8. ①
- Multipliziere das Dreifache einer Zahl a mit 8, so erhältst du 3. ③
- $a + 3a = 8$ (E)
- $3a \cdot 8 = 3$ (A)
- Der Quotient aus dem Dreifachen einer Zahl a und 8 ist gleich der Hälfte von a. ②

2 Mit Termen lassen sich auch geometrische Sachverhalte beschreiben.
Skizziere das vierte Muster und schreibe einen Term auf, mit dem sich die Anzahl der Stäbe im n-ten Muster berechnen lässt.

a)

Nummer	n = 1	n = 2	n = 3
Muster		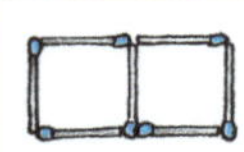	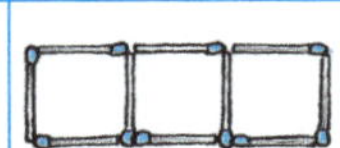
Hölzer	$4 = 1 + 3$	$7 = 1 + 2 \cdot 3$	$10 = 1 + 3 \cdot 3$

b)

Nummer	n = 1	n = 2	n = 3
Muster		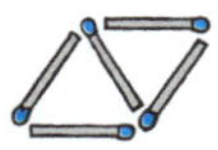	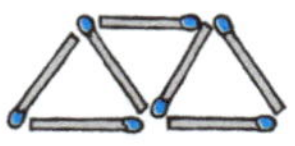
Hölzer	3	$5 = 3 + 2$	$7 = 3 + 2 \cdot 2$

3 a) Schreibe für das Zahlenrätsel eine Gleichung auf und löse sie: „Subtrahiere von der Hälfte einer Zahl ein Drittel der Zahl, dann erhältst du 4."
b) Erfinde ein Zahlenrätsel zur Gleichung $7x - 48 = 2x$. Löse auch die Gleichung.

4 Subtrahiert man vom dreifachen Alter der Frau Krause 5 Jahre, so erhält man dieselbe Zahl, wie wenn man in 15 Jahren Frau Krauses Alter verdoppelt. Stelle eine Gleichung auf und berechne das heutige Alter von Frau Krause.

19 Smartphone-Nutzung (von S. 49)

Die Schülerinnen und Schüler aller 10. Klassen einer Schule wurden befragt, wie oft sie ihr Smartphone am Tag vor der Befragung zum Telefonieren, Simsen oder Surfen ungefähr benutzt haben. Das Ergebnis wurde in einem Boxplot dargestellt.

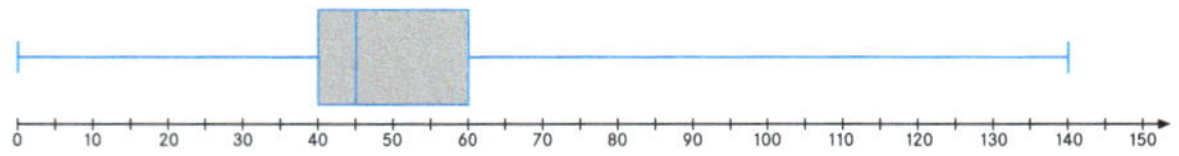

a) Entnimm dem Boxplot folgende Werte: Spannweite, Median (Zentralwert), unteres Quartil, oberes Quartil

b) Felix behauptet: „Die meisten Schüler haben mehr als 60-mal mit dem Smartphone telefoniert, gesimst oder gesurft.“ Nimm Stellung.

Zu a)

Spannweite: 140 – 0 = **140**
(größter Wert – kleinster Wert)

Median (Zentralwert): 45
(mittlerer Wert aller Werte)

unteres Quartil: 40
(mittlerer Wert der unteren Hälfte)

oberes Quartil: 60
(mittlerer Wert der oberen Hälfte)

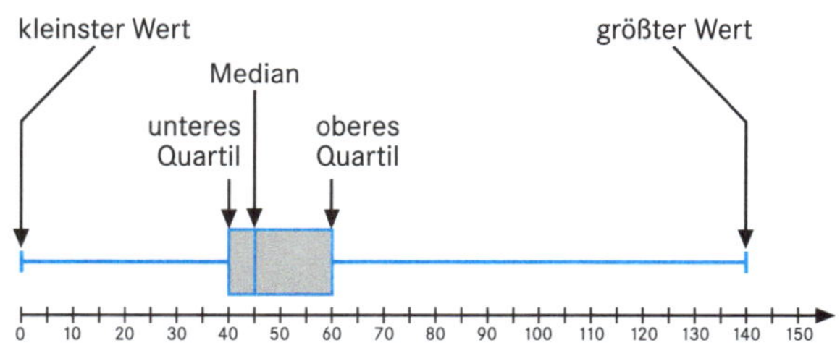

Zu b)

Die Aussage ist falsch. Lediglich ein Viertel aller befragten Schülerinnen und Schüler hat mehr als 60-mal telefoniert, gesimst oder gesurft.
Der Boxplot verdeutlicht die Streuung der gegebenen Werte.
Die Streuung ist im oberen Viertel am größten. Durch die Länge der Strecke zwischen oberem Quartil und größtem Wert hat sich Felix täuschen lassen.

1 Gehe davon aus, dass in den 10. Klassen (Aufgabe ⑲, links abgebildet) 79 Schülerinnen und Schüler an der Befragung teilgenommen haben und dass nur Vielfache von 5 bei den Antworten genannt wurden.

a) Wie viele Antworten liegen unter 40, zwischen 45 und 60 sowie über 60?
Hinweis: Jeweils genau eine Antwort gab es für 40, 45 und 60.

b) Stelle in einer Tabelle ein mögliches Befragungsergebnis zusammen, das zum abgebildeten Boxplot passt.

2 Notenspiegel einer Klassenarbeit:

Note	1	2	3	4	5	6
Anzahl	3	8	6	4	3	1

Stelle das Ergebnis in einem Boxplot dar.

3 In einer Umfrage wird das Interesse von Schülerinnen und Schülern der Abschlussklassen am Lesen ermittelt.
Die Tabelle zeigt die Ergebnisse.

Lesezeit in Stunden pro Monat	0	1	2	4	5	6	7	8	9
Anzahl der Jugendlichen	2	1	2	3	7	6	2	6	3

Stunden	10	11	12	13	14	15	16	17	20
Jugendliche	7	6	3	2	4	3	10	2	6

Stunden	21	22	23	24	28	32	40	48
Jugendliche	5	3	2	6	1	1	1	1

a) Gib folgende Kennwerte zu dieser Umfrage an: Spannweite, Median, unteres Quartil und oberes Quartil.

b) Stelle das Ergebnis zusätzlich in einem Boxplot dar.

c) Liegt das arithmetische Mittel oberhalb oder unterhalb des Medians? Begründe ohne Rechnung.

20 Fläche NRW (von S. 49)

Der Kartenausschnitt zeigt das Bundesland Nordrhein-Westfalen. Bestimme näherungsweise die Größe der Fläche von Nordrhein-Westfalen. Benutze den Maßstab der Karte. Begründe dein Vorgehen.

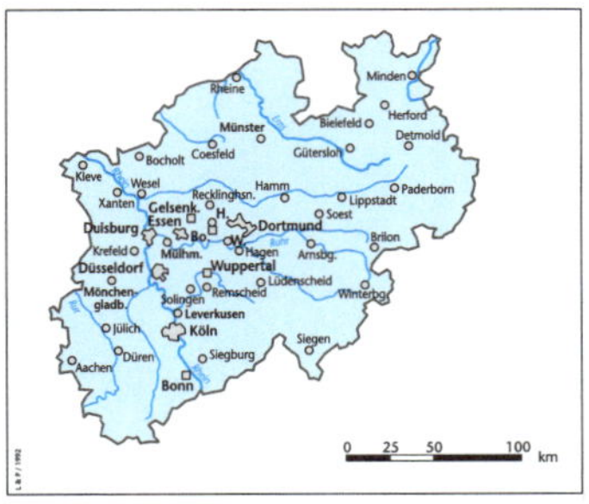

Man muss versuchen, die Fläche von NRW durch berechenbare Figuren (Vierecke, Dreiecke, ...) so abzudecken, dass sich „Gewinne" und „Verluste" ungefähr ausgleichen. Dafür gibt es sehr viele verschiedene Möglichkeiten; hier ist eine dargestellt. Die gemessenen „cm auf der Karte" muss man mit 40 multiplizieren und erhält dann „km in Wirklichkeit".

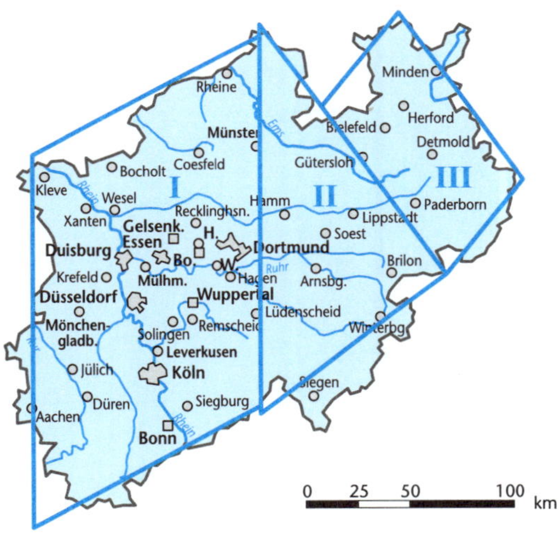

$A_{I} = 186\text{ km} \cdot 114\text{ km}$ (Parallelogramm)

$A_{II} = \frac{186\text{ km} \cdot 92\text{ km}}{2}$ (Dreieck)

$A_{III} = 92\text{ km} \cdot 56\text{ km}$ (Parallelogramm)

$A_{I} + A_{II} + A_{III} \approx 34\,900\text{ km}^2$

Nach dieser Schätzung ist das Bundesland knapp **35 000 km²** groß.

Ein Blick auf offizielle Angaben zeigt, dass NRW etwas mehr als 34 600 km² groß ist. Die Schätzung ist also ein guter Wert.

1 Wie viel Quadratkilometer ist Frankreich ungefähr groß?
Vergleiche dein Ergebnis mit Angaben aus dem Lexikon oder dem Internet.
Beachte: Zu Frankreich gehört auch die Mittelmeerinsel Korsika, die rechts abgebildet ist. Ihre Größe musst du beim Vergleich mit der offiziellen Größe Frankreichs berücksichtigen.

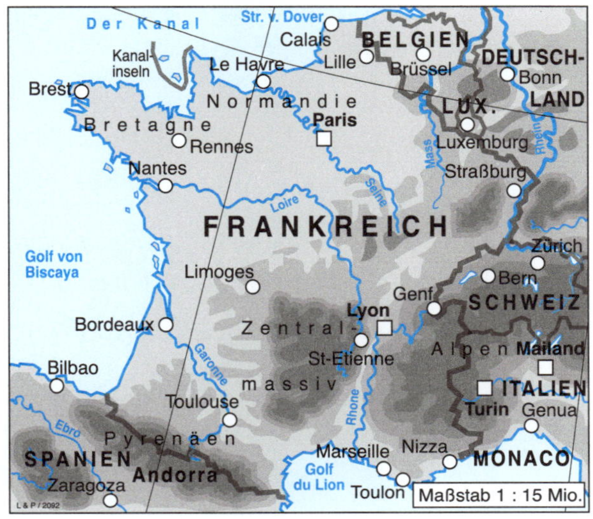

2 Ägypten ist im Maßstab 1:15 Mio. abgebildet.
Bestimme näherungsweise die Größe der Fläche Ägyptens, das im Osten vom Roten Meer begrenzt wird. Die Sinai-Halbinsel gehört zu Ägypten. Vergleiche dein Ergebnis mit offiziellen Angaben über die Größe des Landes.

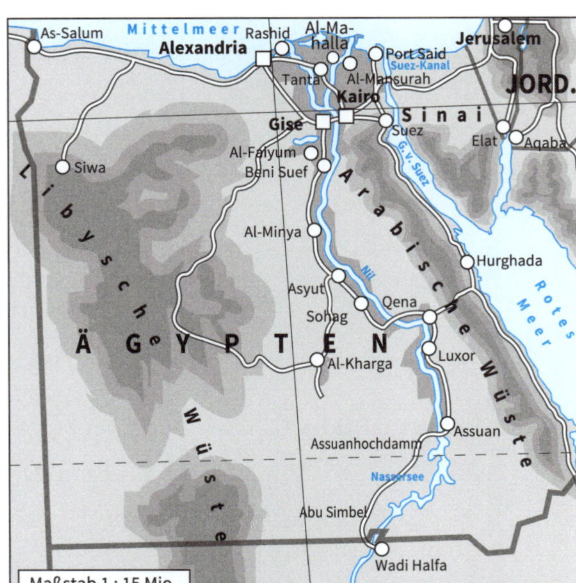

21 Quadratische Gleichungen (von S. 50)

In der Abbildung siehst du, wie zwei Schüler die Gleichung $x^2 - 8x + 20 = 0$ gelöst haben.

a) Prüfe die Lösungswege. Welcher Weg stimmt, welcher Fehler wurde gemacht?

Marcel	**Paul**
$x^2 - 8x + 20 = 0$	$x^2 - 8x + 20 = 0$
$x_{1/2} = 4 \pm \sqrt{16 + 20}$	$x_{1/2} = 4 \pm \sqrt{16 - 20}$
$x_{1/2} = 4 \pm \sqrt{36}$	$x_{1/2} = 4 \pm \sqrt{-4}$
$x_1 = 4 + 6 = 10$	
$x_2 = 4 - 6 = -2$	keine Lösung

b) Löse folgende Gleichungen. Nicht immer brauchst du eine Lösungsformel.

(1) $(x + 7) \cdot (x - 7) = 0$ (2) $x^2 + 8x + 16 = 0$
(3) $x^2 - 5x = 0$ (4) $4x^2 + 96x - 100 = 0$

Zu a)

Marcels Lösung ist falsch. Der Fehler geschah beim Einsetzen von $q = 20$ in die Formel:

$$x_{1/2} = -\frac{p}{2} \pm \sqrt{\left(\frac{p}{2}\right)^2 - q} = +4 \pm \sqrt{16 - 20} = 4 \pm \sqrt{-4}$$

Pauls Lösung stimmt. Es gibt keine Lösung, da die Diskriminante negativ ist.

Zu b)

(1) $(x + 7) \cdot (x - 7) = 0$ Ein Produkt aus zwei Faktoren ergibt 0, wenn einer der Faktoren gleich 0 ist.
Deshalb: $x + 7 = 0$ oder $x - 7 = 0$.
$\mathbf{x_1 = -7;\ x_2 = 7}$

(2) Lösung mit der pq-Formel:
$x^2 + 8x + 16 = 0$ $p = 8$ $q = 16$
$x_{1/2} = -4 \pm \sqrt{16 - 16}$
$\mathbf{x = -4}$

Lösung mit der 1. binomischen Formel:
$x^2 + 8x + 16 = 0$
$(x + 4)^2 = 0$
$x + 4 = 0$
$x = -4$

(3) $x^2 - 5x = 0$ x ausklammern ergibt
$x \cdot (x - 5) = 0$ also entweder
$x = 0$ oder $x - 5 = 0$
$\mathbf{x_1 = 0;\ x_2 = 5}$

(4) $4x^2 + 96x - 100 = 0$ $|:4$
$x^2 + 24x - 25 = 0$ $p = 24$ $q = -25$
$x_{1/2} = -12 \pm \sqrt{144 - (-25)}$
$x_{1/2} = -12 \pm \sqrt{169}$
$\mathbf{x_1} = -12 + 13 = \mathbf{1}$ $\mathbf{x_2} = -12 - 13 = \mathbf{-25}$

1 Löse die Gleichung.

a) $(2x - 14) \cdot (15 - 3x) = 0$

b) $4x^2 - 17 - 3x^2 - 8 = 0$

c) $7x^2 - 6x - 5 - 5x^2 + 18x + 5 = 0$

d) $3y^2 - 9y - 37 = 3y - 1$

e) $(5 + a)^2 + a^2 = 3a + 29$

2 Stelle eine Gleichung auf und löse sie.

a) Addiert man zum Quadrat einer Zahl das Dreifache dieser Zahl, so erhält man dasselbe, wie wenn man vom Elffachen der Zahl 7 subtrahiert.

b) Maik subtrahiert vom Doppelten einer Zahl 16. Fatima subtrahiert diese Zahl von 15. Anschließend multiplizieren Maik und Fatima ihre Ergebnisse und erhalten Null. Welche Zahl können Maik und Fatima gewählt haben?

3

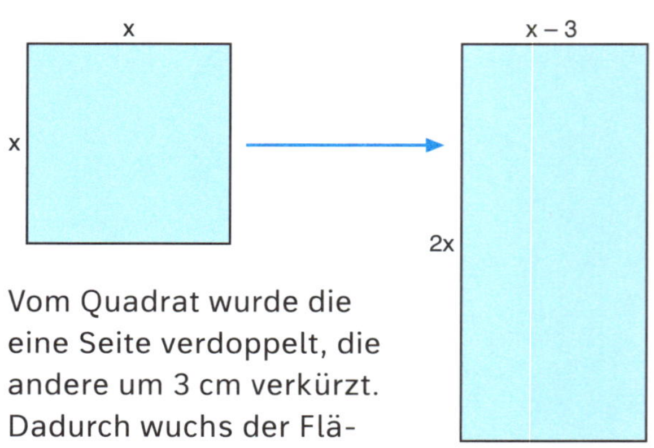

Vom Quadrat wurde die eine Seite verdoppelt, die andere um 3 cm verkürzt. Dadurch wuchs der Flächeninhalt um 55 cm². Welche Kantenlänge hatte das Quadrat?

4 Ein 6 cm hoher Zylinder hat einen Oberflächeninhalt von 169,646 cm².

a) Wie groß ist der Radius des Zylinders?
Hinweis: 169,646 … = 54π

b) Welches Volumen hat der Zylinder?

5 Der Oberflächeninhalt eines geraden Kreiskegels mit der Kantenlinie s = 6 cm beträgt 172,788 cm³.

a) Berechne den Radius der Grundfläche.

b) Berechne die Höhe des Kegels und anschließend das Volumen.

22 Glücksrad (von S. 50)

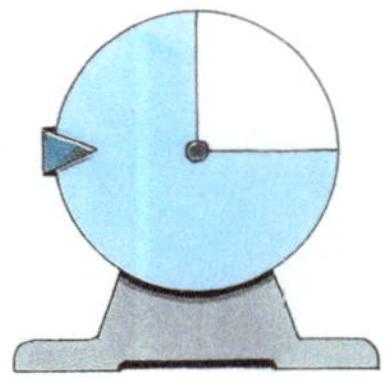

Auf einem Schulfest kann man am Stand der Klasse 10a für einen Einsatz von 1 € zweimal das abgebildete Glücksrad drehen. Bleibt es beide Male auf der gleichen Farbe stehen, gewinnt man, und zwar bei „blau“ einen Trostpreis im Wert von 0,30 € und bei „weiß“ einen Sachpreis von 8 €.

a) Zeichne ein Baumdiagramm und bestimme damit die Wahrscheinlichkeiten für die möglichen Gewinne (1) P(blau ; blau) und (2) P(weiß ; weiß).

b) Wie groß ist die Wahrscheinlichkeit, bei diesem Spiel zu verlieren?

c) Es werden 400 Spiele durchgeführt. Mit welchem Gewinn kann die Klasse rechnen?

$\frac{1}{4}$ des Glücksrades ist weiß und $\frac{3}{4}$ sind blau gefärbt.

Mit einem Baumdiagramm und der Pfadregel kann man die Wahrscheinlichkeiten bei 2 Drehungen darstellen (b: blau, w: weiß).

Zu a)

Baumdiagramm (b: blau; w: weiß)

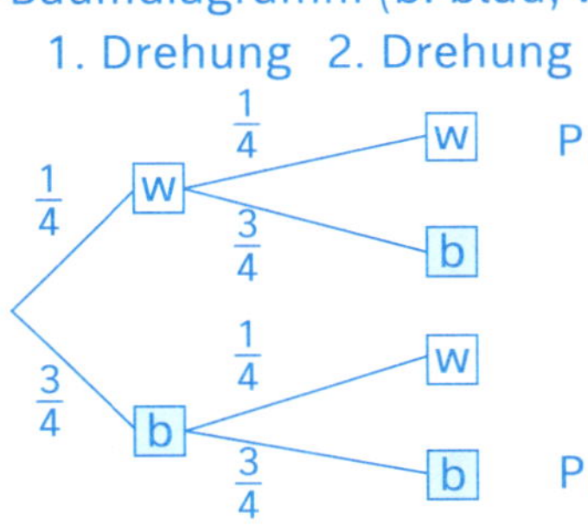

$P(w;w) = \frac{1}{4} \cdot \frac{1}{4} = \frac{1}{16}$

$P(b;b) = \frac{3}{4} \cdot \frac{3}{4} = \frac{9}{16}$

Zu b)

Subtrahiert man von 1 alle Gewinnwahrscheinlichkeiten, erhält man die Wahrscheinlichkeit für einen Verlust.

$P(\text{Verlust}) = 1 - \frac{9}{16} - \frac{1}{16} = \frac{6}{16} = \mathbf{\frac{3}{8}}$

Oder: $P(\text{Verlust}) = P(w;b) + P(b;w)$

$= \frac{1}{4} \cdot \frac{3}{4} + \frac{3}{4} \cdot \frac{1}{4} = \frac{3}{16} + \frac{3}{16} = \frac{6}{16} = \frac{3}{8}$

Zu c)

Bei 400 Spielen kann die Klasse mit ca. 25 Sachpreisen ($25 = 400 \cdot \frac{1}{16}$) und mit 225 Trostpreisen ($225 = 400 \cdot \frac{9}{16}$) rechnen. Diese kosten 200 € und 67,50 €, also insgesamt 267,50 €. Die Klasse hat **400 € Einnahmen** und kann mit einem **Gewinn von 132,50 €** (= 400 € – 267,50 €) rechnen.

1 In einem Gefäß sind 4 blaue und 7 rote Kugeln. Es werden nacheinander verdeckt zwei Kugeln gezogen, wobei die erste Kugel vor der zweiten Ziehung wieder zurückgelegt wird.

a) Zeichne ein Baumdiagramm und berechne die Wahrscheinlichkeiten für
(1) zwei blaue Kugeln;
(2) zwei Kugeln verschiedener Farbe;
(3) zwei Kugeln gleicher Farbe.

b) Wie ändern sich die Wahrscheinlichkeiten aus a), wenn die zuerst gezogene Kugel nicht zurückgelegt wird?

2 Das Glücksrad hat abwechselnd weiße und blaue Felder gleicher Größe. Es wird zweimal nacheinander gedreht. Wie groß ist jeweils die Wahrscheinlichkeit für folgende Ereignisse?

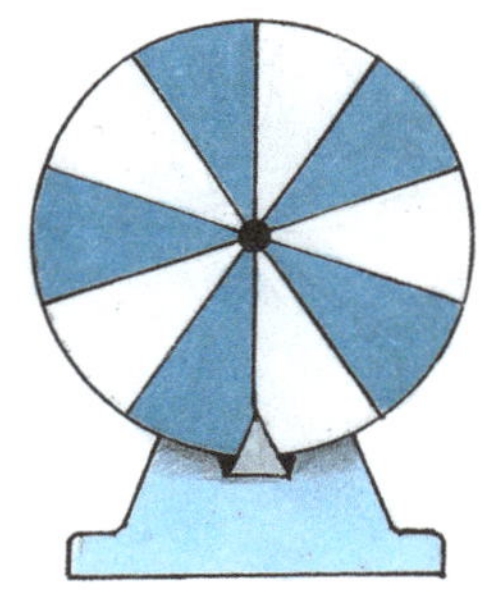

a) Es wird zweimal „blau“ erzielt.

b) Die letzte Drehung führt zu „blau“.

c) Keine Farbe tritt zweimal auf.

d) Die Farbe „weiß“ tritt höchstens einmal auf.

3 Die Klasse 10b hat für das Schulfest einen Stand mit einem Würfelspiel aufgebaut. Im Würfelbecher sind zwei Würfel, die gleichzeitig geworfen werden.
Einen Hauptpreis im Wert von 10 € gibt es bei der Augensumme 12; bei den Augensummen 11 und 10 gibt es einen kleineren Preis im Wert von 2 €. Der Einsatz pro Spiel beträgt 1 €.

Am Ende des Schulfestes hat die Klasse 10b 392 € bei dem Spiel verdient. Wie viele Glücksspiele wurden wahrscheinlich durchgeführt?
Eine Zahl stimmt; begründe deine Entscheidung.

457 | 893 | 1116 | 1431 | 1599

23 Angebote (von S. 50)

Frau Kurt kann für zwei Jahre einen Lottogewinn von 1 000 000,– € sparen. Drei Banken bieten ihr unterschiedliche Zinssätze an:

A 1. Jahr 1,2 %; 2. Jahr 1,7 %
B 1. Jahr 0,9 %; 2. Jahr 2,0 %
C 1. Jahr 1,4 %; 2. Jahr 1,5 %

a) Welche Bank kannst du empfehlen? Begründe.
b) Würdest du die gleiche Bank auch für jeden anderen Sparbetrag empfehlen? Begründe.

Zu a)

① Ein Lösungsweg besteht darin, für jede Bank die jährlichen Zinsen sowie das Kapital nach zwei Jahren zu ermitteln.

	Zinsen für das 1. Jahr	2. Jahr	Endkapital
A-Bank	12 000 €	17 204 €	1 029 204 €
B-Bank	9 000 €	20 180 €	1 029 180 €
C-Bank	14 000 €	15 210 €	**1 029 210 €**

Zu empfehlen ist also die **C-Bank.**

② Ein zweiter Lösungsweg betrachtet lediglich die auftretenden Faktoren, mit denen das Anfangskapital entsprechend der Zinseszinsformel multipliziert wird:

A-Bank: $1{,}012 \cdot 1{,}017 = 1{,}029204$
B-Bank: $1{,}009 \cdot 1{,}020 = 1{,}029180$
C-Bank: $1{,}014 \cdot 1{,}015 = \mathbf{1{,}029210}$

Angebot C liefert den größten Faktor, also auch das größte Endkapital:
$1{,}02921 \cdot 1\,000\,000\ € = \mathbf{1\,029\,210\ €}$

Zu b)

Das Angebot der C-Bank ist auch bei jedem anderen Sparbetrag zu empfehlen. Wie die Überlegung unter ② zeigt, bewirkt der größere Faktor den Vorteil der C-Bank und dies unabhängig von der Höhe des Sparbetrages.

Die Summe der Zinssätze beträgt bei allen drei Banken 2,9 %, die Produkte der Zinssätze jedoch sind verschieden. Dieser Zusammenhang lässt sich auch geometrisch interpretieren. Für alle Rechtecke mit derselben Summe von Länge und Breite gilt: Der Flächeninhalt ist umso größer, je geringer der Unterschied zwischen Länge und Breite ist.

1 Berechne jeweils den fehlenden Wert mithilfe der Zinsformel
$Z = K \cdot p\,\% = K \cdot \frac{p}{100}$

	a)	b)	c)
Kapital (K)	1800 €		3000 €
Zinssatz (p %)	0,5 %	1,8 %	
Zinsen (Z)		81 €	19,50 €

2 Tom hat seine Ersparnisse für ein Jahr fest angelegt. Am Jahresende erhält er 20 € Zinsen. Wie viel Zinsen würde Tom nach einem Jahr erhalten,

a) wenn er doppelt so hohe Ersparnisse bei doppelt so hohem Zinssatz angelegt hätte?

b) wenn er doppelt so hohe Ersparnisse bei halb so großem Zinssatz angelegt hätte?

c) wenn er nur die Hälfte seiner Ersparnisse bei doppelt so hohem Zinssatz angelegt hätte?

3 Welche Person hat in zehn Jahren den höchsten Zinssatz für ihr Kapital erzielt?

	Anfangskapital	Endkapital
☐ Anja	2 400 €	2 925,59 €
☐ Boris	1 800 €	2 281,77 €
☐ Pia	300 €	348,16 €
☐ Luca	600 €	798,83 €

4 Die Hausverwaltung bietet Frau Winter zwei Formen des Staffelmietvertrags an:

Angebot A: 3,5 % Mieterhöhung im 1. Jahr, 4,5 % im 2. Jahr

Angebot B: 4,5 % Mieterhöhung im 1. Jahr, 3,5 % im 2. Jahr

a) Auf den ersten Blick erscheinen ihr beide Angebote gleich gut. Stimmt das? Begründe.

b) Mit welcher gleich bleibenden prozentualen Mieterhöhung könnte die Hausverwaltung nach zwei Jahren dieselbe Miete erzielen?

24 Brückenkonstruktion (von S. 51)

Über den Fluss soll eine Brücke führen, die in A beginnt und B endet. Vermesser haben am unteren Flussufer eine 400 m lange Strecke $\overline{AC}$ abgesteckt und von dort folgende Winkel vermessen:
$\measuredangle$ BAC = 67,8° und $\measuredangle$ ACB = 49,3°
Bestimme die Länge der Brücke durch eine maßstäbliche Zeichnung und durch Berechnung.

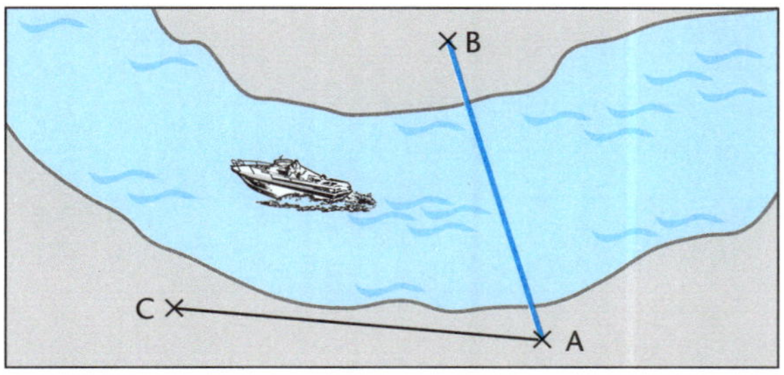

① *Zeichnerische Lösung*
Maßstab 1 : 10 000
(1 cm ≙ 100 m).
Messung: x = 3,4 cm
In Wirklichkeit:
$\overline{AB}$ = 3,4 cm · 10 000
$\overline{AB}$ = 340 m

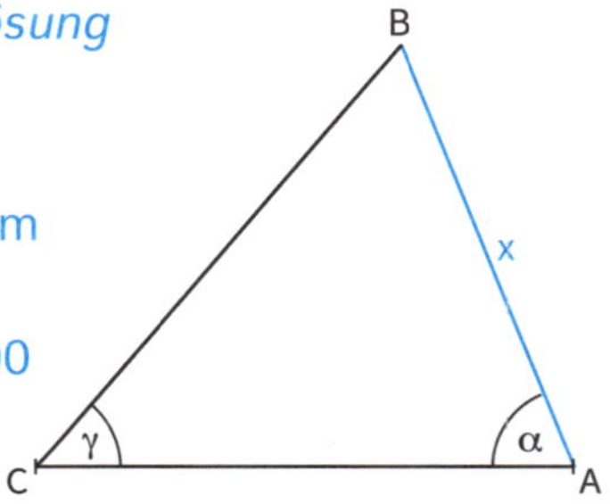

② *Rechnerische Lösung*
$\alpha = \sphericalangle BAC = 67{,}8°$
$\gamma = \sphericalangle ACB = 49{,}3°$
$\beta = 180° - \alpha - \gamma = 62{,}9°$

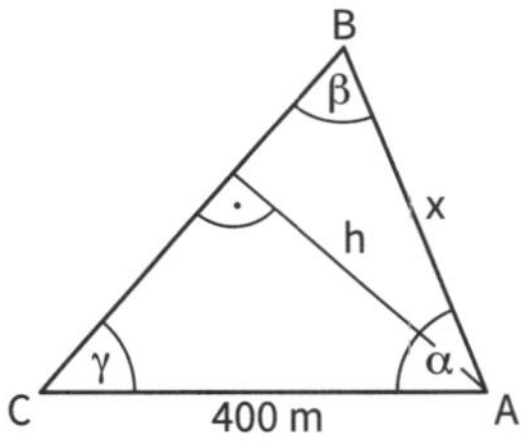

Das Dreieck wird durch die Höhe h in zwei rechtwinklige Dreiecke zerlegt.

$\sin \gamma = \frac{h}{400\text{ m}}$

$h = 400\text{ m} \cdot \sin 49{,}3° \approx 303{,}25\text{ m}$

$\sin \beta = \frac{h}{x} = \frac{303{,}25\text{ m}}{x}$

$x = \frac{303{,}25\text{ m}}{\sin 62{,}9°} \approx 340{,}65\text{ m}$

Die Brücke muss rund **341 m** lang werden.

Falls der Sinussatz behandelt wurde, gibt es noch einen kürzeren Weg:

$\frac{x}{\sin 49{,}3°} = \frac{400\text{ m}}{\sin 62{,}9°}$

$x = \frac{400\text{ m} \cdot \sin 49{,}3°}{\sin 62{,}9°}$

$x \approx 340{,}65$ m

1 Die Heini-Klopfer-Skiflugschanze in Oberstdorf gilt als eine der größten Skiflugschanzen der Welt. Sie wird im Volksmund auch „Schiefer Turm von Oberstdorf“ genannt.
Welchen Höhenunterschied hat die Anlaufbahn und wie lang ist diese?

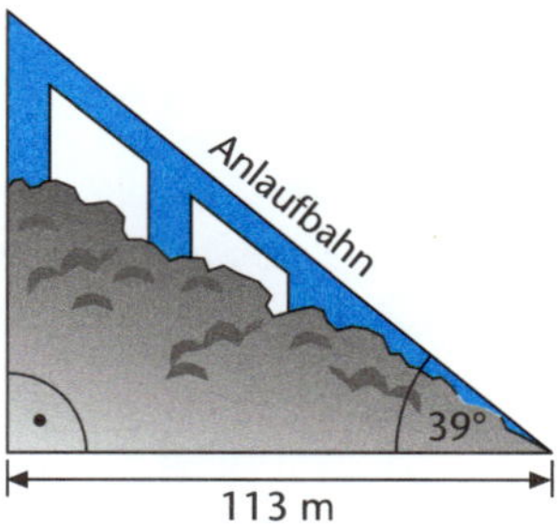

2 Abgebildet ist ein Segelschiff, das von zwei Leuchttürmen angepeilt wird. Wie weit ist es von den beiden Leuchttürmen jeweils entfernt?

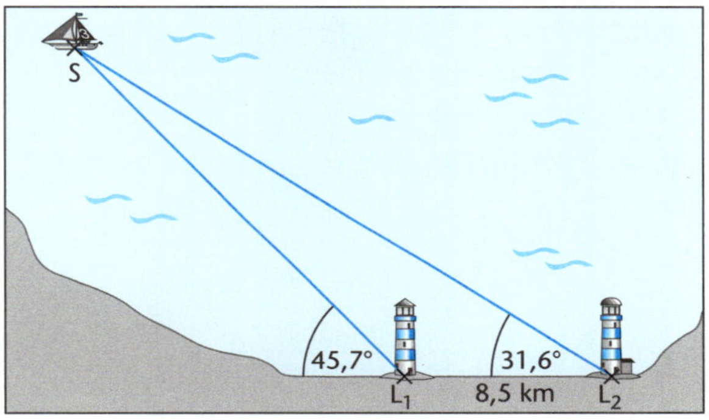

3 Im Maßstab 1 : 5 000 sieht man eine Passstraße von oben. Sie beginnt an Punkt A und erreicht an Punkt B die Passhöhe. Punkt A befindet sich auf einer Höhe von 620 m, die durchschnittliche Steigung beträgt 14 %.
Wie hoch liegt Punkt B und wie weit fährt man von A bis B?

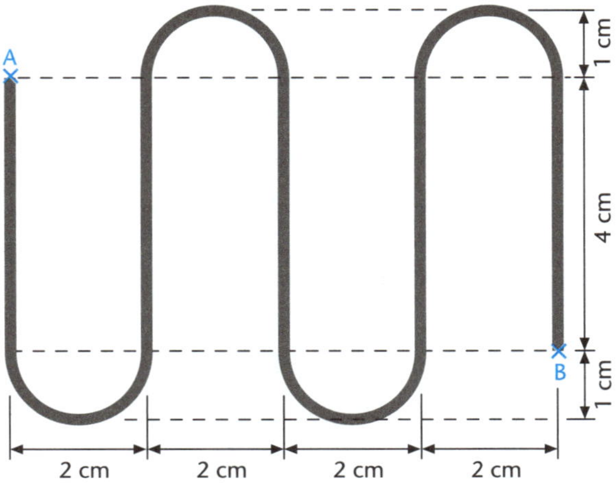

25 Fotos online (von S. 51)

Lena möchte zu Weihnachten große Fotos verschenken. Im Internet findet sie einen Online-Bilderdienst, bei dem sie pro Bild 59 Cent bezahlt. Für den Versand kommen einmalig 1,19 € dazu.

a) Wie viel bezahlt Lena, wenn sie sich drei Fotos zusenden lässt?

b) Notiere die Formel, die in die Zelle C4 eingegeben wurde.

c) Welche Eingaben liefern das korrekte Ergebnis in Zelle E4? Kreuze die richtigen Ergebnisse an.

☐ E1*E2 ☐ =E1*E2+E3 ☐ =2*C4 ☐ =D4+0,59

Zu a)

Die Gesamtkosten für drei Fotos sind in Zelle D4 abzulesen: **2,96 €.**

Zu b)

In Zelle C4 müssen die Gesamtkosten für zwei Fotos berechnet werden, die sich zusammensetzen aus dem Stückpreis (2 · 0,59 €) und den Versandkosten (1,19 €).

Formel: =C1*C2+C3

(weitere Formeln sind möglich, z. B. =B4+C2)

Zu c)

☐=E1*E2 ☒=C1*E2+E3 ☐=2*C4 ☒=D4+0,59

Zwei Formeln sind korrekt.

1. Möglichkeit: **=E1*E2+E3**

Hier wird zuerst der Preis für vier Fotos berechnet, dann werden noch die Versandkosten addiert.

2. Möglichkeit: **=D4+0,59**

In D4 werden die Gesamtkosten für drei Fotos berechnet. Und wenn dazu noch der Preis für ein Foto addiert wird, erhält man die Gesamtkosten für vier Fotos.

Falsch ist die erste Formel (=E1*E2), weil hier die Versandkosten fehlen.

Falsch ist auch die dritte Formel (=2*C4), da vier Fotos nicht das Doppelte kosten wie zwei Fotos. Es handelt sich hier wegen der fixen Versandkosten nicht um eine proportionale Zuordnung.

1 Tim möchte für seinen Umzug einen Transporter mieten. Er vergleicht zwei Angebote.

Angebot A: 0,42 €/Kilometer + 38 € Pauschale

Angebot B: 0,32 €/Kilometer + 66 € Pauschale

	A	B	C
1	Strecke in km	Angebot A	Angebot B
2	50	59,00 €	82,00 €
3	100	80,00 €	98,00 €
4	150	101,00 €	114,00 €
5	200	122,00 €	130,00 €
6	250	143,00 €	146,00 €
7	300	164,00 €	162,00 €
8	350	185,00 €	178,00 €
9	400	206,00 €	194,00 €
10			

a) Welche Formeln liefern das korrekte Ergebnis in Zelle B7?

☐ =A7*0,42 ☐ =A7*0,42+38 ☐ =B3+B5

b) Lies in der Tabelle ab, für wie viele km die Angebote etwa gleich sind. Begründe.

c) Stelle für beide Angebote die Gleichungen auf für die Funktion *Strecke (km) → Kosten (€)* und ermittle rechnerisch für welche Kilometerzahl bei beiden Angeboten die gleichen Kosten anfallen.

2 Tanja untersucht mit einer Tabellenkalkulation die Veränderung des Würfelvolumens beim Anwachsen der Kantenlänge.

	A	B	C	D	E	F	G
1	Kantenlänge a	2	3	4	5	6	7
2	Volumen V	8	27				

a) Durch welche Eingabe berechnet das Programm den Wert in Zelle D2?

b) Welche Zellen würdest du vergleichen, um die folgende Frage zu beantworten: Wie verändert sich das Würfelvolumen, wenn sich die Kantenlänge verdoppelt?

3 Wie entwickelt sich der Preis von 80 € für ein Paar Schuhe, wenn er abwechselnd um 20 % herauf und um 20 % herabgesetzt wird?

	A	B
1	q	80
2	1,2	
3	0,8	
4	1,2	
5	0,8	
6	1,2	
7	0,8	

a) Die Zahl in Zelle B2 wird mit der Formel =B1*A2 berechnet. Erkläre.

b) Erkläre die Zahl in A3.

c) Welche Formel steht in Zelle B5? Welche in Zelle B6?

26 Riesentasse (von S. 51)

In Koblenz steht vor einem Café die rechts abgebildete Riesentasse.

a) Schätze folgende Größen:
Tassenhöhe; oberer/unterer Tassendurchmesser

b) Jenny hat die folgenden drei Körper gezeichnet, um das Volumen der Riesentasse damit abzuschätzen. Welcher der drei Körper wird das beste Ergebnis liefern? Kreuze an und begründe deine Antwort.

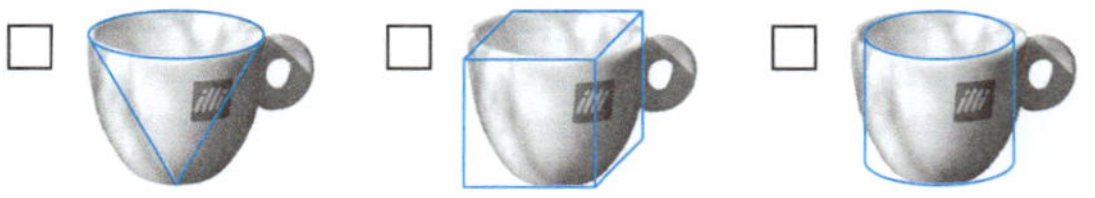

c) Wie teuer wäre ein Cappuccino in dieser Riesentasse, wenn 0,2 l Cappuccino in diesem Café 2,80 € kosten?

Die folgenden Maßangaben beziehen sich auf das Foto vorn im Text. Dabei wird die Tasse mit der vermutlich 1,65 m großen Frau verglichen.

Zu a)
Tassenhöhe: ca. 55 cm
Oberer/unterer Tassendurchmesser:
55 cm/25 cm

Zu b)
Wenn Jenny das Volumen der Riesentasse mit dem Zylinder berechnet, wird das Ergebnis am genauesten das tatsächliche Volumen der Riesentasse beschreiben. Der Zylinder ist oben zwar etwas zu klein, dafür unten aber etwas zu breit. Der Kegel wird einen zu kleinen Wert und der Würfel einen zu großen Wert liefern.

Zu c)
Benutzt man den Zylinder aus Aufgabenteil b), so ergibt sich mit einer Höhe von 55 cm und einem Radius von 20 cm folgendes Volumen:
$V = \pi \cdot r^2 \cdot h = \pi \cdot (20\text{ cm})^2 \cdot 55\text{ cm} \approx 69115\text{ cm}^3$
Das entspricht 69,1 l, sodass sich für den Preis des Riesencappuccinos ergibt:

$$\text{Preis}_{\text{Riesencappuccino}} = \frac{69{,}1\,l}{0{,}2\,l} \cdot 2{,}80\text{ €} = \mathbf{967{,}40\text{ €}}$$

Ein Riesencappuccino würde ungefähr 1000 € kosten.

3 Wie viele Vögel sind auf dem Foto rechts ungefähr abgebildet?

1 Im Jahr 1834 bekam Frankreich vom Ägyptischen Vizekönig den abgebildeten Obelisken aus Granit geschenkt. Der Obelisk wurde auf einen Sockel gestellt und mit einer 3,6 m hohen goldenen Spitze versehen.

a) Wie hoch ist der Obelisk ungefähr?

b) Durch welche geometrische Form kann das Volumen des Obelisken ungefähr bestimmt werden?

c) Berechne die ungefähre Masse des Obelisken (Dichte Granit: 2,8 Tonnen pro m^3).

2 Im Fan-Shop des Fußballvereins Borussia Dortmund hängt ein Riesen-Trikot.

Wie groß müsste ein Fußballspieler sein, damit ihm dieses Trikot passt?

3

Abschlusstest – Komplexe Aufgaben

1 Neue Preise

a) Vor einem Monat kostete ein BMX-Fahrrad, für das Anna sich interessiert, noch 639 €. Inzwischen ist es 15 % teurer geworden.
Wie hoch ist der neue Preis gerundet auf Euro?

Neuer Preis: ______________

b) Der Preis für einen Sturzhelm wurde von 59 € auf 49 € gesenkt. Berechne die Preisänderung in Prozent. Runde auf ganze Prozent.

Preissenkung: ______________

c) Eine orange Sicherheitsweste kostet nach einer Preissenkung um 5 % jetzt 14,80 €. Wie teuer war sie vor der Preissenkung? Runde auf eine Stelle nach dem Komma.

Alter Preis: ______________

2 Autofarben

Ein Autohändler führt Statistik darüber, welche Fahrzeugfarben von den Käufern bevorzugt werden. Am beliebtesten sind silbergrau und schwarz (s. Tabelle).
Im letzten Jahr verkaufte der Autohändler 228 Autos.

Farbe	Anzahl	Anteil	
		als Bruch	in %
silbergrau	76		
schwarz	57		
Sonstige			

a) Rechne und ergänze die Häufigkeitstabelle. Gib die Anteile als vollständig gekürzten Bruch und in Prozent an.

b) Der Autohändler will in diesem Jahr 300 Autos verkaufen. Mit wie vielen schwarzen Autos kann er dann rechnen?

____

c) Angenommen, die Farbe silbergrau wird mit einer Wahrscheinlichkeit von $\frac{1}{3}$ und die Farbe schwarz mit einer Wahrscheinlichkeit von $\frac{1}{4}$ gewählt. Wie groß ist dann die Wahrscheinlichkeit, dass bei zwei verkauften Autos
(1) beide Autos silbergrau sind,
(2) ein Auto silbergrau und das andere schwarz ist?
Vervollständige und beschrifte zunächst das folgende Baumdiagramm:

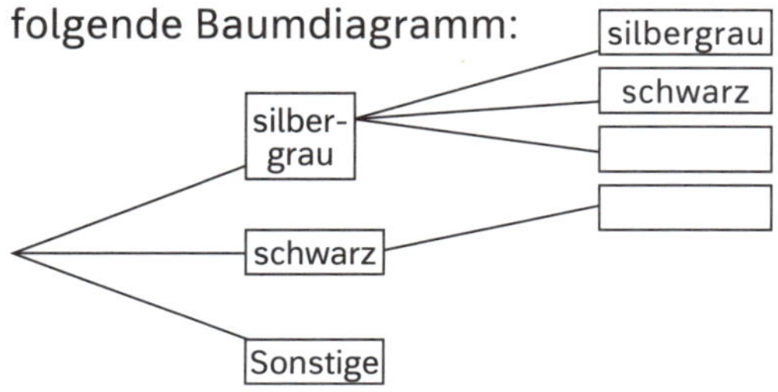

③ Busfahrt

Das Reiseunternehmen „Grenzenlos“ bietet Busfahrten nach Paris an. Die Abbildung zeigt die Tankfüllung des Reisebusses während der Fahrt von Köln nach Paris.

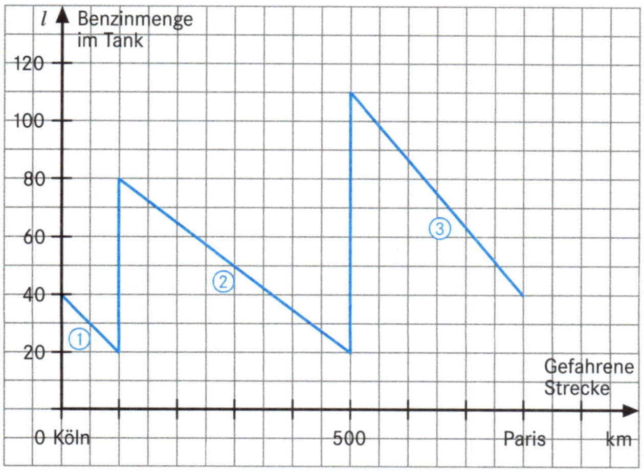

a) Wie oft wurde angehalten, um zu tanken?

b) Wie groß ist die Entfernung von Köln nach Paris ungefähr?

c) Auf welcher Teilstrecke ①, ② oder ③ war der Benzinverbrauch pro 100 km am größten?

d) Wie viel Liter Benzin verbrauchte der Bus auf der gesamten Fahrt?

④ Lotterie

Die 2 000 Lose einer Lotterie setzen sich so zusammen:

- 80 % Nieten
- 15 Hauptgewinne von je 50,00 €
- 4 % Preise von je 6,00 €
- Rest Trostpreise von je 0,50 €

Ein Los kostet 1,00 €.

a) Hat der Losverkäufer recht? Begründe.

b) Es wurden alle Lose verkauft. Berechne den Gewinn der Lotterie.

5 Flugzeug

Nach 26,3 km Flug befindet sich das Flugzeug über Alsburg.
In welcher Höhe überfliegt es Alsburg und mit wie viel Prozent Steigung ist es aufgestiegen?

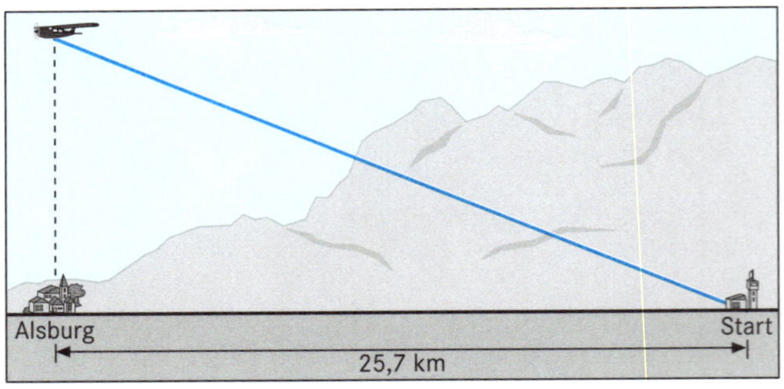

6 CD

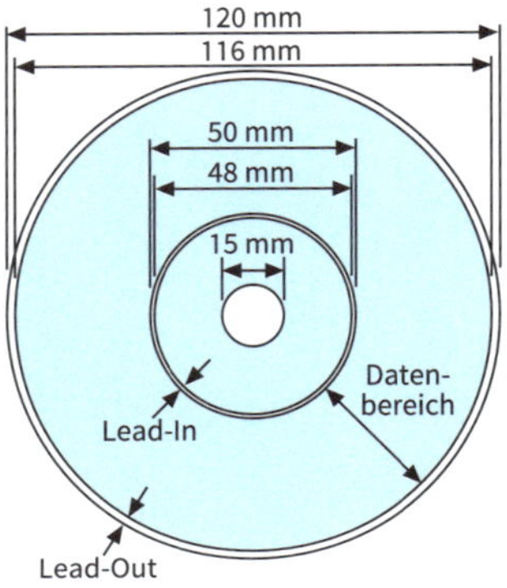

a) Wie groß ist der Datenbereich, also die beschreibbare Fläche einer CD?

b) Eine CD wird von innen nach außen beschrieben. Diesen beschriebenen Anteil kann man sehen. Wie weit muss die CD beschrieben sein, damit der Datenbereich zur Hälfte gefüllt ist? (Wann ist die CD „halb voll"?)

7 Sportverein

40 % aller Mitglieder eines Sportvereins sind weiblich. Davon gehören 15 % zur Fußballabteilung. Bei den männlichen Mitgliedern spielen 32 % Fußball.
Stelle die Angaben in einem Baumdiagramm dar und berechne, wieviel Prozent aller Mitglieder zur Fußballabteilung gehören.

8 Ferienplanung

Die vierköpfige Familie Dogan sucht eine Ferienwohnung in Österreich. Die drei abgebildeten Angebote kommen in die engere Wahl.

Ferienwohnung Sonne
70 € pro Nacht • pauschale Nebenkosten (Strom und Endreinigung: 40 € pro Person

Ferienwohnung Alpenblick
Endreinigung EUR 50,00 pro Aufenthalt, keine weiteren Nebenkosten
EUR 80 pro Nacht

Ferienappartement Höhenluft
90 € pro Nacht · Keine weiteren Nebenkosten

a) Beschreibe den Preis y des Angebots „Ferienwohnung Sonne" durch eine Funktionsgleichung (x – Anzahl Nächte).

y = ____________________

b) Stelle die Zuordnungen der drei Angebote im Koordinatensystem dar.

c) Familie Dogan will genau zwei Wochen bleiben. Schlage mithilfe der Grafik vor, für welches Angebot sich die Familie entscheiden sollte.

____

____

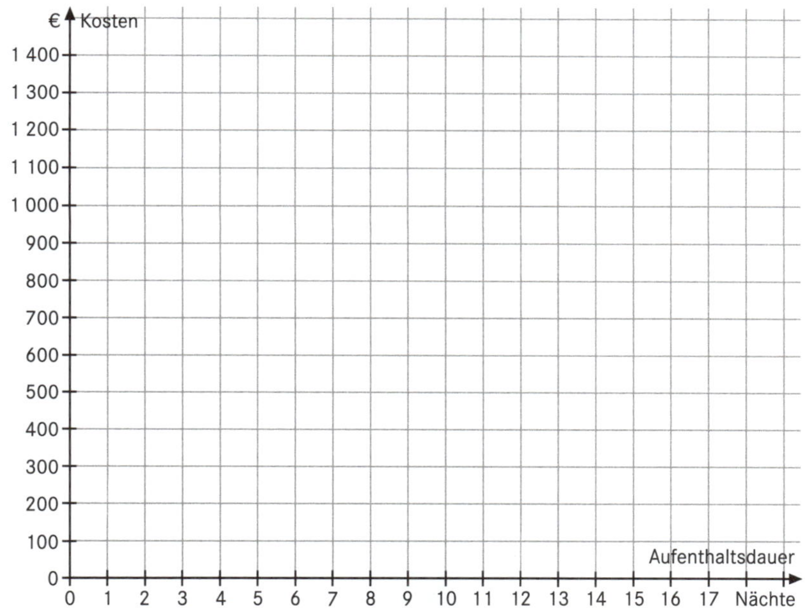

9 Sonnenfinsternis

Am 19. März 2015 berichtete ein Internetdienst:

Stromnetz vor Härtetest
Während der morgigen Sonnenfinsternis werden die Solaranlagen in Deutschland (Gesamtleistung: ca. 18 Gigawatt) maximal 6 Gigawatt liefern. Das sind gerade mal 3 % der normalen Leistung!

Die nebenstehende Meldung ist fehlerhaft. Begründe.

____

____

____

10 Verein

Rechts abgebildet siehst du eine Umfrage unter 325 Jugendlichen, die in ihrer Freizeit Fußball spielen.

	spielen in ihrer Freizeit Fußball	davon im Verein
Mädchen	75	15
Jungen	250	35

a) Wie viel Prozent der befragten Jugendlichen sind auch Mitglied im Fußballverein?

____

b) Helena meint dazu: „Von allen Befragten, die in einem Verein Fußball spielen, sind nur 30 % Mädchen." Stimmt das? Begründe deine Antwort.

____

c) Justus ergänzt: „Wenn Jungen in ihrer Freizeit Fußball spielen, dann sind sie auch deutlich häufiger im Verein als Mädchen, die in ihrer Freizeit Fußball spielen." Hat Justus recht? Begründe.

____

11 Zahlenrätsel

a) Finde zu den Zahlenrätseln eine passende Gleichung und löse sie.

(1) Verdoppelst du die Summe aus dem Fünffachen einer Zahl und 7, so erhältst du das um 53 vermehrte Produkt aus dieser Zahl und −3.

(A) $2(5x + 7) = -3x + 53$

(B) $2 \cdot 5x + 7 = -3x + 53$

(C) $2(5x + 7) = -3x \cdot 53$

(2) Subtrahierst du von einer Zahl −8, so erhältst du das Fünffache dieser Zahl vermehrt um 64.

(D) $x - 8 = 5x + 64$

(E) $x : 8 = 5x + 64$

(F) $x - (-8) = 5x + 64$

(3) Max verringert das Vierfache einer Zahl um 17, Moritz verdreifacht die Differenz zwischen dieser Zahl und 2. Beide erhalten das gleiche Ergebnis.

(G) $4x - 17 = 3x - 2$

(H) $4x - 17 = 3(x - 2)$

(I) $4(x - 17) = 3(x - 2)$

(1) ____________ (2) ____________ (3) ____________

12 Haus mit Pultdach

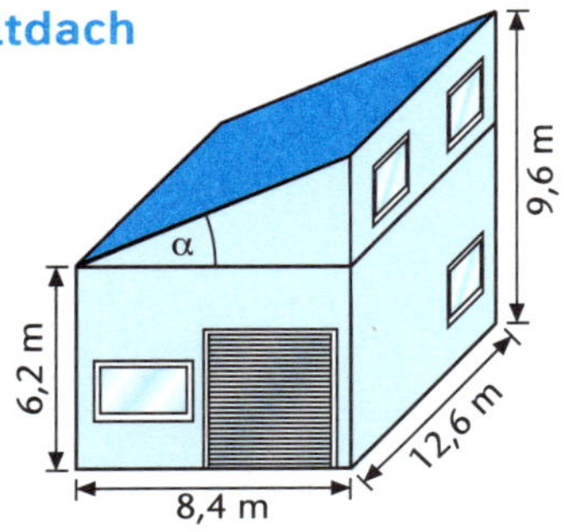

a) Berechne den umbauten Raum des Hauses.

____

b) Wie groß ist der Flächeninhalt der Seitenflächen?

____

c) Berechne den Neigungswinkel α des Daches.

13 Taschengeld

Eine Gruppe von Jugendlichen wurde nach der Höhe ihres monatlichen Taschengeldes befragt. Das Ergebnis wurde in einem Boxplot dargestellt. Formuliere einige Aussagen, die du am Boxplot ablesen kannst. Benutze dabei auch die Begriffe *Spannweite, Median, unteres Quartil, oberes Quartil* und *Streuung.*

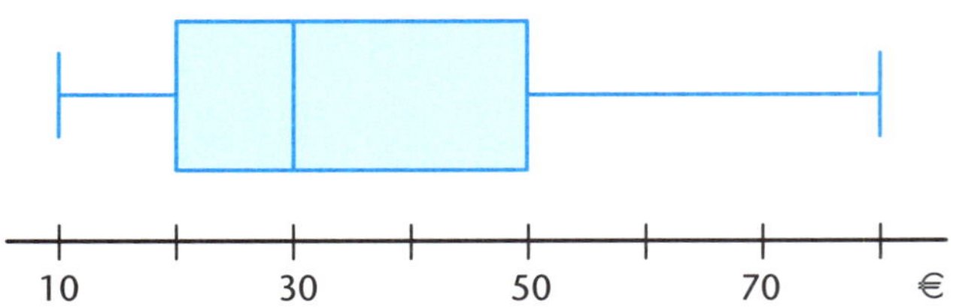

____

____

____

14 Airbus

Der Airbus A380 ist das größte und schwerste Passagierflugzeug der Welt. Es ist knapp 73 Meter lang, 24 Meter hoch und 560 Tonnen schwer. Mit seinen vier Triebwerken erzeugt er je 70 000 Pfund Schub, was der Antriebskraft von ungefähr 3500 Autos entspricht. Im Vergleich dazu wirkt der Airbus A320-200 richtig klein. Er ist gerade mal 37,5 Meter lang und nur 11,8 Meter hoch. Im Vergleich mit der alten Ju 52 wirkt aber auch der noch groß.

Airbus A 380-800

Airbus A 320-200

Ju 52

a) Schätze die Länge und Höhe der Ju 52 anhand der rechts abgebildeten maßstäblichen Darstellung der drei Flugzeugtypen.

b) Wie viele Tonnen wiegt der Airbus A320-200 ungefähr? Vergleiche für die Beantwortung der Frage die Maße des A320 mit denen des A380.

15 Strom

Die nebenstehende Grafik zeigt die Entwicklung der Solarstromerzeugerkosten im Vergleich zum „normalen" Strompreis.

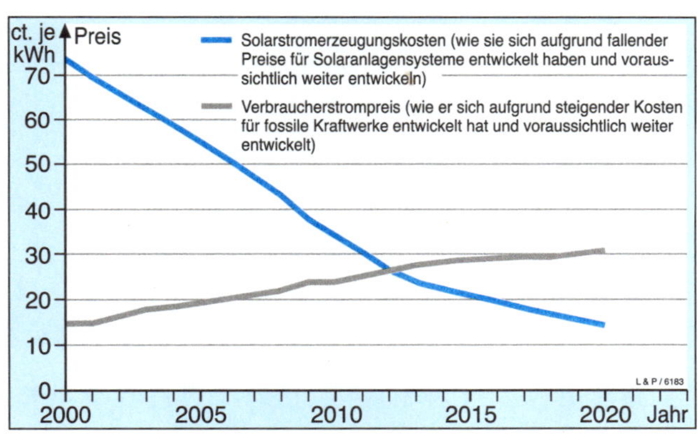

a) Um wie viel Cent ist der Preis für die Solarstromerzeugung im Durchschnitt pro Jahr zwischen 2000 und 2010 gefallen?

b) In welchem Jahr betrugen die Kosten für die Solarstromerzeugung das Doppelte der „normalen" Strompreise?

c) Die Prognose ab dem Jahr 2012 geht von einer konstanten jährlichen Abnahme des Solar-Strompreises in Cent aus. Begründe, warum sich der Strompreis für Solarstrom in den nächsten 30 Jahren nicht in dieser Weise weiterentwickeln kann.

d) In 20 Jahren haben sich die „normalen" Strompreise verdoppelt. Erstelle in deinem Heft ein Diagramm, das den Eindruck vermittelt, dass die Kosten für „normalen" Strom nahezu konstant bleiben bzw. nur sehr langsam steigen.

16 Gleichungen

Löse die Gleichungen. Überlege zuerst, ob du eine Lösungsformel brauchst.

(1) $(x + 3) \cdot (8 - 2x) = 0$
Lösungen: ______________

(2) $x^2 + 5x = 0$
Lösungen: ______________

(3) $3x^2 - 8 = 4$
Lösungen: ______________

(4) $2x^2 - 12x + 4 = 18$
Lösungen: ______________

17 Gebäude

Das Foto zeigt die Front einer Ausstellungshalle. In dem eingezeichneten Koordinatensystem lässt sich die Außenlinie im oberen Teil durch eine Parabel mit der Funktionsgleichung

$y = -\frac{1}{9}x^2 + 18$

beschreiben (x und y in Meter).

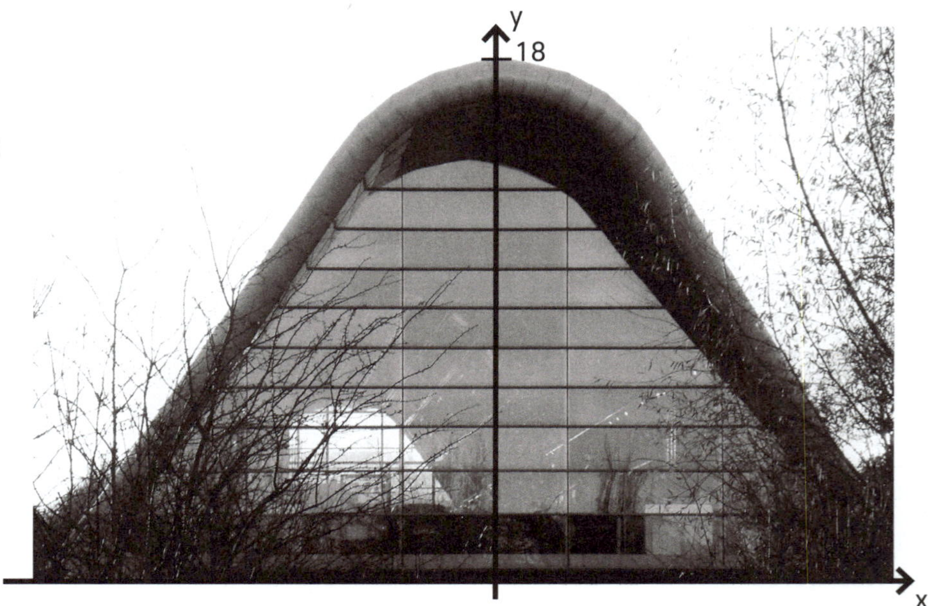

a) Gib die Höhe der Ausstellungshalle (in Meter) an: ______________

b) Zeige, dass in einer Höhe von 9 m die Ausstellungshalle genau doppelt so breit wie hoch ist.

c) Berechne die Nullstellen der Parabel und beurteile damit, ob auch im unteren Teil der Außenlinie der Halle die Beschreibung durch diese Parabel geeignet ist.

18 Nerobergbahn

Seit mehr als 120 Jahren fährt in Wiesbaden die Nerobergbahn, die ausschließlich durch Schwerkraft einen Höhenunterschied von 83 m überwindet. Und das geht so: Der talwärts fahrende Wagen zieht den anderen Wagen nach oben. Das nötige Gewicht liefert das sogenannte Ballastwasser, das jeweils der nach unten fahrende Wagen in einem Tank mit sich führt.
Ermittle die Länge der blauen Gleisstrecke von Nerotal nach Neroberg.

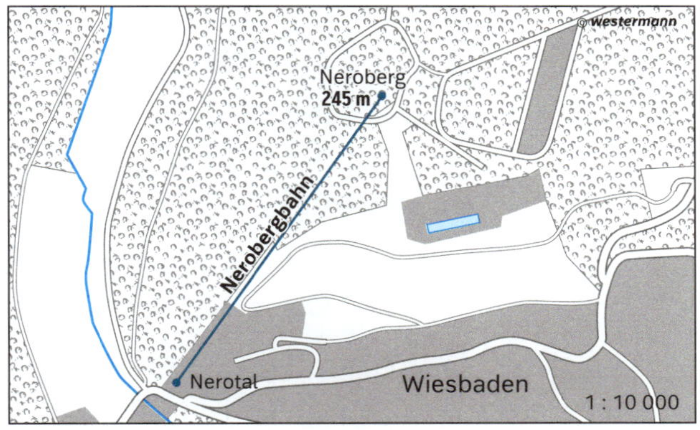

19 Weltbevölkerung

Im Oktober 2011 meldeten die Medien: Die Weltbevölkerung hat die Marke von sieben Milliarden erreicht. 1804 gab es 1 Mrd. Menschen, 1927 waren es 2 Mrd. und 1974 schon 4 Mrd.

a) Welche (durchschnittliche, gleichbleibende) Wachstumsrate pro Jahr zwischen 1927 und 1974 passt hierzu? Kreuze an. Schreibe zur Begründung deinen Rechenweg dazu auf.

☐ 1,01 % ☐ 1,28 % ☐ 1,45 %
☐ 1,49 % ☐ 2,12 %

b) Im Dezember 2015 lebten rund 7,3 Mrd. Menschen auf der Erde. Schätzungen für die Weltbevölkerung nach 2015 rechnen mit etwas weniger als 1 % Zuwachs pro Jahr. Wie viele Menschen leben dann höchstens im Jahr 2050 auf der Erde?

20 Maßänderungen

a) Richtig oder falsch? Korrigiere falsche Aussagen und begründe.
(1) Verdreifacht man den Radius eines Kreises, verdreifacht sich auch der Umfang.
(2) Verdoppelt man den Radius eines Kreises, verdoppelt sich auch der Flächeninhalt.

b) Wie verändert sich das Volumen eines Kegels, wenn man seine Höhe und zugleich seinen Radius verdoppelt? Schreibe auf, wie du rechnest.

21 Liebesschlösser

Das Foto zeigt die Hohenzollernbrücke in Köln. An einer Seite der Brücke gibt es zwischen jeweils zwei von 50 senkrechten Stahlträgern sechs Gitter, an denen „Liebesschlösser" hängen.

a) Schätze die Anzahl aller Schlösser an dieser Brückenseite mithilfe des abgebildeten Gitters.

b) In einer Zeitung stand: „Mehr als 40 000 Schlösser hängen dort." Wie viele hängen dann durchschnittlich an jedem Gitter?

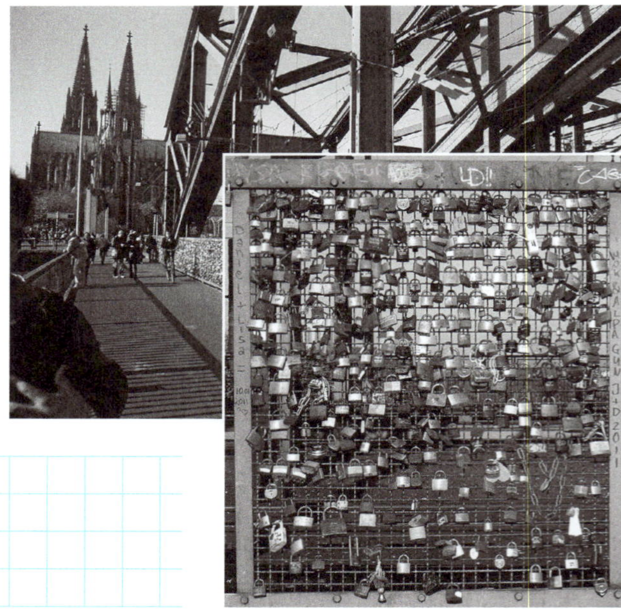

22 Pausenhof der da-Vinci-Schule

Im Bundesland der da-Vinci-Schule gibt es eine Vorschrift für die Größe des Pausenhofes an Schulen: Pro Schüler müssen 5 m^2 Platz sein.
Die da-Vinci-Schule hat 640 Schüler und Schülerinnen. Der rechteckige Pausenhof ist 40 m breit und 73 m lang.

a) Genügt der Pausenhof den Vorschriften?

b) Wie ist die Länge des Pausenhofs bei gleicher Breite zu ändern, damit er exakt die Vorschriften erfüllt?

23 Wohnmobil

Für die kommenden Sommerferien plant Familie Wiener, drei Wochen (21 Tage) lang mit dem Wohnmobil Südfrankreich zu erkunden. Die geplante Reiseroute umfasst etwa 2500 km. Welches der drei Angebote würdest du Familie Wiener empfehlen? Begründe.

Die Angebote von drei Verleihfirmen lauten:

	Mietgebühr pro Tag	€ pro gefahrene Kilometer
Firma A:	48,00 €	0,20 €
Firma B:	72,00 €	0,10 €
Firma C:	80,00 €	– €

24 Lustige Abfallbehälter

In einem Ort auf Sardinien fordern diese bunten Behälter zur Mülltrennung auf.

a) Schätze folgende Größen:

Höhe h der Behälter (ohne „Kopf"): ____________

Höhe k der Behälter (mit „Kopf"): ____________

oberer Durchmesser o: ____________

unterer Durchmesser u: ____________

b) Entscheide und begründe, mit welchem der drei abgebildeten Körper sich das Volumen am besten abschätzen lässt.

(1)

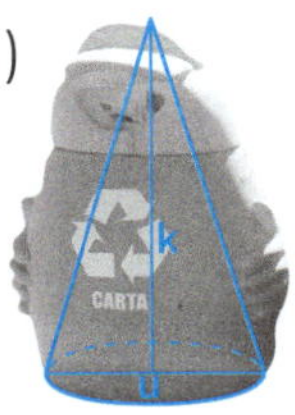

(2)

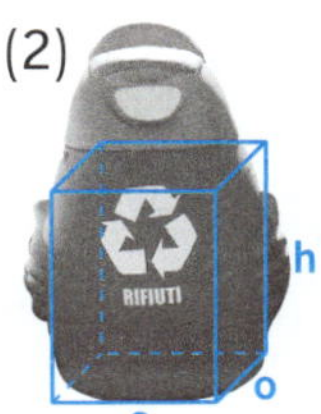

(3)

25 Sonderpreis

a) Kreuze an, mit welchen Methoden (1), (2) oder (3) der Mofapreis bei Barzahlung richtig berechnet wird.

- ☐ (1) Man berechnet 15 % von 1500,– € und subtrahiert das Ergebnis von 1500,– €.
- ☐ (2) Man berechnet 85 % von 1500,– € und zieht noch 3 % des gesenkten Preises ab.
- ☐ (3) Den Preis bei Barzahlung kann man so berechnen: 1500 € · 0,85 · 0,97.

b) Was kostet das Mofa bei Barzahlung?

Preis: ____________

26 Behälter mit Kugeln

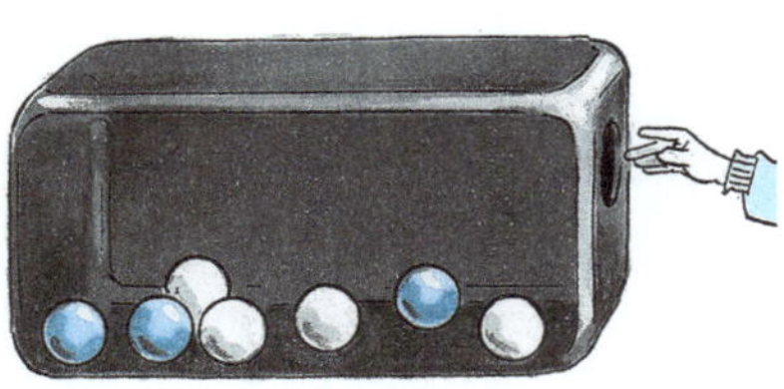

In einem Behälter sind 3 blaue und 4 weiße Kugeln. Marc schlägt Björn folgendes Spiel vor:

> „Du darfst verdeckt nacheinander zwei Kugeln ziehen, ohne die zuerst gezogene Kugel in den Behälter zurückzulegen. Du gewinnst, wenn die beiden Kugeln die gleiche Farbe haben, sonst gewinne ich."

Zeichne ein Baumdiagramm und berechne die Gewinnchancen.

Baumdiagramm:

Gewinnchance für Marc: ____________

Gewinnchance für Björn: ____________

Bearbeitungszeit: 1. Prüfungsteil 30 Minuten; 2. Prüfungsteil 90 Minuten

Prüfungsteil I

Aufgabe 1

Ordne die Zahlen der Größe nach. Beginne mit der kleinsten Zahl.

$-\frac{1}{3}$; 0,4; $\frac{6}{10}$; $-\frac{1}{4}$ ______ < ______ < ______ < ______

Aufgabe 2

a) Berechne die Oberfläche des abgebildeten Kegels.

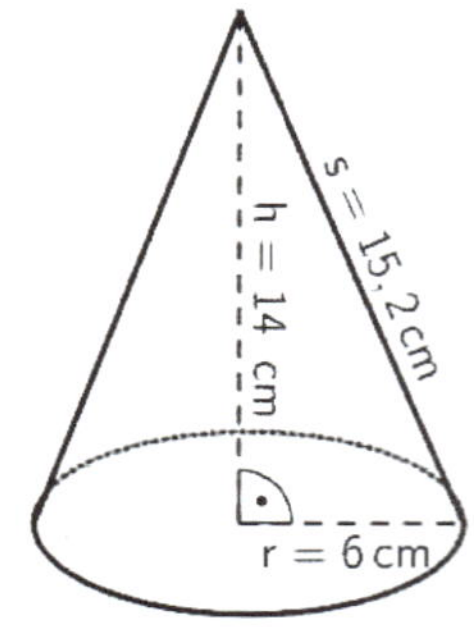

b) Sebastian behauptet: „Wenn ich den Radius verdoppele, verdoppelt sich auch das Volumen des Kegels." Weise nach, dass Sebastians Behauptung falsch ist.

Aufgabe 3

Familie Zappa möchte sich eine neue Küche kaufen und hat von ihrer Bank ein Angebot zur Finanzierung bekommen. Mit einer Tabellenkalkulation stellt Frau Zappa einen Finanzierungsplan auf.

	A	B	C	D	
1	*Finanzierungsplan für eine Küche*				
2	Kreditsumme in €	3000,00			
3	jährliche Rate in €	555,00			
4	Zinssatz pro Jahr in %	3,62			
5					
6		1. Jahr	2. Jahr	3. Jahr	4. J
7	Schulden zu Jahresbeginn	3000,00	2553,60		
8	Zinsen pro Jahr	108,60	92,44		
9	Rate pro Jahr	555,00	555,00		
10	Restschuld am Jahresende	2553,60	2091,04		
11	Alle Werte in Euro (€).				

a) Gib eine geeignete Formel für die Zelle C8 an.

______

b) Berechne die Restschuld am Ende des dritten Jahres.

Antwort: ______

______

Aufgabe 4

Bestimme den Wert der Unbekannten x. Notiere deine Rechnung.

$12x - 5 = 3x + 13$

Aufgabe 5

Eine Tüte mit 125 g Plätzchen kostet bisher 1,49 €.
Ein Supermarkt wirbt mit dem folgenden Plakat:

> ***Sonderangebot:***
> 125 g + 20 % mehr Inhalt
> für nur 1,89 €

a) Berechne, wie viel Gramm Plätzchen im Sonderangebot verkauft werden.

Antwort: ______________________________

b) Ist das Sonderangebot im Vergleich zu vorher günstiger? Begründe deine Entscheidung.

Antwort: ______________________________

____

____

Aufgabe 6

Wie viele Kugeln passen näherungsweise in die zylindrische Tasse, wenn diese ganz gefüllt wäre?
Beschreibe, wie du dies abschätzt.

Antwort: ______________________________

____

____

____

____

____

____

____

Prüfungsteil II

Aufgabe 1: Wurfparabel

Antje möchte einen Basketballkorb an der Hauswand aufhängen. In der Aufbauanleitung findet sie eine Skizze mit Maßen. Die obere Kante der Rückwand soll in einer Höhe von 3,95 m angebracht werden.
In Sporthallen hängen die Korbringe üblicherweise in einer Höhe von 3 m.

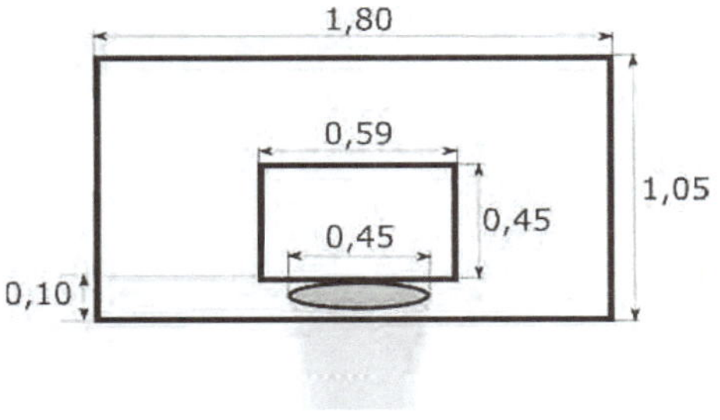

Abbildung 1: Basketballkorb mit Rückwand

a) Zeige, dass sich Antjes Korbring ebenfalls in 3 m Höhe befinden wird.

Antje steht mindestens 4 m von ihrem Basketballkorb entfernt und übt Korbwürfe. Sie hält ihre Würfe mit Videoaufnahmen fest. Die Flugbahn des abgebildeten Wurfes kann näherungsweise durch die Funktion $f(x) = -0{,}4x^2 + 1{,}7x + 1{,}9$ beschrieben werden (Abbildung 2).

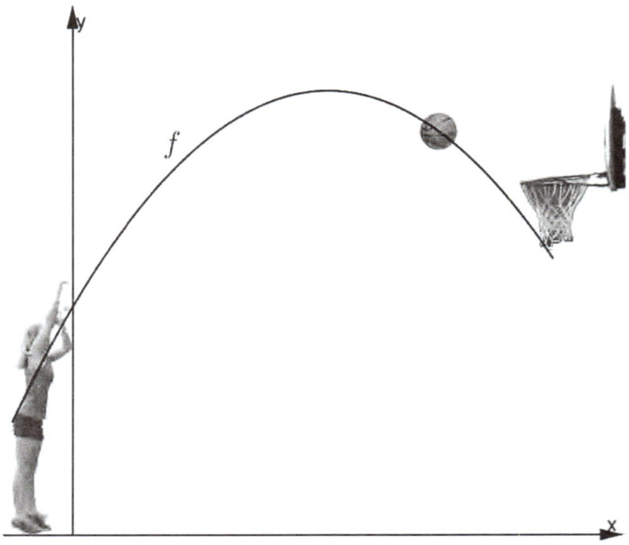

Abbildung 2: Videoanalyse am PC

b) Bestimme, aus welcher Höhe Antje den Ball abwirft.

Antwort: ______________________

____

c) Berechne, wie hoch der Ball maximal bei diesem Wurf fliegt.

Antwort: ______________________

____

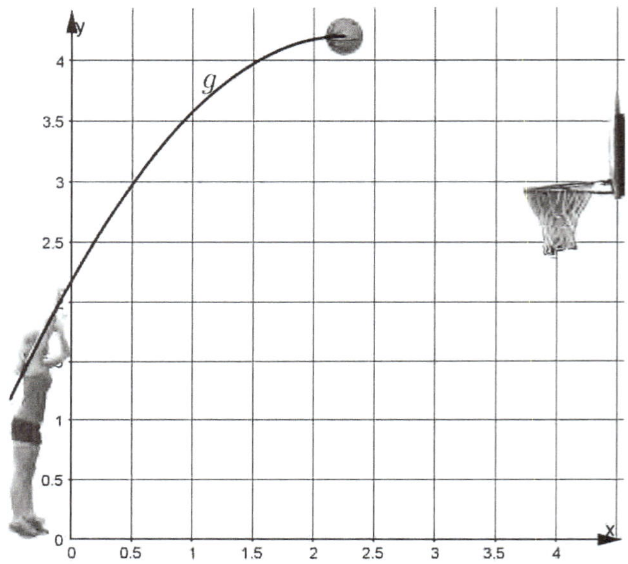

Abbildung 3: Veränderter Wurf zu Aufgabe d)

d) Antje verändert ihren Wurf und wirft dabei aus 2,25 m Höhe ab. Die Flugbahn g ist nur bis zum höchsten Punkt abgebildet (vgl. Abbildung 3).
Trifft Antjes Ball in den Korb? Begründe deine Entscheidung mithilfe des abgebildeten Graphen.

Antwort: ______________________

____

____

Antje hält ihren neuen Basketball auf 2 m Höhe und lässt ihn auf den Boden fallen. Nach jeder Bodenberührung springt der Ball auf jeweils 70 % der Höhe des letzten Sprunges zurück.

e) Wie hoch springt der Ball nach zwei Bodenberührungen?

____

Antwort: ______________________

f) Der Hersteller wirbt damit, dass der Ball bei einem Fall aus 2 m Höhe nach 10 Bodenberührungen noch 10 cm hochspringt. Überprüfe die Herstellerangabe.

Antwort: ______________________________

____

____

g) Gib einen Term an, mit dem du die Rückprallhöhe eines Basketballs bei einem Fall aus 2 m Höhe für eine beliebige Anzahl von Bodenberührungen berechnen kannst.

____

Aufgabe 2: Freizeitpark

Die Mitglieder eines Sportvereins unternehmen einen Ausflug in einen großen Freizeitpark. 82 Jugendliche sowie 10 Betreuerinnen und Betreuer nehmen als Gruppe an dem Ausflug teil. An der Kasse des Parkeingangs hängen die Preisinformationen aus (vgl. Tabelle).

Eintrittspreise Freizeitpark	
Preis pro Person	*26,00 €*
Preis pro Person in einer Gruppe (ab 8 Personen)*	*23,00 €*
** Pro 10 Personen erhält eine Person freien Eintritt.*	

Tabelle: Einzelpreise im Überblick

a) Berechne den Eintrittspreis, den die Gruppe zahlen muss.

In dem Freizeitpark ist die große Achterbahn eine der Hauptattraktionen. Abbildung 1 zeigt die höchste und steilste Abfahrt dieser Achterbahn. Der Verlauf der Abfahrt wird durch die beiden eingezeichneten Strecken $\overline{EC}$ und $\overline{CZ}$ angenähert.

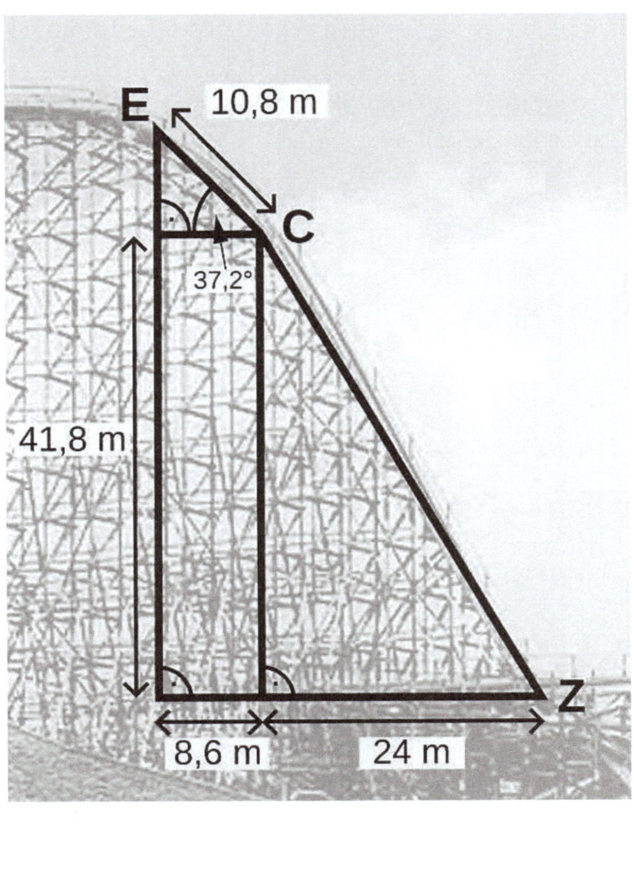

b) Vor der Achterbahn steht die Information: „Höchste Abfahrt aus mehr als 48 Metern Höhe."
Überprüfe rechnerisch, ob diese Angabe richtig ist.

c) Bestätige mit einer geeigneten Rechnung, dass der eingezeichnete Winkel von 37,2° korrekt angegeben ist.

d) Paul behauptet: „Das Gefälle vom Punkt C bis zum Punkt Z ist kleiner als 100 %."
(1 % Gefälle bedeutet einen Abfall der Höhe von 1 m auf eine horizontale Länge von 100 m.)
Hat Paul recht? Begründe deine Entscheidung!

Antwort: ______________________

____

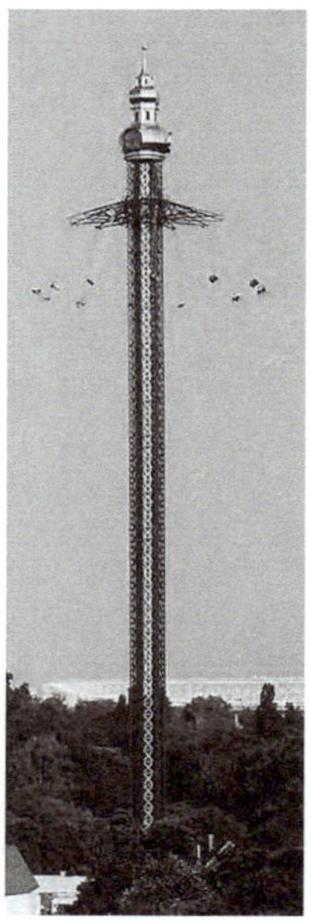

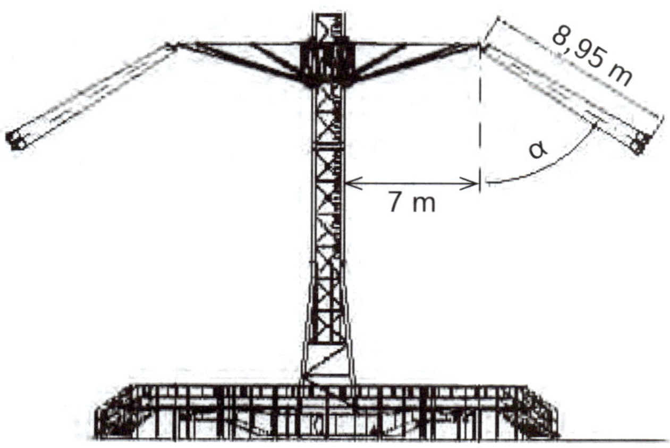

Abbildung 2: Foto des Kettenkarussells (links), Skizze zur Auslenkung des Kettenkarussells (rechts)

Eine weitere Attraktion im Freizeitpark ist ein sehr hohes Kettenkarussell. Mit zunehmender Geschwindigkeit vergrößert sich der Winkel α und damit der Abstand der Fahrgäste von der Karussellmitte.

e) Im Betrieb bewegen sich die Fahrgäste mit einer Geschwindigkeit von ca. 19,4 $\frac{m}{s}$ auf einer Kreisbahn und benötigen für eine Umdrehung 4,2 s.
Ermittle den Umfang der Kreisbahn, auf der sich die Fahrgäste bewegen.

____

f) Wenn sich das Karussell dreht, überquert es eine kreisförmige Fläche auf dem Boden. Diese Fläche wird bei der maximalen Geschwindigkeit des Karussells am größten. Dabei ist der Winkel α etwa 58° groß (vgl. Abbildung 2, rechts). Die größte Fläche wird mit einem Zaun abgesperrt.
Erstelle einen Lösungsplan, wie du die erforderliche Länge des Zauns bestimmen kannst.
Die Rechnungen musst du nicht ausführen.

Aufgabe 3: Eiszeit

In der Innenstadt hat eine neue Eisdiele aufgemacht. Jede Kugel kostet 1 €. Diese wirbt mit einem ungewöhnlichen Angebot: „Drehe an dem Glücksrad und du kannst den Preis deiner Kugeln halbieren oder sogar eine Kugel gratis bekommen."

Die Freunde Nils, Leo und Paul möchten sich dort ein Eis kaufen und spielen mit.

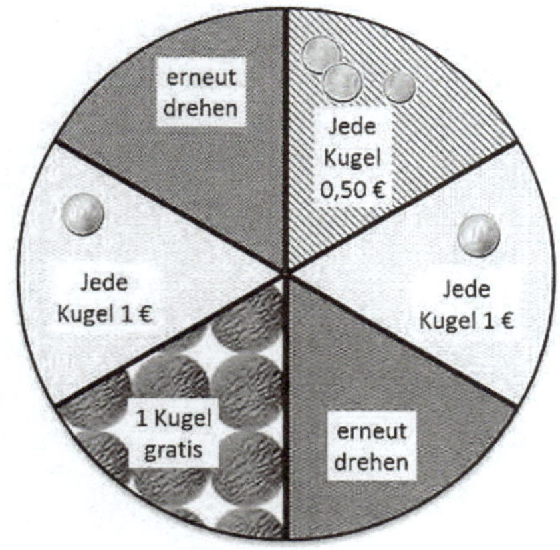

a) Nils dreht einmal an dem Glücksrad.
Bestimme die Wahrscheinlichkeit, dass er beim ersten Drehen direkt eine Kugel gratis bekommt.

Antwort: ______________________________

b) Leo dreht zweimal hintereinander auf das Feld ‚erneut drehen'. Bestimme die Wahrscheinlichkeit für dieses Ereignis.

Antwort: ______________________________

c) Nils behauptet: „Die Wahrscheinlichkeit für das Ereignis ‚Jede Kugel 0,50 €' ist insgesamt größer als 20 %, da die Möglichkeit besteht, erneut zu drehen." Hat Nils recht? Begründe deine Entscheidung.

Antwort: ______________________________

____

Die Eiskugeln für 1 € haben einen Durchmesser von 3 cm. Die Eisdiele bietet auch Riesenkugeln mit 35 ml Eis an. Eine Riesenkugel kostet 2 €.

d) Paul behauptet: „Beim Kauf einer Riesenkugel bekomme ich im Vergleich zu zwei normal großen Kugeln mehr Eis." Hat Paul recht? Begründe durch eine Rechnung.

Antwort: ______________________________

Die Freunde entdecken in der Eisdiele die Informationen zu Speiseeis rechts.

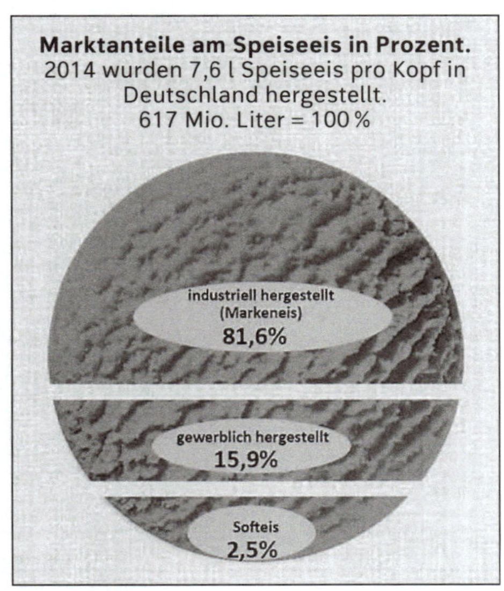

e) Berechne das Volumen an Softeis in Litern, das im Jahr 2014 pro Kopf in Deutschland hergestellt wurde.

f) Berechne die Einwohnerzahl Deutschlands, die dieser Grafik zugrunde liegt.

g) In der Abbildung werden die verschiedenen Marktanteile am Gesamtverkauf dargestellt. Begründe, warum die Grafik zur Verdeutlichung der prozentualen Anteile irreführend ist.

Antwort: ______________________________

____

Bearbeitungszeit: 1. Prüfungsteil 30 Minuten; 2. Prüfungsteil 90 Minuten

Prüfungsteil I

Aufgabe 1

Ordne folgende Zahlen der Größe nach:

10^8; 2^{-1}; $\frac{1}{3}$; 10^{-1}; 2^8

___

Aufgabe 2

Claude wirft mit einem besonderen Spielwürfel. Rechts siehst du das Netz des Würfels.

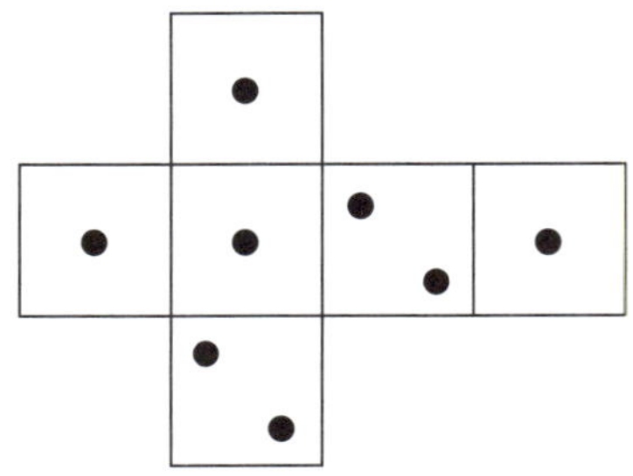

a) Begründe, dass die Wahrscheinlichkeit für die Augenzahl „2“ bei einem Wurf mit dem Würfel $\frac{1}{3}$ beträgt.

___

___

___

b) Der Würfel wird zweimal geworfen. Ergänze in dem Baumdiagramm die fehlenden Wahrscheinlichkeiten und Ereignisse.

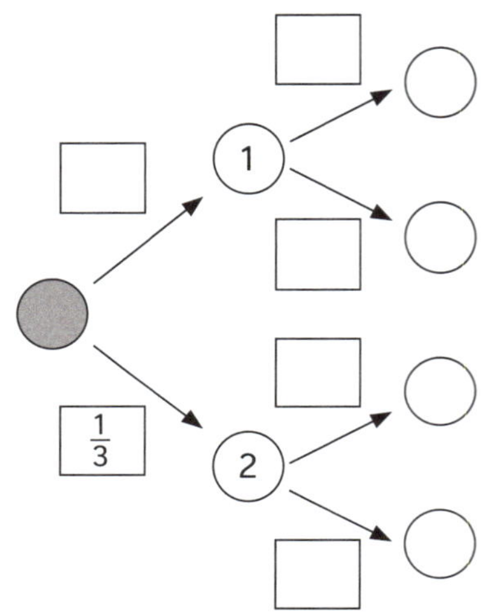

c) Berechne die Wahrscheinlichkeit, zweimal eine „2“ zu würfeln.

Aufgabe 3

Eine zylinderförmige Getränkedose enthält 0,33 *l* Mineralwasser und hat einen Durchmesser von 67 mm.
Wie hoch ist die Getränkedose mindestens?

Antwort: ___

Aufgabe 4

Löse folgendes Gleichungssystem mit einem geeigneten Verfahren:

$$\text{(I)}\quad 2x + y = 2$$
$$\text{(II)}\quad x - 0{,}5y = 2$$

Lösung: x = ___, y = ___

Aufgabe 5

Bei einem Dreieck ABC ist die Seite $\overline{AB}$ 4 cm lang (vgl. Abbildung). Der Winkel α bei dem Punkt A ist 40° groß.

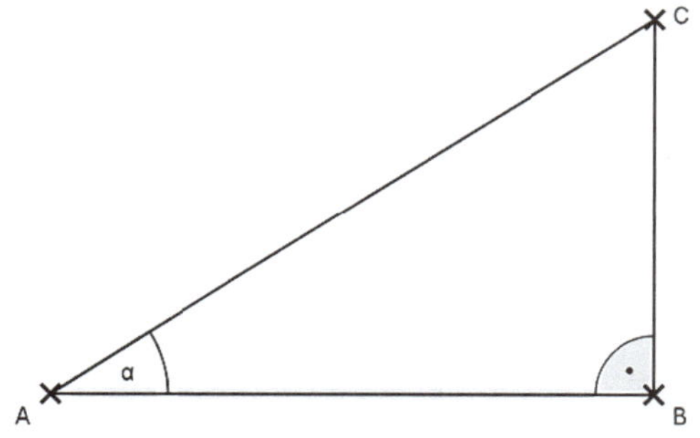

Skizze eines Dreiecks, nicht maßstabsgetreu

a) Bestimme rechnerisch die Länge der Seite $\overline{AC}$.

$\overline{AC}$ = ________________

b) Bestimme rechnerisch die Länge der Seite $\overline{BC}$.

$\overline{BC}$ = ________________

Aufgabe 6

Mit einer dynamischen Geometriesoftware werden zwei Geraden durch die Punkte A und B bzw. C und D erzeugt. Die beiden Geraden haben den gemeinsamen Schnittpunkt S (vgl. Abbildung unten).

Was verändert sich, wenn du den Punkt A auf die Koordinaten (2|8) verschiebst? Begründe.

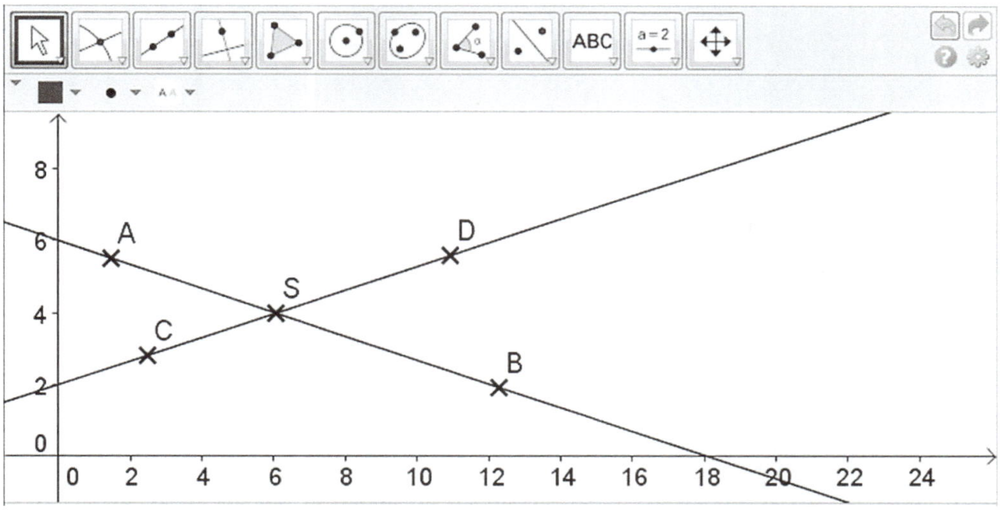

Bildschirmfoto aus einer dynamischen Geometriesoftware

Antwort: ____

____

____

Prüfungsteil II

Aufgabe 1: Wandern und Routenplanung

Karla macht Wanderurlaub am Bodensee. Sie plant eine Wanderung in zwei Etappen von Lindau bis Bregenz und von Bregenz zum Brüggelekopf.

Auf der Karte ist die erste Etappe der Wanderung zu sehen: Die Route von Lindau bis nach Bregenz.

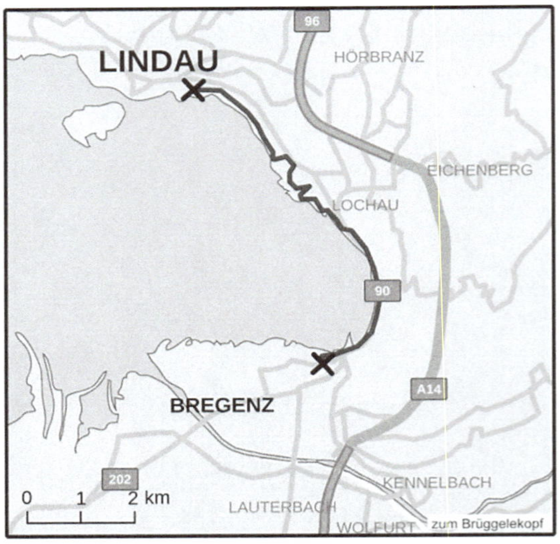

Abbildung 1: Ausschnitt der Wanderkarte. Die erste Etappe startet in Lindau und führt bis zur markierten Stelle in Bregenz

a) Schätze anhand der Karte die Länge der Strecke der ersten Etappe ab. Notiere dein Vorgehen.

Die zweite Etappe der Wanderung von Bregenz bis zum Brüggelekopf plant Karla mithilfe eines *Höhenprofils* (siehe Abbildung unten). Sie möchte wissen, welche Auf- und Abstiege sie bei ihrer Wanderung bewältigen muss. Das Höhenprofil ordnet jedem Punkt des Weges auf der Karte seine Höhe über dem Meeresspiegel zu.

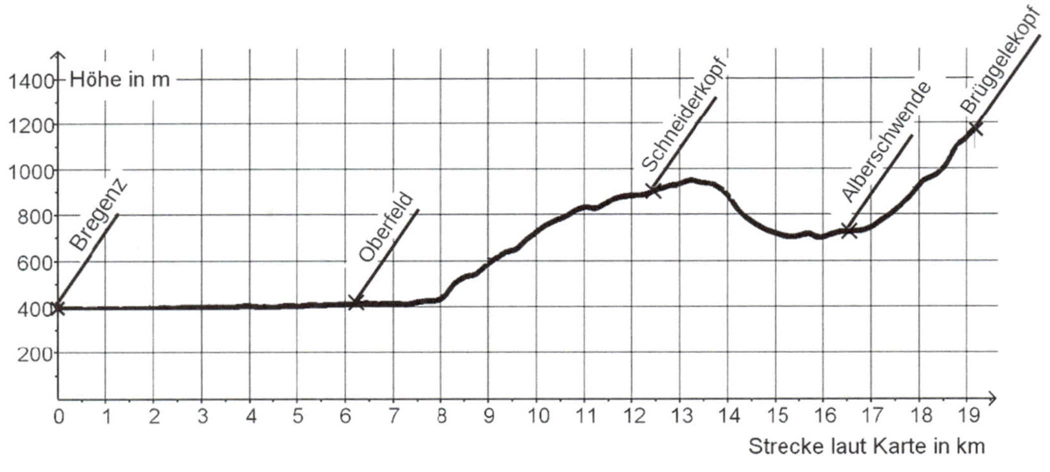

Abbildung 2: Höhenprofil von Bregenz bis zum Brüggelekopf

Karlas Höhenprofil zeigt von Bregenz aus die *Strecke laut Karte in km* und die jeweilige *Höhe in m* an. Der tatsächlich zurückgelegte Weg kann über die Länge des Höhenprofils bestimmt werden.

b) In Oberfeld will Karla ihre erste Pause machen. Entnimm der Abbildung 2 die Länge der Strecke von Bregenz bis Oberfeld.

Antwort: ______________________________

c) Auf wie viele Meter genau kannst du die Höhe eines Ortes aus der Abbildung 2 ablesen?

Antwort: ______________________________

____

d) Das letzte Stück des Weges zwischen Alberschwende und dem Brüggelekopf ist ziemlich steil.
Wie viele Meter liegt der Brüggelekopf höher als der Ort Alberschwende?

Antwort: ______________________________

Auf den letzten 2 km vor dem Brüggelekopf müssen noch 400 m Höhe überwunden werden.

e) Karlas kleiner Bruder behauptet: „Die Strecke, die du wandern musst, ist länger als 2 km."
Hat Karlas kleiner Bruder recht? Begründe deine Entscheidung.

Antwort: ______________________________

____

____

f) Steigungen im Gelände werden üblicherweise in Prozent angegeben.
Berechne die ungefähre Steigung in Prozent für die letzten 2 km.

Antwort: ______________________________

Karla möchte abschätzen, wie lange sie ohne Pausen unterwegs sein wird. Sie findet im Internet für die Wanderung von Bregenz zum Brüggelekopf die folgenden Informationen:

Länge der Strecke:	19,2 km	
Höhenunterschiede insgesamt:	*Aufstieg:* 1019 m	*Abstieg:* 251 m

„Du gehst auf einer ebenen Strecke mit einer Durchschnittsgeschwindigkeit von ca. 4,2 km pro Stunde. Sowohl beim Aufstieg als auch beim Abstieg benötigst du mehr Zeit: Du rechnest für jeden Höhenunterschied von 300 m eine zusätzliche Stunde dazu."

g) Berechne mithilfe der Informationen die ungefähre Wanderzeit (ohne Pausen) von Bregenz bis zum Brüggelekopf.

Aufgabe 2: Fallschirmsprung

Andreas möchte einen Fallschirmsprung durchführen. Er informiert sich vorher und findet eine Abbildung, die den Verlauf eines typischen Sprunges annähernd beschreibt. Bei diesem Sprung öffnet sich der Fallschirm in etwa 1 500 m.

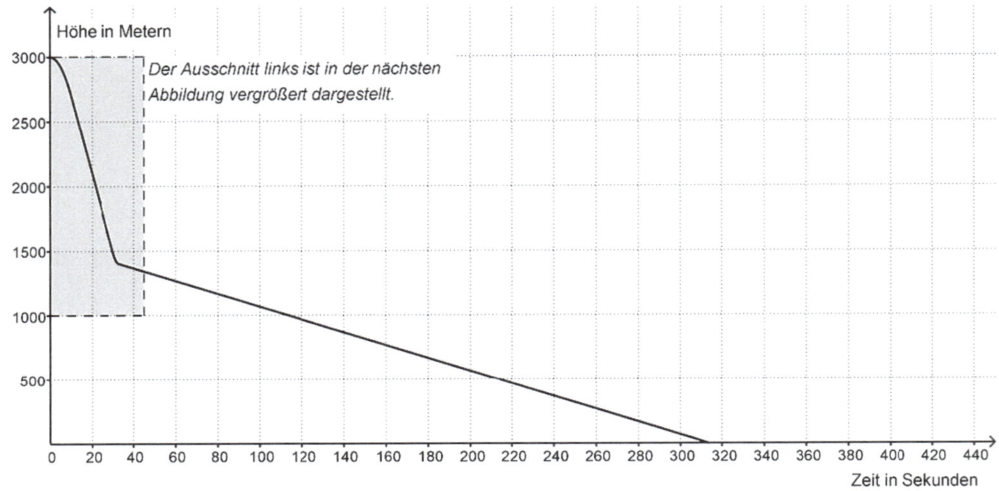

Abbildung: Höhe (in m) eines Fallschirmspringers in Abhängigkeit von der Zeit (in s)

a) Wie lange dauert der Sprung ungefähr? Gib die Zeitdauer in Minuten an.

Antwort: ______________________________

b) Andreas überlegt, wie sich der Sprung verändert, wenn er den Fallschirm bereits in 2 000 m Höhe öffnet.
Skizziere den Verlauf des geänderten Fallschirmsprungs im vorhandenen Koordinatensystem.

In einer weiteren Abbildung ist ein Ausschnitt des vorher abgebildeten Sprunges detaillierter dargestellt. Darin sind nur die ersten 45 Sekunden des Sprunges in der Höhe von 3 000 m bis 1 000 m dargestellt.

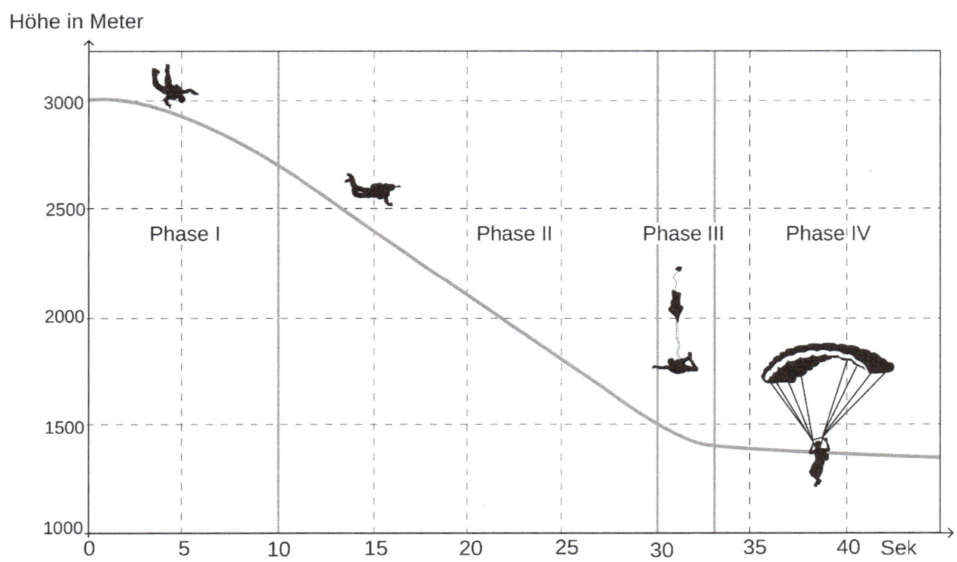

Abbildung: Ausschnitt mit vier Flugphasen (I, II, III, IV)

c) Welche Aussage passt zu welcher Flugphase? Mache für jede Phase ein Kreuz. Eine Aussage kann auch zu mehreren Phasen passen.

	Phase I	Phase II	Phase III	Phase IV
Der Springer fällt in dieser Phase immer schneller: Die Geschwindigkeit steigt.				
Der Springer fällt in dieser Phase immer langsamer: Die Geschwindigkeit sinkt.				
Der Springer fällt in dieser Phase immer gleich schnell: Die Geschwindigkeit bleibt gleich.				

Der Springer ist am Ende der Phase I nach 10 Sekunden in 2 700 Metern Höhe.
Die Höhe des Springers wird in der Phase I durch folgende Funktion beschrieben:

$$h(t) = 3000 - 3t^2$$

t ist die Zeit in Sekunden, *h(t)* gibt die Höhe in Metern an.

d) Begründe, dass die Funktion *h(t)* den Graphen aus Phase I beschreibt.

e) Berechne, wie viele Sekunden der Springer vom Absprung aus braucht, bis er 100 m gefallen ist.

Antwort:

f) Bestimme die Geschwindigkeit des Springers in der Phase II in $\frac{m}{s}$.

Antwort:

Aufgabe 3: Tetraeder in Bottrop

Der „Tetraeder“ ist ein begehbarer Aussichtsturm in Bottrop. Die äußeren Kanten des Stahlgerüstes des Tetraeders haben jeweils die Länge von ca. 60 m (vgl. Abbildung rechts).

Abbildung: Der Tetraeder in Bottrop

Luca baut ein verkleinertes Modell des Tetraeders mit der Kantenlänge von 60 cm aus Holzstäben.

a) In welchem Maßstab baut Luca das Modell?

Antwort: ______________________________

b) Die Seitenflächen sind jeweils gleichseitige Dreiecke.
Berechne die Höhe einer Seitenfläche des Modells.

Antwort: ______________________________

Zur Bestimmung der Oberfläche einer Pyramide müssen die Inhalte der Grundfläche und der Seitenflächen addiert werden. Luca findet in einer Formelsammlung jedoch: $O = 2 \cdot a \cdot h_s$, wobei a die Kantenlänge und h_s die Höhe der Seitenfläche bezeichnen.

c) Begründe, wie die Oberflächenformel des Tetraeders zustande gekommen ist.

____

____

Dem Tetraeder in Bottrop liegt eine mathematische Struktur zugrunde. In jedem Schritt entstehen aus jedem Tetraeder vier kleinere Tetraeder. Die Kantenlänge der neuen Tetraeder wird dabei in jedem Schritt halbiert (vgl. Abbildungen unten).

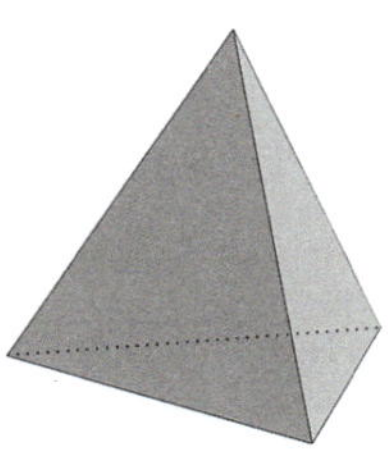

Schritt 0 (Ausgangsfigur)

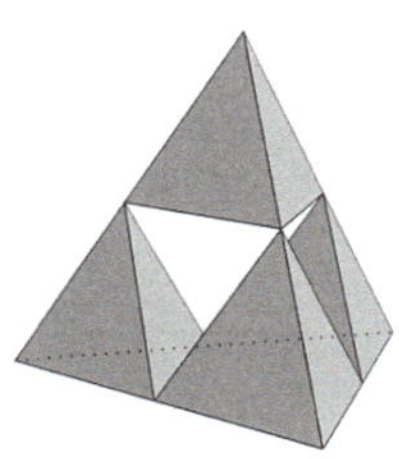

Schritt 1

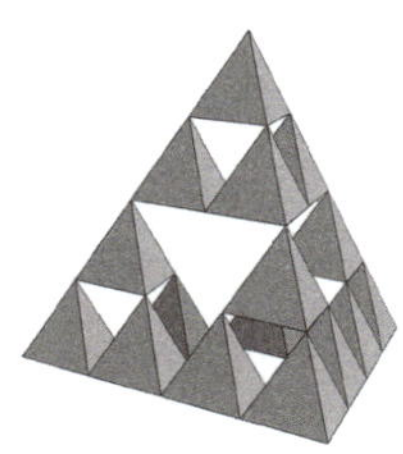

Schritt 2

d) Ergänze die folgende Tabelle:

	Schritt 0	Schritt 1	Schritt 2	Schritt 3
Anzahl der Tetraeder	1	4		64
Kantenlänge eines Tetraeders (cm)	60	30		

e) Gib einen Term an, mit dem du die Anzahl der Tetraeder für jeden beliebigen Schritt s berechnen kannst.

Term: ______________________

Luca fährt mit seiner Klasse zum Tetraeder nach Bottrop, um dort am „Tetraeder Treppenlauf“ teilzunehmen. Bei dem 5 km langen Lauf müssen die Jugendlichen 387 Treppenstufen und 128 Höhenmeter überwinden.

Die Klasse teilt sich in zwei Gruppen (A und B). Die Veranstalter veröffentlichen von jedem Teilnehmer die Ergebnisse. Luca stellt für die Gruppe A und die Gruppe B die Ergebnisse in zwei Boxplots dar.

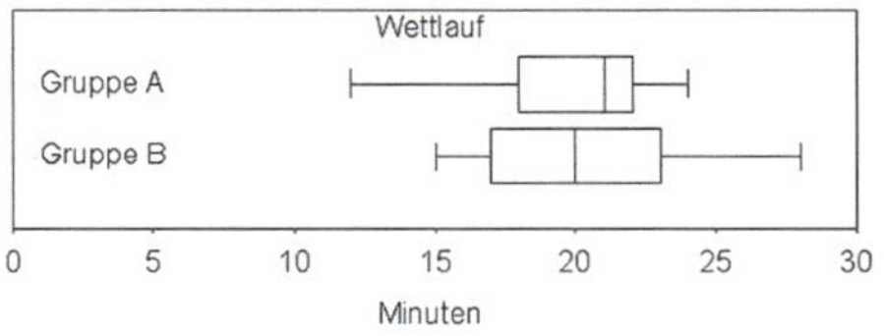

Abbildung: Die Boxplots zeigen die Laufzeiten in Minuten. Der Median der Laufzeiten aus Gruppe B beträgt ca. 20 Minuten.

f) Kreuze an, welche Aussagen zutreffen:

	trifft zu	trifft nicht zu	nicht entscheidbar
Aus einem der Boxplots kann man die durchschnittliche Laufzeit ablesen.			
Die meisten Läufer haben weniger als 22 Minuten gebraucht.			
Die Läufer sind in kleinen Gruppen gelaufen.			

Leider hat sich die Klasse vor dem Lauf nicht darauf geeinigt, wie die Siegergruppe ermittelt wird.

g) Gib ein Argument anhand der Boxplots dafür an, dass die Gruppe A gewonnen hat.

Antwort: ______________________

h) Gib ein Argument anhand der Boxplots dafür an, dass die Gruppe B gewonnen hat.

Antwort: ______________________

Bearbeitungszeit: 1. Prüfungsteil 30 Minuten; 2. Prüfungsteil 90 Minuten

Prüfungsteil I

Aufgabe 1

Wie viele Stunden und Minuten sind 15 120 Sekunden? Kreuze an.

- ☐ 2 Stunden 52 Minuten
- ☐ 25 Stunden
- ☐ 6 Stunden 30 Minuten
- ☐ 4 Stunden 12 Minuten
- ☐ 630 Minuten

Aufgabe 2

Bestimme das Volumen eines Kegels mit dem Radius 10 cm und einer Höhe von 30 cm.

Volumen des Kegels: ______________________

Aufgabe 3

Schätze, wie lang die Flamme des Feuerspuckers ist. Beschreibe, wie du vorgegangen bist.

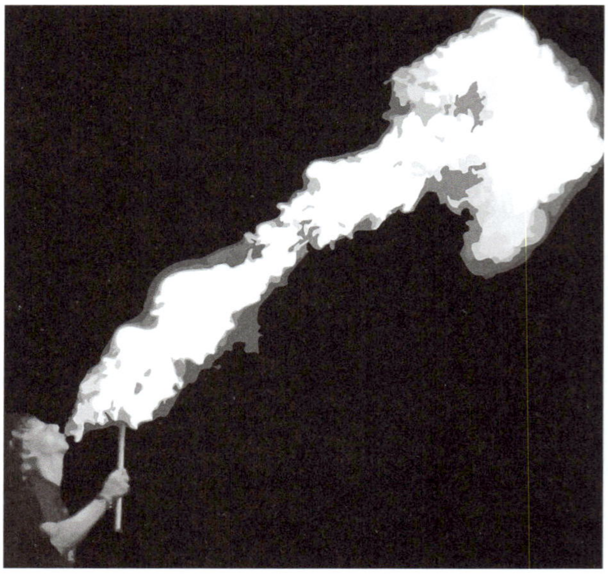

Antwort: ____

Aufgabe 4

Ein Computervirus hat bereits 140 000 Computer befallen. Diese Zahl wächst täglich um 5 %.

a) Gib den täglichen Wachstumsfaktor an.

Wachstumsfaktor: ____________________

b) Berechne, wie viele Computer in zwei und in drei Tagen befallen sind.

Antwort: ____________________

____

c) Nach wie vielen Tagen sind erstmals mehr als 200 000 Computer von dem Virus befallen?

Antwort: ____________________

____

Aufgabe 5

Bengü plant ein Abschlussgrillen mit ihrer Klasse 10b. Zur Planung benutzt sie folgende Tabellenkalkulation:

	A	B	C	D	E
1	**Abschlussgrillen**				
2	Teilnehmer	22			
3					
4	*Produkt*	*Menge*	*Einheit*	*Einzelpreis*	*Preis*
5	Tomaten	1,7	kg	4,50 €	7,65 €
6	Dönerfleisch	5,5	kg	12,99 €	71,45 €
7	Getränke	3	Kiste	8,99 €	26,97 €
8	Fladenbrote	6	Stück	2,20 €	13,20 €
9	Krautsalat	4	Becher	0,95 €	3,80 €
10	Tsatsiki	4	Becher	1,39 €	5,56 €
11					
12				**Summe**	128,63 €
13					
14				**pro Person**	5,85 €

a) In welcher Zelle hat Bengü den Einzelpreis für Fladenbrote eingetragen?

Zelle: ____________________

b) Mit welcher Formel kann sie das Feld E10 berechnen lassen? Notiere eine geeignete Formel.

Formel: ____________________

c) Gib an und erkläre, was Bengü mit der Formel „=E12/B2“ berechnet.

Antwort: ____________________

____

____

____

Prüfungsteil II

Aufgabe 1: Theodor-Heuss-Brücke

Die Theodor-Heuss-Brücke in Düsseldorf ist eine sogenannte Schrägseilbrücke. Die Brücke wird von Seilen gehalten, welche an einem Mast aufgehängt sind. Im Folgenden wird nur die rechte Seite betrachtet.

Abbildung 1: Theodor-Heuss-Brücke

An dem Mast sind drei parallele Seile im Abstand von 14,5 m befestigt. Die Seile treffen jeweils im Abstand von 30 m auf die Fahrbahn. Der Mast ragt oberhalb des letzten Seils noch 50 cm hinaus (vgl. Abbildung 2).

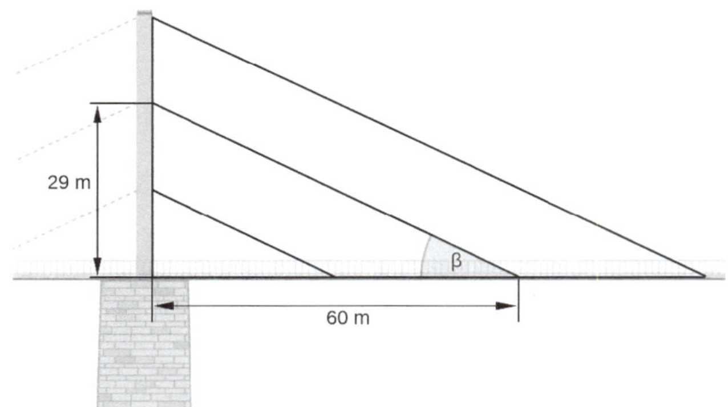

Abbildung 2: Skizze der Theodor-Heuss-Brücke

a) Gib die Höhe des Mastes an.

Höhe des Mastes: ____________________

b) Zeige, dass das mittlere Seil ca. 66,6 m lang ist.

c) Ein Meter Drahtseil wiegt 48 kg. Berechne das Gewicht des mittleren Seils in Tonnen.

Gewicht des Seils: ____________________

d) Der Neigungswinkel β ist in der Abbildung 2 eingezeichnet. Bestimme, mit welchem Neigungswinkel β das mittlere Seil auf die Fahrbahn trifft. Notiere deine Rechnung.

Neigungswinkel: β = ____________________

Den Verlauf der Seile der Theodor-Heuss-Brücke kann man mit Funktionsgleichungen beschreiben.
Das Koordinatensystem wird folgendermaßen festgelegt: Die Fahrbahn wird als x-Achse und der Mast als y-Achse betrachtet. Der Schnittpunkt von Fahrbahn und Mast ist der Punkt O (0|0).
Die Lage des mittleren Seils kann durch die Funktion *f* mit der Gleichung
$f(x) = -0{,}4833 \cdot x + 29$ beschrieben werden.

e) Ergänze das geeignete Koordinatensystem in der oben stehenden Skizze (Abbildung 2) und lege die Einteilung der Achsen fest.

f) Erläutere, warum die Funktion $g(x) = -0{,}4833 \cdot x + 43{,}5$ die Lage des oberen Seils beschreibt.

g) Bestimme die Funktionsgleichung des kürzesten Seils.

Funktionsgleichung: ____________________

Aufgabe 2: Schwarz und Weiß

Jana und Tim haben ein Spiel erfunden. Die Spieler werfen abwechselnd jeweils drei Plättchen, die auf einer Seite weiß und auf der anderen Seite schwarz sind.

Die Punkte eines Wurfes ermitteln die Spieler anhand der rechts abgebildeten Tabelle. Jeder Spieler addiert die Punkte seiner Wurfergebnisse auf. Gewonnen hat, wer als Erster genau 31 Punkte erreicht.

Wenn ein Spieler durch einen Wurf mehr als 31 Punkte erreicht, dann wird dieser Wurf mit 0 Punkten gewertet.

Würfelergebnis	Punkte
● ● ●	0
● ● ○	1
○ ○ ●	2
○ ○ ○	4

a) Tim hat bereits fünf Punkte. Er wirft die drei Plättchen und hat zwei weiße Seiten und eine schwarze Seite oben liegen. Bestimme Tims Punktzahl nach dem Wurf.

Antwort: ____________________

Tim nimmt an, dass die weiße Seite eines Plättchens mit einer Wahrscheinlichkeit von 50 % oben liegt. Nun will er wissen, welche Punktzahl mit welcher Wahrscheinlichkeit erreicht wird. Dazu notiert er alle möglichen Wurfergebnisse in einer Tabelle:

Wurfergebnis			**Punkte**	**Wahrscheinlichkeit**
1. Plättchen	**2. Plättchen**	**3. Plättchen**		
schwarz	schwarz	schwarz	0	12,5 %
weiß	schwarz	schwarz	1	37,5 %
schwarz	weiß	schwarz		
schwarz	schwarz	weiß		
			2	
			4	

b) Ergänze in der Tabelle die fehlenden Wurfergebnisse.

c) Trage die Wahrscheinlichkeiten, zwei Punkte bzw. vier Punkte zu erhalten, in die Tabelle ein.

d) Die Wahrscheinlichkeit, einen Punkt zu erhalten, beträgt 37,5 %. Begründe.

____

____

____

____

____

e) Wie groß ist die Wahrscheinlichkeit, zweimal hintereinander einen Punkt zu erhalten?

Antwort: ______________________________

____

Jana und Tim spielen gegeneinander.

f) Tim hat bereits 30 Punkte, Jana hat erst 25 Punkte. Jana ist an der Reihe. Gib einen möglichen Spielverlauf an, mit dem Jana mit ihren nächsten beiden Würfen gewinnen kann.

Jana: ________________ Tim: ________________ Jana: ________________

Jana und Tim haben nun jeweils 30 Punkte.

g) Das Ereignis „Tim wirft als nächster und gewinnt nicht" tritt mit einer Wahrscheinlichkeit von 62,5 % ein. Begründe.

h) Tim behauptet: „Die Wahrscheinlichkeit, dass mit den nächsten zehn Würfen keiner gewinnt, ist geringer als 1 %!" Hat Tim recht? Entscheide und begründe deine Entscheidung.

Aufgabe 3: Schweizer Fahne

Die Schweizer Fahne zeigt ein weißes Kreuz in einem roten quadratischen Feld. Die Form des Kreuzes ist dabei vorgeschrieben:

„Das Schweizerkreuz ist ein im roten Feld aufrechtes, freistehendes weißes Kreuz, dessen [...] Arme je $\frac{1}{6}$ länger als breit sind." Alle vier Arme sind deckungsgleich.

Die Abbildung 1 zeigt den Aufbau der Schweizer Fahne mit dem „Schweizerkreuz".

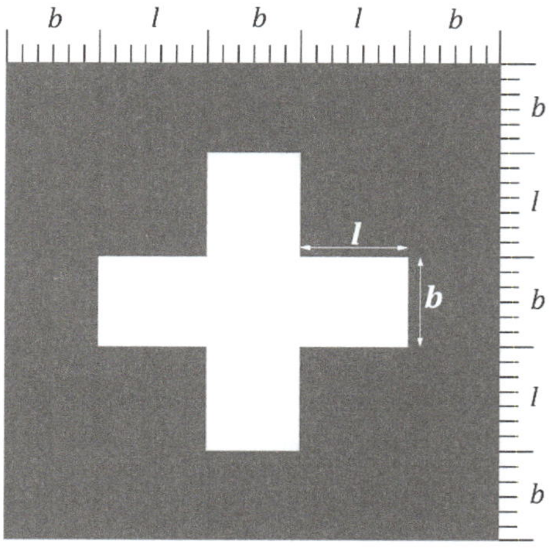

Abbildung 1: Aufbau der Schweizer Fahne mit dem „Schweizerkreuz"

a) Die Breite soll $b = 3$ cm betragen (vgl. Abbildung 1). Zeige, dass die zugehörige Länge $l = 3{,}5$ cm ist.

b) Bestätige durch eine Rechnung, dass der Flächeninhalt des weißen Kreuzes aus Aufgabenteil a) 51 cm^2 beträgt.
Notiere deinen Ansatz und deinen Lösungsweg.

c) Bestimme den prozentualen Anteil der Fläche des weißen Kreuzes aus Aufgabenteil a) an der Schweizer Fahne.

Antwort: ______________________________

____

d) Es gilt: $b : l = 6 : 7$. Bestätige diesen Zusammenhang am Beispiel aus Aufgabenteil a).

An einem Berg hängt eine riesige Schweizer Fahne mit den Außenmaßen 32 m x 32 m (Abbildung 2). Die Maße des „Schweizerkreuzes" sind abhängig von diesen Außenmaßen (vgl. Abbildung 1). Sie können mit dem folgenden Gleichungssystem berechnet werden:

(I) $3 \cdot b + 2 \cdot l = 32$

(II) $l = \frac{7}{6} \cdot b$

Abbildung 2

e) Erläutere den Zusammenhang zwischen der Gleichung (I) und der riesigen Schweizer Fahne.

f) Berechne die Länge l und die Breite b der Arme des „Schweizerkreuzes" auf der riesigen Fahne, indem du das lineare Gleichungssystem (I) und (II) löst.

Länge: l = ________ Breite: b = ________

g) Leandro behauptet: „Egal, wie groß die Außenmaße der Fahne sind, der Anteil der Fläche des weißen Kreuzes an der gesamten Fahne verändert sich nicht!" Kann dies stimmen? Begründe.

Anteil: p % ______________________________

Formelsammlung (1)

Ebene Figuren (*A:* Flächeninhalt *u:* Umfang)

Quadrat

$A = a^2$

$u = 4 \cdot a$

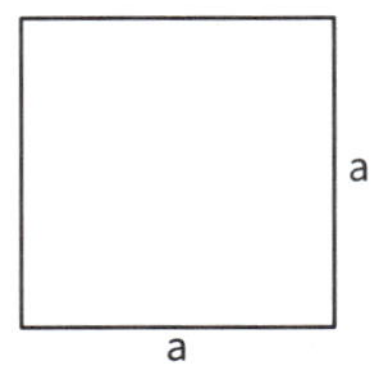

Rechteck

$A = a \cdot b$

$u = 2 \cdot a + 2 \cdot b$

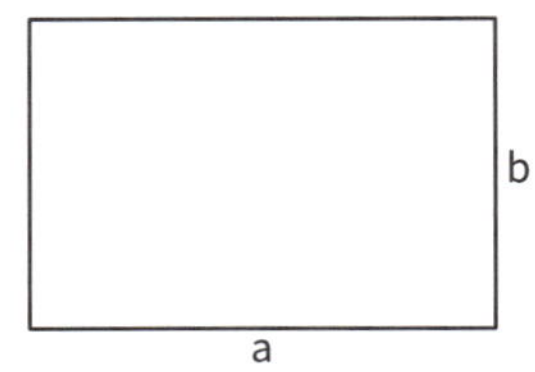

Dreieck

$A = \frac{g \cdot h}{2}$

$u = a + b + c$

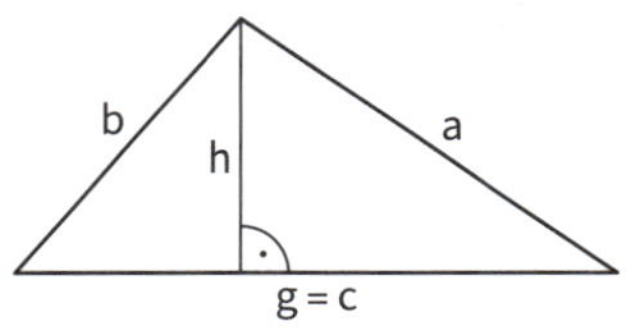

Satz des Pythagoras

Im rechtwinkligen Dreieck gilt:

$a^2 + b^2 = c^2$

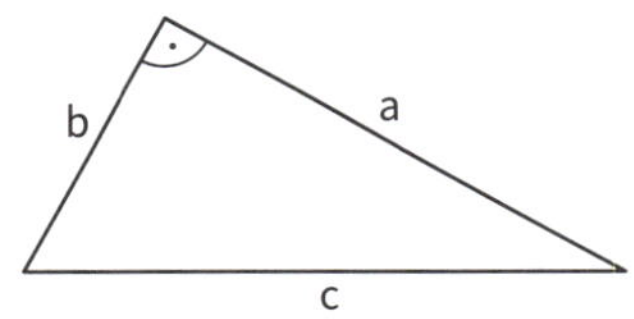

Höhen- und Kathetensatz
Im rechtwinkligen Dreieck gilt:

$h^2 = p \cdot q$

$a^2 = c \cdot p$
$b^2 = c \cdot q$

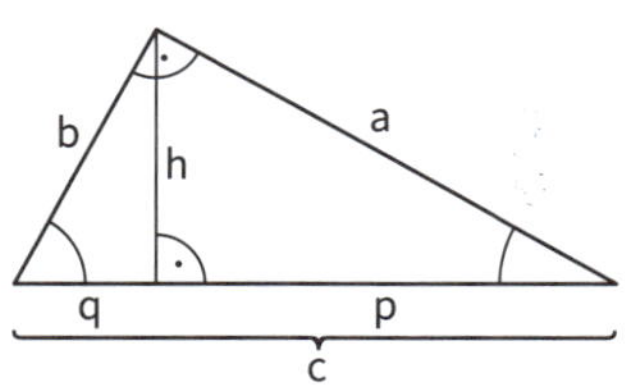

Parallelogramm

$A = g \cdot h$

$u = 2 \cdot a + 2 \cdot b$

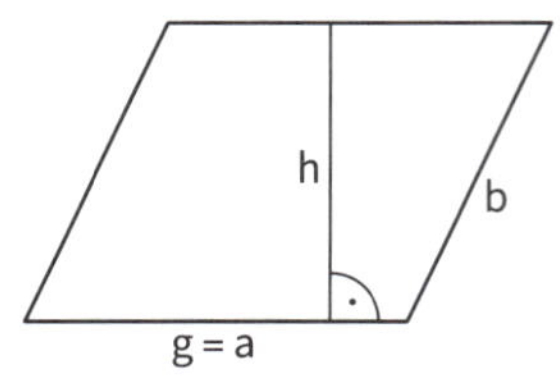

Trapez

$A = \frac{a + c}{2} \cdot h$

$u = a + b + c + d$

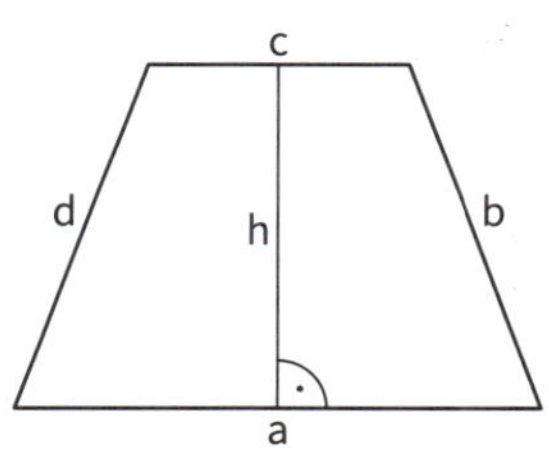

Kreis

$d = 2 \cdot r$

$A = \pi \cdot r^2 = \pi \cdot \frac{d^2}{4}$

$u = 2 \cdot \pi \cdot r = \pi \cdot d$

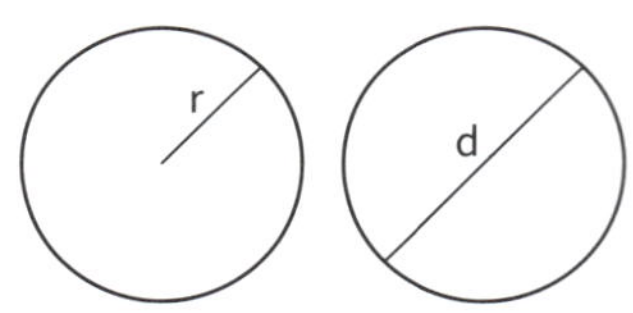

Kreissektor und Kreisbogen

$A = \frac{\pi \cdot r^2 \cdot \alpha}{360°}$

$b = \frac{\pi \cdot r \cdot \alpha}{180°}$

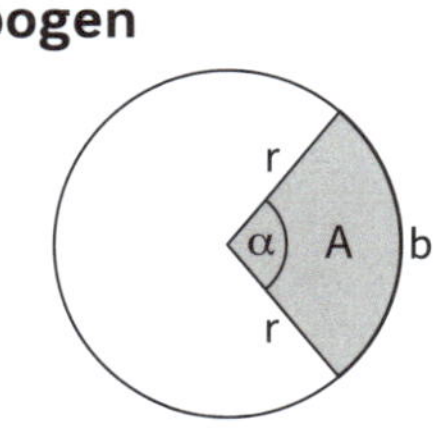

Kreisring

$A = \pi \cdot r_a^2 - \pi \cdot r_i^2$

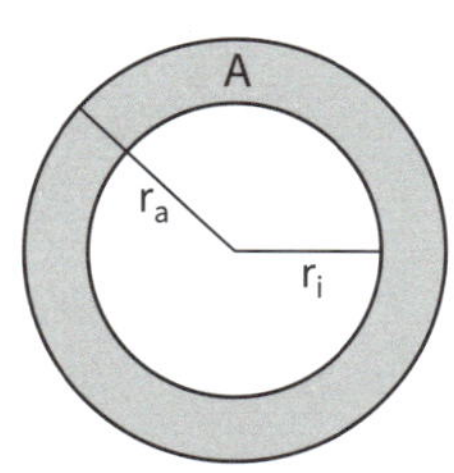

Zentrische Streckung und Ähnlichkeitsbeziehungen

Wird das Original Δ(ABC) bei einer zentrischen Streckung mit dem Streckungszentrum Z und dem Streckungsfaktor *k* ($k \neq 0$) auf das Bild Δ(A'B'C') abgebildet, dann sind beide Dreiecke zueinander ähnlich.
Das bedeutet:
Die Winkelgrößen bleiben erhalten.

Beispiel: $k \neq 0$

$\frac{\overline{AB}}{\overline{AC}} = \frac{\overline{A'B'}}{\overline{A'C'}}$ usw.

außerdem gilt:

$\frac{\overline{ZA}}{\overline{ZA'}} = \frac{\overline{AB}}{\overline{A'B'}} = \frac{1}{k}$ usw.

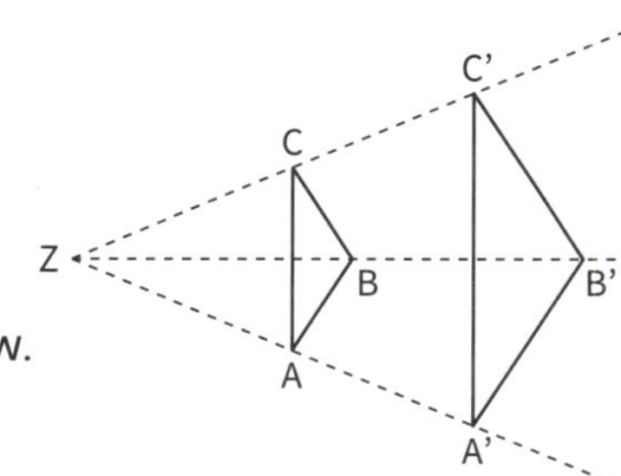

Formelsammlung (2)

Körper (*V:* Volumen *O:* Oberfläche *G:* Grundfläche *M:* Mantelfläche)

Würfel

$V = a^3$

$O = 6 \cdot a^2$

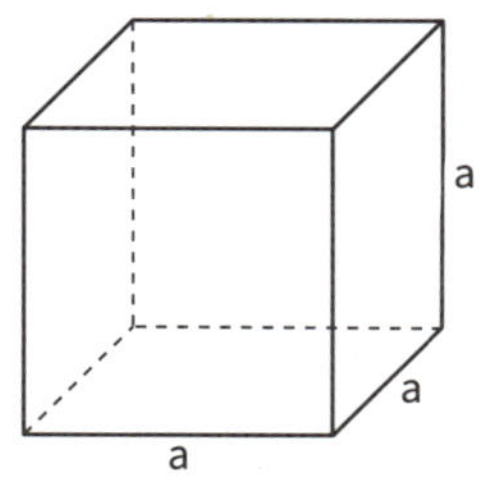

Quader

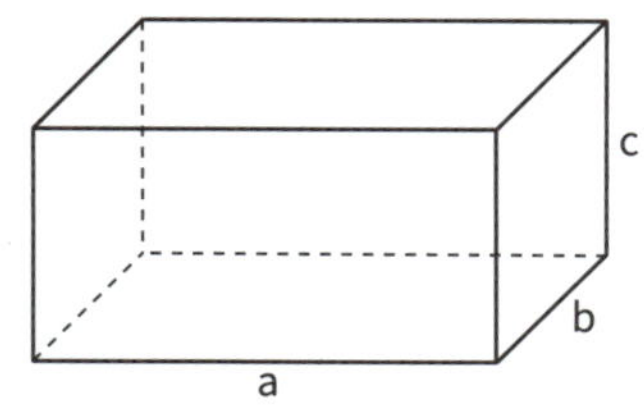

$V = a \cdot b \cdot c$

$O = 2 \cdot a \cdot b + 2 \cdot a \cdot c + 2 \cdot b \cdot c$

Prisma

$V = G \cdot h$

$O = 2 \cdot G + M$

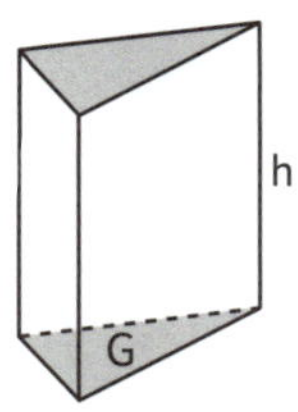

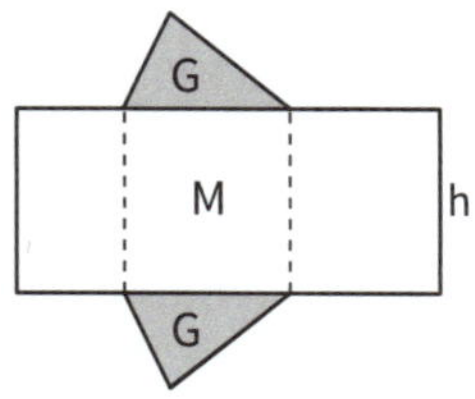

Zylinder

$V = \pi \cdot r^2 \cdot h$

$O = 2 \cdot \pi \cdot r^2 + 2 \cdot \pi \cdot r \cdot h$

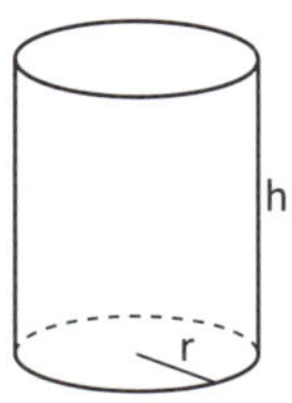

Quadratische Pyramide

$V = \frac{a^2 \cdot h}{3}$

$O = a^2 + 2 \cdot a \cdot h_s$

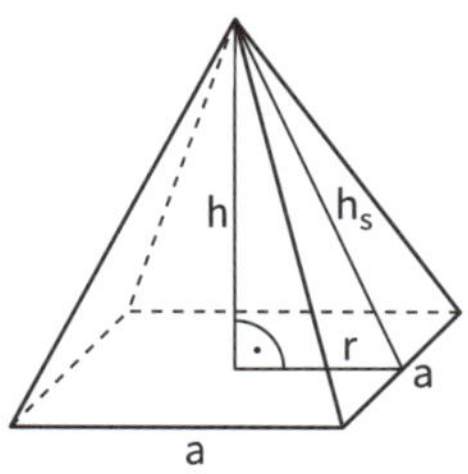

Kegel

$V = \frac{\pi \cdot r^2 \cdot h}{3}$

$O = \pi \cdot r^2 + \pi \cdot r \cdot s$

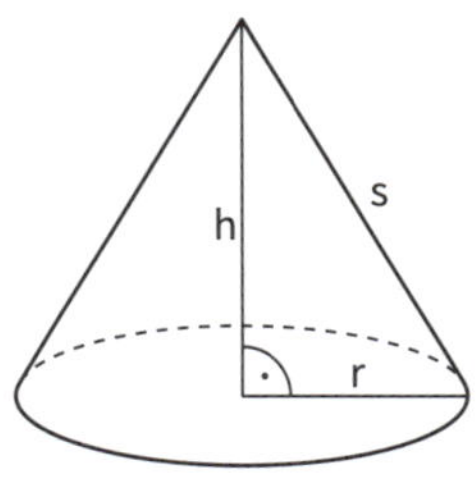

Kugel

$V = \frac{4 \cdot \pi \cdot r^3}{3}$

$O = 4 \cdot \pi \cdot r^2$

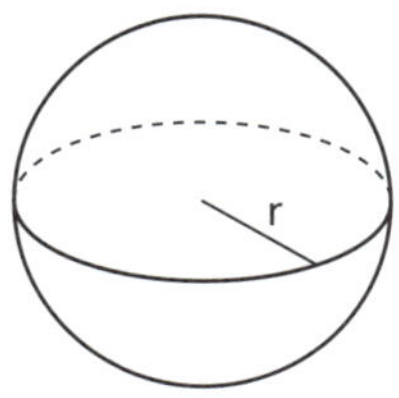

Maßeinheiten

Länge

1 km = 1000 m

1 m = 10 dm

1 dm = 10 cm

1 cm = 10 mm

Fläche

1 m^2 = 100 dm^2

1 dm^2 = 100 cm^2

1 cm^2 = 100 mm^2

1 a = 100 m^2 1 ha = 10000 m^2

Volumen

1 m^3 = 1000 dm^3

1 dm^3 = 1000 cm^3

1 cm^3 = 1000 mm^3

Liter (*l*)

1 *l* = 1 dm^3

1 m*l* = 1 cm^3

Masse

1 t = 1000 kg

1 kg = 1000 g

1 g = 1000 mg

Formelsammlung (3)

Prozentberechnung

G: Grundwert W: Prozentwert $p\,\%$: Prozentsatz	$W = \frac{G \cdot p}{100}$

Zinseszinsen (exponentielles Wachstum)

K_0: Kapital am Anfang K_n: Kapital nach n Jahren n: Zeit in Jahren $p\,\%$: Zinssatz	Zinsfaktor: $q = \frac{100 + p}{100}$	$K_n = K_0 \cdot q^n$

Binomische Formeln

$(a + b)^2 = a^2 + 2 \cdot a \cdot b + b^2$	$(a - b)^2 = a^2 - 2 \cdot a \cdot b + b^2$	$(a + b) \cdot (a - b) = a^2 - b^2$

Potenzgesetze

Für $m, n \in \mathbb{R}$ bei Basen aus $\mathbb{R}^+$ bzw. für $m, n \in \mathbb{Z}$ bei Basen aus $\mathbb{R} \setminus \{0\}$

$a^m \cdot a^n = a^{m+n}$ $a^m : a^n = a^{m-n}$	$a^n \cdot b^n = (a \cdot b)^n$ $a^n : b^n = (a : b)^n$	$(a^m)^n = a^{m \cdot n}$	$a^0 = 1$ $a^{-n} = \frac{1}{a^n}$

Wurzelgesetze (… für $a, b \geq 0$)

$\sqrt[n]{a} \cdot \sqrt[n]{b} = \sqrt[n]{a \cdot b}$	$\frac{\sqrt[n]{a}}{\sqrt[n]{b}} = \sqrt[n]{\frac{a}{b}}$ $(b > 0)$	$\sqrt[n]{\sqrt[m]{a}} = \sqrt[m]{\sqrt[n]{a}} = \sqrt[m \cdot n]{a}$	$(\sqrt[n]{a})^m = \sqrt[n]{a^m}$

Lineare Funktionen: $y = m \cdot x + n$

m: Steigung der Geraden g durch die Punkte $P_1(x_1|y_1)$ und $P_2(x_2|y_2)$

$m = \frac{y_2 - y_1}{x_2 - x_1}$ $\quad (x_2 \neq x_1)$

n: y-Achsenabschnitt

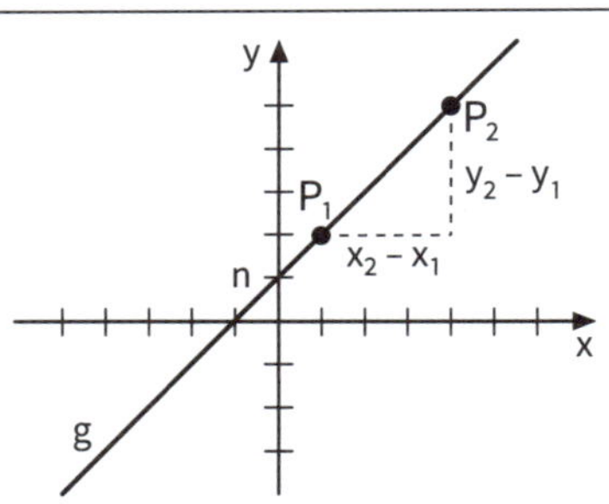

Quadratische Funktionen:

Allgemeine Form:
$y = a \cdot x^2 + b \cdot x + c$ $(a \neq 0)$

Scheitelpunktform:
$y = d \cdot (x - e)^2 + f$
$\rightarrow$ S $(e|f)$

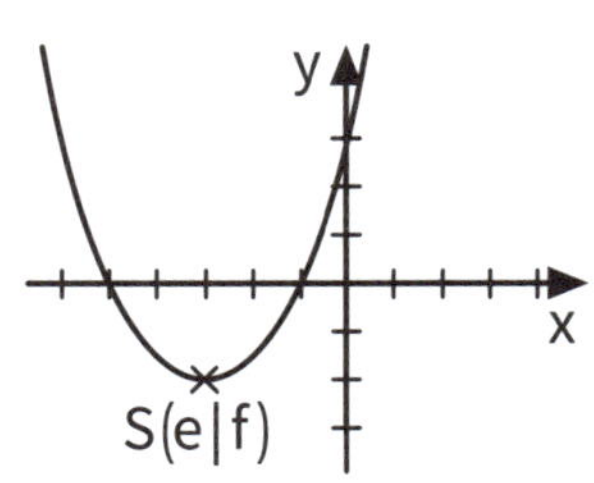

Quadratische Gleichungen:

Normalform:	Lösung:
$x^2 + p \cdot x + q = 0$	$x_{1/2} = -\frac{p}{2} \pm \sqrt{\left(\frac{p}{2}\right)^2 - q}$; wenn $\left(\frac{p}{2}\right)^2 - q \geq 0$, sonst keine Lösung

Formelsammlung (4)

Trigonometrie (im rechtwinkligen Dreieck)

Im rechtwinkligen Dreieck gilt:

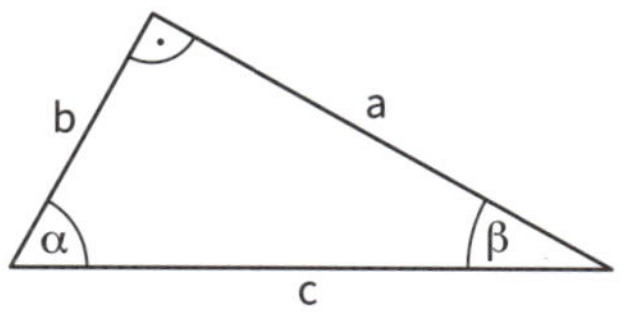

$$\sin\alpha = \frac{a}{c} = \frac{\text{Gegenkathete}}{\text{Hypotenuse}}$$

$$\cos\alpha = \frac{b}{c} = \frac{\text{Ankathete}}{\text{Hypotenuse}}$$

$$\tan\alpha = \frac{a}{b} = \frac{\text{Gegenkathete}}{\text{Ankathete}}$$

Beschreibende Statistik / Stochastik

Arithmetisches Mittel (Mittelwert $\overline{x}$) der Datenreihe $x_1, \ldots, x_n$

$$\overline{x} = \frac{x_1 + x_2 + \ldots + x_n}{n}$$

Median (Zentralwert)
In einer der Größe nach geordneten Datenreihe mit einer ungeraden Anzahl von Daten steht der Median in der Mitte. Bei einer geraden Anzahl von Daten ist der Median nicht eindeutig bestimmt (man nimmt dann z. B. das arithmetische Mittel der in der Mitte stehenden Werte oder einen dieser beiden Werte).

Laplace-Versuch
Zufallsversuch, bei dem alle Ergebnisse gleich wahrscheinlich sind (z. B. Münzwurf).
Die Wahrscheinlichkeit P für das Eintreten eines Ereignisses E berechnet man wie folgt:

$$P(E) = \frac{\text{Anzahl der günstigen Ergebnisse}}{\text{Anzahl der möglichen Ergebnisse}}$$

Mehrstufige Zufallsversuche lassen sich in einem Baumdiagramm darstellen. Dabei kann ein Ergebnis als Pfad veranschaulicht werden. Die Wahrscheinlichkeiten lassen sich mithilfe von Produkt- und Summenregel berechnen.

1. Pfadregel (Produktregel)
Die Wahrscheinlichkeit eines Pfades ergibt sich aus dem Produkt der Wahrscheinlichkeiten entlang des Pfades.

$$P(E) = p_1 \cdot p_2$$

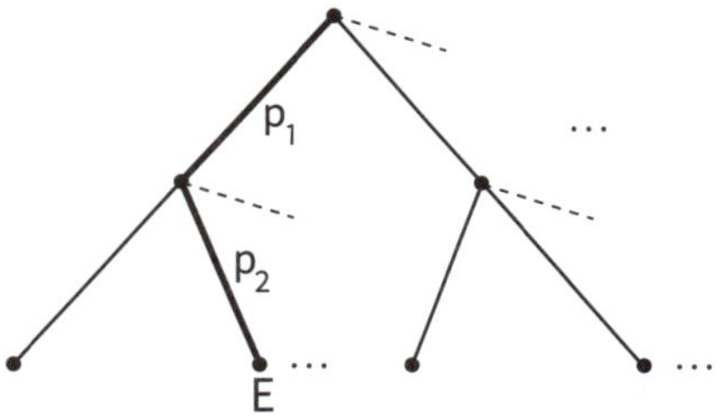

2. Pfadregel (Summenregel)
Die Wahrscheinlichkeit eines zusammengesetzten Ereignisses ist gleich der Summe der Einzelwahrscheinlichkeiten.

$$P(E) = P(E_1) + P(E_2)$$
$$= p_1 \cdot p_2 + q_1 \cdot q_2$$

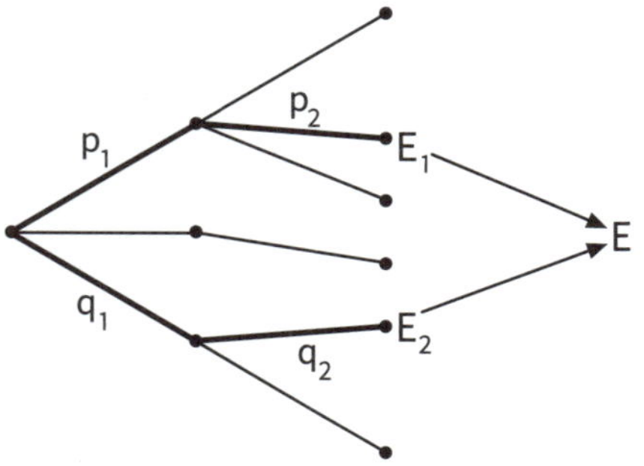

Stichwortverzeichnis

FiNALE Prüfungstraining

Mittlerer Schulabschluss 2018
Realschule,
Hauptschule Typ B und
Gesamtschule Erweiterungskurs
Nordrhein-Westfalen

Mathematik
Lösungen

Bernhard Humpert
Prof. Dr. Dominik Leiss
Dr. Martina Lenze
Dr. Bernd Liebau
Ursula Schmidt
Peter Welzel
Prof. Bernd Wurl

ISBN 978-3-14-171808-9

westermann

6–11

Die Lösungen zum Eingangstest (S. 6 – 11) im Arbeitsbuch befinden sich im Arbeitsbuch selbst (S. 12 – 34).

12

1 (1) $(11-8):5=0{,}6$ (2) $\frac{1}{5}\cdot(-2)^3=\frac{1}{5}\cdot(-8)=-1{,}6$ (3) $(2{,}9-5{,}7):2=-1{,}4$

(4) $2{,}5+(-3)\cdot 1{,}5=2{,}5-4{,}5=-2$ (5) $4{,}8\cdot x=-1{,}2 \quad x=-\frac{1}{4}$

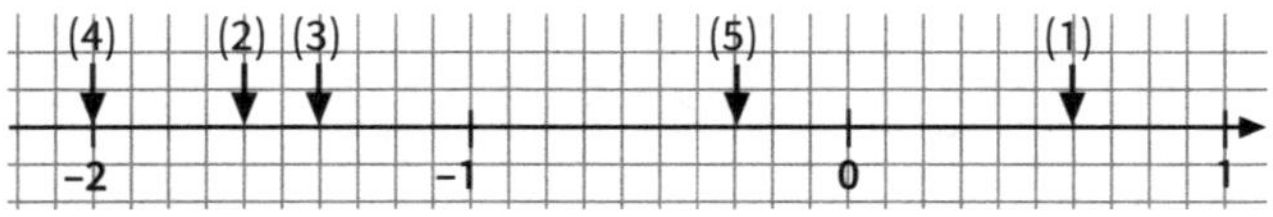

2 Es ist besser, die Zahlen zum Vergleich dezimal zu schreiben.

a) $0{,}4 \;|\; \frac{3}{6}=0{,}5 \;|\; 0{,}38 \;|\; \frac{1}{4}=0{,}25 \;|\; \frac{3}{8}=0{,}375 \;|\; 0{,}44$

$\frac{1}{4} < \frac{3}{8} < 0{,}38 < 0{,}4 < 0{,}44 < \frac{3}{6}$

b) $-1\frac{1}{2}=-1{,}5 \;|\; -\frac{7}{5}=-1{,}4 \;|\; -\frac{3}{4}=-0{,}75 \;|\; -0{,}8 \;|\; -\frac{11}{8}=-1{,}375 \;|\; -1{,}3$

Bei negativen Zahlen (z. B. -7; -3) hat die größere Zahl (-3) den kleineren Betrag $|-3|>|-7|$.

$-1\frac{1}{2} < -\frac{7}{5} < -\frac{11}{8} < -1{,}3 < -0{,}8 < -\frac{3}{4}$

c) $0{,}7 \;|\; -\frac{3}{4}=-0{,}75 \;|\; -1{,}34 \;|\; \frac{4}{5}=0{,}8 \;|\; -\frac{4}{3}=-1{,}\overline{3} \;|\; \frac{17}{20}=0{,}85$

$-1{,}34 < -\frac{4}{3} < -\frac{3}{4} < 0{,}7 < \frac{4}{5} < \frac{17}{20}$

3 $a=7$ cm; $b=10$ cm (7 cm + 3 cm)

$A=7\text{ cm}\cdot 10\text{ cm}=70\text{ cm}^2$ $u=2\cdot 7\text{ cm}+2\cdot 10\text{ cm}=34\text{ cm}$

4 a) $A=32\text{ m}\cdot 24\text{ m}=768\text{ m}^2$ b) Der Grundstückspreis P berechnet sich so: $P=768\text{ m}^2\cdot 75\,\frac{€}{\text{m}^2}$

$P=57\,600$ €

5 a) In der Vorstellung geht man einmal um den Bolzplatz und addiert dabei die Längen aller Seiten. Das ist der Umfang des Rechtecks: $u=2\cdot 25\text{ m}+2\cdot 45\text{ m}=140\text{ m}$

Davon werden noch $3\cdot 1\text{ m}=3\text{ m}$ wegen der drei Türen abgezogen. Es werden 137 m Zaun gebraucht.

b) Gesucht ist der Flächeninhalt des rechteckigen Bolzplatzes A_B.

$A_B=25\text{ m}\cdot 45\text{ m}=1125\text{ m}^2$.

Es werden 1125 m² Bodenbelag gebraucht.

c) Man kann den Flächeninhalt A_F des alten Fußballplatzes berechnen (das große Rechteck in der Zeichnung) und davon den Flächeninhalt A_B des Bolzplatzes (blaues kleines Rechteck) abziehen.

$A_F=45\text{ m}\cdot 70\text{ m}=3150\text{ m}^2$

$A_F-A_B=3150\text{ m}^2-1125\text{ m}^2=2025\text{ m}^2$

Für 800 m² braucht man 25 kg Rasensamen.

$\frac{2025\text{ m}^2}{800\text{ m}^2}\approx 2{,}5$

Für den neuen Platz müssen drei Säcke Rasensamen gekauft werden.

14

1 a) $\text{Winkel}=\frac{\text{Teilanzahl der Schüler}}{\text{Gesamtschüleranzahl}}\cdot 360=(\text{Anteil in Prozent}\cdot 360°)$

b) Gesamtanzahl der Schüler $=391+254+214+99=958$

öffentlicher Nahverkehr: $\frac{391}{958}\approx 0{,}41=41\,\% \rightarrow 0{,}41\cdot 360°\approx 148°$

Fahrrad, Roller etc.: $\frac{254}{958}\approx 0{,}27=27\,\% \rightarrow 0{,}27\cdot 360°\approx 97°$

Auto der Eltern: $\frac{214}{958}\approx 0{,}22=22\,\% \rightarrow 0{,}22\cdot 360°\approx 79°$

zu Fuß: $\frac{99}{958}\approx 0{,}1=10\,\% \rightarrow 0{,}1\cdot 360°=36°$

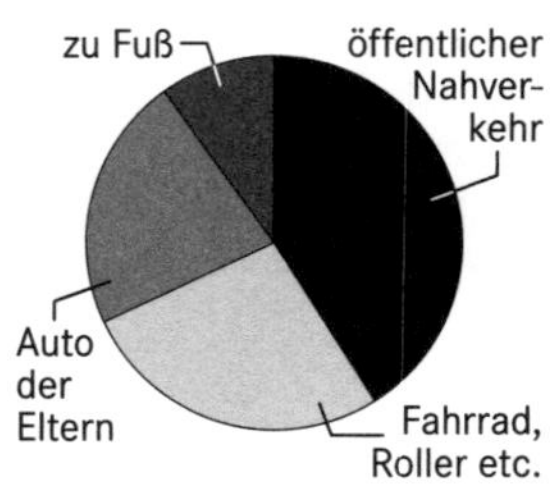

14

2 Um die Winkel besser messen zu können, sollte man die Radien verlängern.

	Winkel	a) Anteil am Umsatz (in %)	b) Anteil am Umsatz (in Mio. €)
Bekleidung	151°	151° : 360° ≈ 41,9 %	0,419 · 128,6 ≈ 53,88
Elektrogeräte	32°	32° : 360° ≈ 8,9 %	0,089 · 128,6 ≈ 11,45
Spielwaren	76°	76° : 360° ≈ 21,1 %	0,211 · 128,6 ≈ 27,13
Lebensmittel	101°	101° : 360° ≈ 28,1 %	0,281 · 128,6 ≈ 36,14

3 Zunächst muss man die Angaben aus dem Text in Prozentzahlen umrechnen und diese dann gemäß der Formel in Winkelgrößen.

Regen:	ein Drittel ≈ 33 %	(33 · 3,6° = 119°)
Schnee und Eis:	die Hälfte = 50 %	(50 · 3,6° = 180°)
Nebel:	zwei von Hundert = 2 %	(2 · 3,6° ≈ 7°)
Wildwechsel:	jeder Zehnte = 10 %	(10 · 3,6° = 36°)
Rest:	5 %	(5 · 3,6° = 18°)

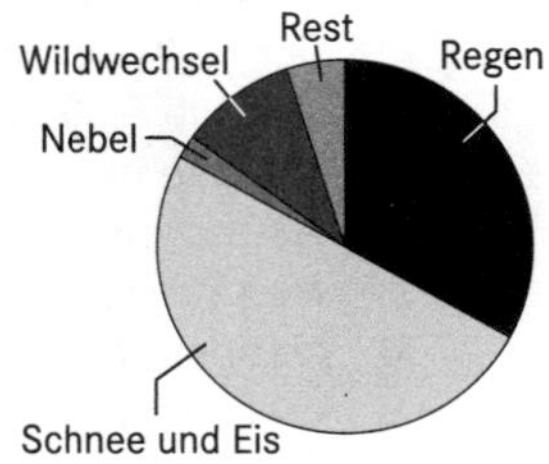

4 Zuerst wird der Anteil jeder Verbrauchsart am Gesamtverbrauch berechnet (Literzahl durch 121 dividieren), für den Winkel wird dieser Anteil mit 360° multipliziert.

	Liter	Anteil	Winkel
Baden und Duschen	44	≈ 36 %	≈ 130°
Toilettenspülung	33	≈ 27 %	≈ 97°
Wäsche waschen	17	≈ 14 %	≈ 50°
Sonstiges (Rest)	28	≈ 23 %	≈ 83°

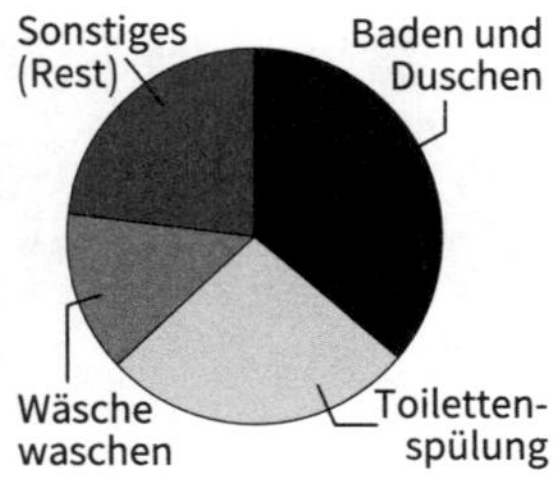

16

1 a)

x	1,5	3
y	4,5	**9**

b)

x	14	1	**3**
y	70	5	15

c)

x	7,5	2,5
y	20	**60**

d)

x	12	1	**10**
y	5	60	6

2 1)

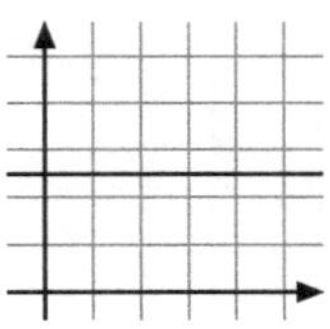

2)

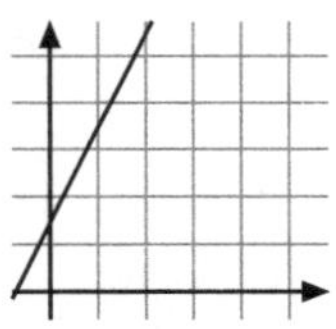

3)

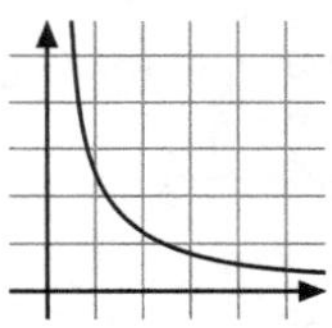

4)

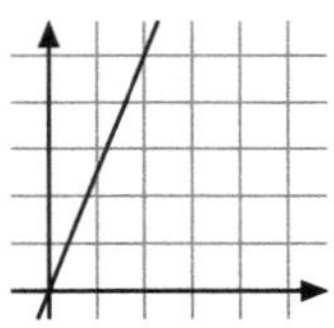

1: Die Kochzeit ist bei haushaltsüblichen Mengen unabhängig von der Anzahl der Eier; also handelt es sich um eine konstante Funktion.

2: Durch die 3 € Grundgebühr schneidet der Graph die y-Achse bei 3 und hat eine konstante Steigung; also handelt es sich um eine lineare, aber nicht proportionale Funktion.

3: Verdoppelt sich die durchschnittliche Geschwindigkeit, so halbiert sich die Fahrdauer und es gilt durchschnittliche Geschwindigkeit (in $\frac{km}{h}$) · Fahrdauer (in h) = 10; also handelt es sich um eine antiproportionale Funktion.

4: Da man für 0 kg Kartoffeln nichts bezahlen muss, geht der Graph der Funktion durch den Ursprung und wächst – wenn keine Mengenrabatte auf die Kartoffeln gegeben werden – dann mit konstanter Steigung; also handelt es sich um eine proportionale Funktion.

3 a) 0,4 · 650 € = 260 €   b) 0,23 · 40 m = 9,20 m

4 Gegeben: p % = 45 % = 0,45; W = 288 m

Gesucht: G   Formel: $G = \frac{W}{p\,\%}$

$G = \frac{288\text{ m}}{0,45} = 640\text{ m}$ Die gesamte Strecke ist 640 m lang.

5 a) Z = 3200 € · 0,03 = 96 €   b) Z = 560 € · 0,025 = 14 €

16

6 Der richtige Term lautet: $6480 \cdot 1{,}08^4$.
Begründung: Der Startwert beträgt 6480. Da mit einem Wachstum von 8 % gerechnet wird, beträgt der Wachstumsfaktor $q = 1 + \frac{8}{100} = 1{,}08$. Mit diesem Faktor gilt es, den Startwert viermal zu multiplizieren; also mit $1{,}08^4$.

18

1 ☐ 1000 € – 19 € ist falsch, weil 19 % ein Anteil vom Grundwert ist und kein Geldbetrag.
☐ 1000 € – 190 € ist falsch, weil hier 19 % von 1000 € = 190 € berechnet wurden. Damit wird von einem falschen Grundwert ausgegangen. Der richtige Grundwert ist der Preis **vor** dem Aufschlag der Mehrwertsteuer. Diesen nennt man auch Nettopreis.
☐ 1000 € : 0,19 ist falsch.
Um den Bruttopreis zu erhalten, wird die Mehrwertsteuer zum Nettopreis addiert. Hier gilt:
Nettopreis + Mehrwertsteuer = Nettopreis + (Nettopreis · 0,19) = Nettopreis · (1 + 0,19) = Nettopreis · 1,19 = 1000 €
Der richtige Ansatz zur Berechnung des Nettopreises (vor dem Aufschlag durch die Mehrwertsteuer) ist also:
☒ 1000 € : 1,19.

2 a) Formel für Zelle D2: =B2*C2
a), b)

	A	B	C	D	E
1	Kilometer	Liter	Preis pro Liter	Gesamtpreis	Verbrauch in Liter auf 100 km
2	35000	35,7	1,36 €	48,55 €	------
3	35867	49,4	1,45 €	71,63 €	5,70
4	36422	29,4	1,28 €	37,63 €	5,30
5	37225	52,5	1,22 €	64,05 €	6,54

c) Formel für Zelle E3: =B3/(A3-A2)*100

3 a) Das Koordinatensystem zeigt den Graph der linearen Funktion $y = m \cdot x + n$ durch die Punkte P, Q und R.

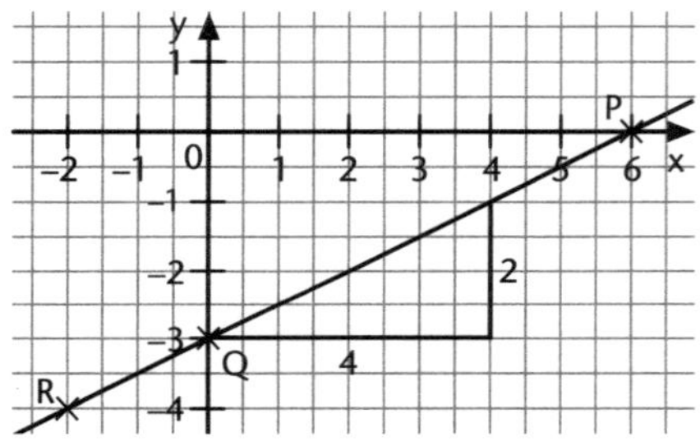

b) Zwei mögliche Lösungswege:
① Die Steigung m und den y-Achsenabschnitt n aus der grafischen Darstellung ablesen:
$n = -3$ und $m = \frac{2}{4} = 0{,}5$.
Funktionsgleichung: $y = 0{,}5x - 3$

② Mithilfe der Zwei-Punkte-Form lässt sich z. B. aus R (–2|–4) und Q (0|–3) die Steigung m berechnen:
$\frac{y_2 - y_1}{x_2 - x_1} = \frac{-3-(-4)}{0-(-2)} = \frac{1}{2}$
n wird ermittelt, indem man die Koordinaten eines Punktes, z. B.: P (6|0), in die Funktionsgleichung $y = 0{,}5x + n$ einsetzt, also $0 = 0{,}5 \cdot 6 + n$; $n = -3$
Funktionsgleichung: $y = 0{,}5x - 3$

4 a) Alle Funktionsgleichungen besitzen die Form $y = a \cdot x^2$.
- Der Graph g_2 geht durch den Punkt (1|1) und gehört zur Normalparabel mit der Funktionsgleichung $y = x^2$.
- Der Graph g_4 entsteht durch Spiegelung der Normalparabel an der x-Achse. Die Parabel ist nach unten geöffnet, der Faktor a vor x^2 muss also kleiner als 0 sein. Die zugehörige Funktionsgleichung ist daher $y = -x^2$.
- Im Vergleich zur Normalparabel ist der Graph g_1 schlanker, d. h., die Öffnung ist enger ($|a| > 1$). Die Parabel ist nach oben geöffnet ($a > 0$). Der Faktor a muss also größer als 1 sein, dies trifft nur auf die Funktionsgleichung $y = 3x^2$ zu.
- Im Vergleich zur Normalparabel ist der Graph g_3 breiter, d. h., die Öffnung ist weiter ($|a| < 1$). Die Parabel ist nach oben geöffnet ($a > 0$). Der Faktor a muss also zwischen 0 und 1 liegen, dies trifft nur auf die Funktionsgleichung $y = 0{,}5x^2$ zu.

b) Bei $a < 0$ ist die Parabel nach unten geöffnet. Außerdem ist der Scheitelpunkt (0|0), und der Graph ist symmetrisch zur y-Achse.

20

1 a) Daten der Größe nach geordnet:
65,80 €; 84,30 €; 99,70 €; 107,20 €; 111,40 €
Der Median ist bei ungerader Anzahl der Wert in der Mitte: 99,70 €

arithmetisches Mittel: $\frac{65{,}80\,€ + 84{,}30\,€ + 99{,}70\,€ + 107{,}20\,€ + 111{,}40\,€}{5} = 93{,}68\,€$

Die Spannweite ist die Differenz zwischen dem größtem und dem kleinstem Wert:
111,40 – 65,80 € = 45,60 €.

b) Daten der Größe nach geordnet:
4,20 m; 4,50 m; 4,60 m; 4,80 m; 5,10 m; 5,30 m
Der Median ist bei gerader Anzahl das arithmetische Mittel der beiden mittleren Werte:
$\frac{4{,}60\,m + 4{,}80\,m}{2} = 4{,}70\,m$
arithmetisches Mittel: $\frac{4{,}20\,m + 4{,}50\,m + 4{,}60\,m + 4{,}80\,m + 5{,}10\,m + 5{,}30\,m}{6} = 4{,}75\,m$
Spannweite: 5,30 m – 4,20 m = 1,10 m

2 Zunächst ist es sinnvoll, die Gewichte der Größe nach zu ordnen:
54,5 kg; 56,8 kg; 67,5 kg; 72,2 kg; 73,8 kg; 78,2 kg; 78,5 kg; 81,4 kg; 84,3 kg; 93,4 kg; 96 kg; 98,6 kg
a) Das arithmetische Mittel (Summe aller 12 Gewichte, geteilt durch 12) ist $77{,}9\overline{3}$ kg.
Der Durchschnitt von 80 kg wird also unterschritten.
b) Spannweite (größter minus kleinster Wert): 98,6 kg – 54,5 kg = 44,1 kg
c) Bei 12 Werten ist der Median das arithmetische Mittel des sechsten und des siebten Wertes.
Median = $\frac{78{,}2\,kg + 78{,}5\,kg}{2} = 78{,}35\,kg$
Der Unterschied zwischen Median und arithmetischem Mittel beträgt
$78{,}35\,kg - 77{,}9\overline{3}\,kg = 0{,}41\overline{6}\,kg \approx 0{,}42\,kg$

3 Die bekannten fünf Weiten werden der Größe nach geordnet und addiert:
3,95 m + 4,10 m + 4,20 m + 4,45 m + 4,65 m = 21,35 m
a) Da Sabine im sechsten Sprung ihre schlechteste Weite erzielte, muss er weniger als 3,95 m weit gewesen sein. Da der siebte Sprung mittelmäßig war, ist Sabines weitester Sprung 4,65 m. Die Spannweite zwischen bestem und schlechtestem Sprung beträgt 90 cm. Also ist Sabine im sechsten Sprung 4,65 m – 0,90 m, also 3,75 m weit gesprungen.
Das arithmetische Mittel bei sieben Sprüngen beträgt 4,20 m. Alle sieben Sprünge zusammen sind also 29,40 m (= 7 · 4,20 m) weit. Zieht man davon die bereits bekannten sechs Sprungweiten ab, ergibt sich die Weite des siebten Sprungs: 29,40 m – 3,75 m – 21,35 m = 4,30 m.
b) Alle sieben Weiten der Größe nach geordnet lauten damit:
3,75 m; 3,95 m; 4,10 m; 4,20 m; 4,30 m; 4,45 m; 4,65 m.
Der Median ist der mittlere Wert in dieser Liste, also 4,20 m.

22

1 Es sind immer mehrere Lösungsverfahren möglich. Abgebildet wird jeweils eine Lösung.

a) Lösung mit dem Gleichsetzungsverfahren
(I) x + 9y = –41
(II) x – 4y = 24

(Ia) x = –41 – 9y
(IIa) x = 24 + 4y

(Ia) = (IIa) 24 + 4y = –41 – 9y | + 9y – 24
13y = –65 | : 13
(III) y = –5

(III) eingesetzt in (II): x – 4 · (–5) = 24
x + 20 = 24 | –20
x = 4
Lösung: x = 4 und y = –5

b) Lösung mit dem Einsetzungsverfahren
(I) x + 5y = 17
(II) 2x – 4y = 20

(Ia) x = 17 – 5y

(Ia) in (II) eingesetzt
2 · (17 – 5y) – 4y = 20
34 – 10y – 4y = 20 | –34
–14y = –14 | : (–14)
(III) y = 1

(III) eingesetzt in (I): x + 5 · 1 = 17 | –5
x = 12
Lösung: x = 12 und y = 1

c) Lösung mit dem Additionsverfahren

(I) $2x - 3y = 8$
(II) $5x + 6y = 20$

(Ia) $4x - 6y = 16$
(II) $5x + 6y = 20$

(Ia) + (II): $9x = 36$ $\quad |:9$
(III) $x = 4$

(III) eingesetzt in (I): $2 \cdot 4 - 3y = 8$ $\quad |-8$
$-3y = 0$ $\quad |:(-3)$
$y = 0$

Lösung: $x = 4$ und $y = 0$

d) Lösung mit dem Subtraktionsverfahren

(I) $3x + 4y = 1$
(II) $6x + 8y = 0$

(Ia) $6x + 8y = 2$
(II) $6x + 8y = 0$

(Ia) − (II) $0 = 2$

Dies ist jedoch für alle Wertepaare x und y falsch. Deshalb gibt es keine Lösungen.

2 x: Anzahl der kleinen Scheine (5 €-Scheine); y: Anzahl der größeren Scheine (10 €-Scheine)

I. $5x + 10y = 50$
II. $x = 3y$

II. eingesetzt in I.: $5 \cdot 3y + 10y = 50$
$25y = 50$ $\quad |:25$
III. $y = 2$

III. eingesetzt in II.: $x = 3 \cdot 2$
$x = 6$

Es sind zwei 10 €-Scheine und sechs 5 €-Scheine.

3 Lösung mit Gleichungen:
x = Preis der Flasche (in €); y = Preis des Korkens (in €)

I. $x + y = 1{,}1$
II. $x = y + 1$

II. eingesetzt in I.: $(y + 1) + y = 1{,}1$
$2y + 1 = 1{,}1$ $\quad |-1$
$2y = 0{,}1$ $\quad |:2$
III. $y = 0{,}05$

III. eingesetzt in II.: $x = 0{,}05 + 1 = 1{,}05$

Die Flasche kostet 1,05 € und der Korken 0,05 € (5 Cent).

4

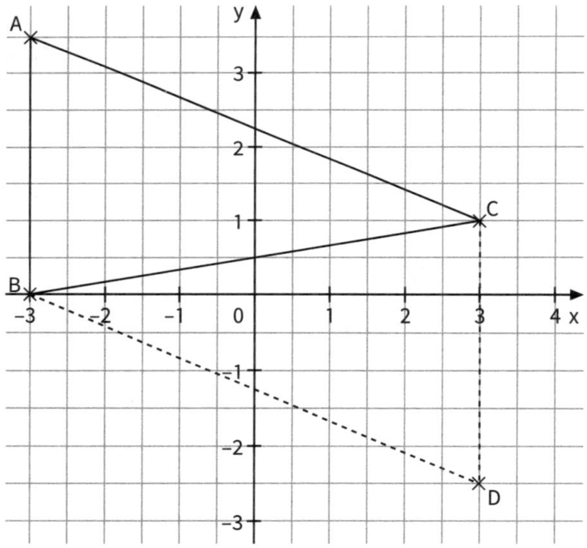

a) geeignet ist $c = \overline{AB}$ als Grundseite und h_c als zugehörige Höhe.
$c = 3{,}5\ \text{cm}$, $h_c = 6\ \text{cm}$
$A = \frac{3{,}5\ \text{cm} \cdot 6\ \text{cm}}{2} = 10{,}5\ \text{cm}^2$

b) D (3 | − 2,5) Es gibt weitere Lösungen: D (3 | 4,5) oder D (− 9 | 2,5).

c) Das Parallelogramm ABDC hat den doppelten Flächeninhalt des Dreiecks ABC: $A = 21\ \text{cm}^2$.

22

5

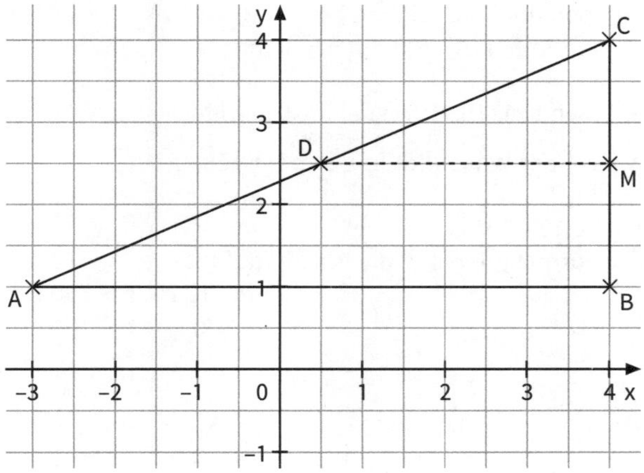

a) $\overline{AB} = 7$ cm; $\overline{BC} = 3$ cm
Die Strecke $b = \overline{AC}$ wird mit dem Satz des Pythagoras berechnet.
$b^2 = (7\text{ cm})^2 + (3\text{ cm})^2$
$b^2 = 58\text{ cm}^2 \quad b \approx 7{,}6\text{ cm}$
$u = 7\text{ cm} + 3\text{ cm} + 7{,}6\text{ cm} \qquad u = 17{,}6\text{ cm}$

b) M (4|2,5)

c) Das Viereck ABMD ist ein Trapez. $A = \frac{a+c}{2} \cdot h$
$A = \frac{7\text{ cm} + 3{,}5\text{ cm}}{2} \cdot 1{,}5\text{ cm} \qquad A = 7{,}875\text{ cm}^2$

6

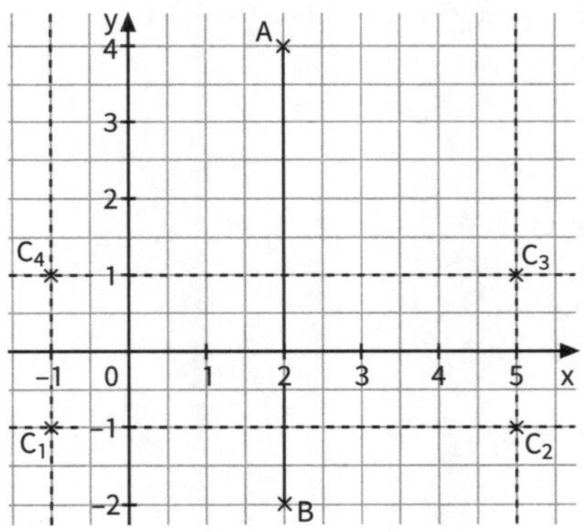

Der Punkt C liegt auf einer der beiden zur x-Achse parallelen Geraden (1 cm Abstand von der x-Achse).
Außerdem gilt $g = \overline{AB} = 6$ cm, also muss h = 3 cm gelten, damit der Flächeninhalt 9 cm² groß ist. Das bedeutet: C ist einer der Schnittpunkte der gestrichelten Geraden.
$C_1(-1|-1)$ *oder* $C_2(5|-1)$;
oder $C_3(5|1)$ *oder* $C_4(-1|1)$

24

1 Eine Schülerin ist ungefähr 5 Zeitstunden pro Tag, 5 Tage in der Woche, 40 Wochen im Jahr und 10 Jahre in der Schule.
$5\text{ h} \cdot 5 \cdot 40 \cdot 10 = 10\,000\text{ h}$; $10\,000\text{ h} = 10\,000 \cdot 60 \cdot 60\text{ s} = 36\,000\,000\text{ s}$
[x] 36 000 000 s muss angekreuzt werden.

2 Ein 20-€-Schein ist 133 mm lang und 72 mm breit.
Flächeninhalt $A = 133\text{ mm} \cdot 72\text{ mm} = 9\,576\text{ mm}^2$
[x] 9 576 mm² muss angekreuzt werden.

3 a) Es ist hilfreich die gegebenen Größen in m² umzurechnen.
72 m², 720 dm² = 7,2 m², 720 000 mm² = 0,72 m², 7200 cm² = 0,72 m²
Weniger als 1 m² kann nicht zutreffend sein. 72 m² ist zu groß.
[x] 720 dm² muss angekreuzt werden.

b) Um die Mengen besser vergleichen zu können, rechnet man alle Angaben in die Einheit m³ um:
37 hl = 3,7 m³, 370 000 ml = 0,37 m³, 0,037 m³, 37 000 *l* = 37 m³
3,7 m³ oder gar 37 m³ sind sicherlich zu viel, 0,037 m³ sind gerade einmal 37 *l* und sicherlich zu wenig.
[x] 370 000 ml muss angekreuzt werden.

24

4 a) Da 1 l = 1 dm^3 gilt, rechnet man am besten in der Einheit dm.
Die Wasserhöhe beträgt: 6 dm (Aquariumhöhe) – 0,5 dm = 5,5 dm.
$V = 8\text{ dm} \cdot 4{,}5\text{ dm} \cdot 5{,}5\text{ dm}$
$V = 198\text{ dm}^3 = 198\ l$ Es befinden sich 198 l Wasser im Aquarium.

b) $m = 198\ l \cdot \frac{1\text{ kg}}{l} = 198\text{ kg}$ Die Masse der Wasserfüllung beträgt 198 kg.

5 Das Schwimmbecken ist 8 · 1,50 m, also 12 m breit.
Für das Volumen des Wassers gilt die Formel (hier ist h die Wassertiefe):

$$25\text{ m} \cdot 12\text{ m} \cdot h = 750\text{ m}^3$$
$$300\text{ m}^2 \cdot h = 750\text{ m}^3 \quad |:300\text{ m}^2$$
$$h = \frac{750\text{ m}^3}{300\text{ m}^2}$$
$$h = 2{,}5\text{ m}$$

Das Schwimmbecken ist 2,50 m tief.

6 Hier gibt es verschiedene Lösungswege, z. B.:

(1) Man findet die Lösung durch systematisches Probieren:

Breite	Länge	Höhe	Volumen
1 cm	2 cm	3 cm	6 cm^3
2 cm	4 cm	6 cm	48 cm^3

(2) Man kann die Breite x nennen, dann beschreiben die Terme 2x die Länge und 3x die Höhe und es gilt die Gleichung:
$x \cdot 2x \cdot 3x = 48$
$6x^3 = 48 \quad |:6$
$x^3 = 8 \quad |\sqrt[3]{\ }$
$x = 2$ Der Quader ist 2 cm breit.

7 a) $V = 4\text{ m} \cdot 2{,}5\text{ m} \cdot 1{,}8\text{ m} = 18\text{ m}^3$ Es mussten 18 m^3 Erde ausgehoben werden.

b) $m = 18\text{ m}^3 \cdot 1\,700\ \frac{\text{kg}}{\text{m}^3} = 30\,600\text{ kg} = 30{,}6\text{ t}$ Die Masse des Erdaushubs beträgt 30,6 t.

26

1 (1) Preis der Kinokarte für eine Person: x
Preis für Getränke und Popcorn: 17 €
Gleichung: $5x + 17 = 57$. Passt.
(2) Preis für 1 Flasche Wein: x; Preis für 1 Flasche Sekt: y
Gleichung: $5x + 17y = 57$. Passt nicht.
(3) Hierzu lässt sich keine sinnvolle Gleichung aufstellen.
(4) Ladung des kleinen Lkw: x; Ladung des großen Lkw: 17
Gleichung: $5x + 17 = 57$. Passt.
(5) Länge des Rechtecks: x; Breite des Rechtecks: 5
Gleichung: $5x + 17 = 57$ Passt.

2 a) $S(-4|8)$
Die Parabel wurde um 4 Einheiten nach links und 8 Einheiten nach oben verschoben. Sie ist um den Faktor 1,5 gestreckt und nach unten geöffnet.
b) $f(x) = -1{,}5(x + 4)^2 + 8$
$f(x) = -1{,}5(x^2 + 8x + 16) + 8$
$f(x) = -1{,}5x^2 - 12x - 24 + 8$
$f(x) = -1{,}5x^2 - 12x - 16$

3 (1) $f(x) = (x - 1{,}5)^2 - 20{,}25$
$f(x) = x^2 - 3x + 2{,}25 - 20{,}25$
$f(x) = x^2 - 3x - 18$

(3) $h(x) = (x + 3) \cdot (x - 6)$
$h(x) = x^2 - 6x + 3x - 18$
$h(x) = x^2 - 3x - 18$

(2) $g(x) = x^2 - 3x - 18$ Lukas hat recht, da alle drei Gleichungen übereinstimmen.

4 Es sind 12 Kugeln im Behälter.
$\frac{1}{6}$ von 12 = 2; $\frac{1}{3}$ von 12 = 4; $\frac{1}{2}$ von 12 = 6
2 Kugeln müssen rot, 4 Kugeln blau und 6 Kugeln grün gefärbt werden.

26

5 Im Behälter befinden sich 20 Kugeln, davon sind 6 Kugeln hellgrau, 12 Kugeln blau und 2 Kugeln schwarz.

a) P (hellgrau Kugel) = $\frac{6}{20} = \frac{3}{10} = 30\,\%$

b) 18 Kugeln sind hellgrau oder blau.

P (keine schwarze Kugel) = $\frac{18}{20} = \frac{9}{10} = 90\,\%$

28

1 a) Für die Zeichnung wird der Umfang benötigt.
$u = 2\pi \cdot r$
$u = 2\pi \cdot 1\text{ cm}$
$u = 6{,}28\text{ cm} \approx 6{,}3\text{ cm}$

b) Der Mantel ist ein Rechteck, siehe nebenstehende Abbildung.
$M = 2\pi \cdot r \cdot h$
$M = 2\pi \cdot 1\text{ cm} \cdot 6\text{ cm}$
$M \approx 37{,}7\text{ cm}^2$

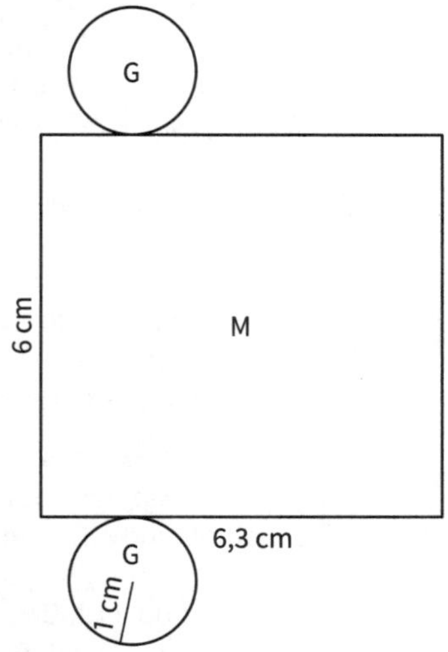

$O = 2G + M \quad O = 2\,\pi r^2 + M$ (verkleinert)
$O \approx 2\pi \cdot (1\text{ cm})^2 + 37{,}7\text{ cm}^2 \qquad O \approx 44{,}0\text{ cm}^2$

c) Wegen 1 l = 1 dm³ wird bei der Volumenberechnung mit der Einheit „dm" gearbeitet.
$r = 0{,}1\text{ dm}; \quad h = 0{,}6\text{ dm}$
$V = \pi r^2 h \qquad V = \pi \cdot (0{,}1\text{ dm})^2 \cdot 0{,}6\text{ dm} \qquad V \approx 0{,}02\text{ dm}^3$, also $V \approx 0{,}02\ l$

2 a) 998 ml = 998 cm³
Bei der Volumenberechnung wird deshalb mit der Einheit „cm" gearbeitet.
$r = 10{,}3\text{ cm} : 2 = 5{,}15\text{ cm}; h = 12\text{ cm}$
$V = \pi r^2 h \quad V = \pi \cdot (5{,}15\text{ cm})^2 \cdot 12\text{ cm} \quad V \approx 1000\text{ cm}^3$
998 ml passen in die Dose.

b) Da der Papierbedarf in „m²" angegeben werden soll, wird mit der Einheit „m" gerechnet.
Die Banderole entspricht dem Mantel der zylinderförmigen Dose.
$M = 2\pi \cdot r \cdot h = \pi \cdot d \cdot h$
$M = \pi \cdot 0{,}103\text{ m} \cdot 0{,}12\text{ m} \approx 0{,}03883\text{ m}^2$
$50\,000 \cdot M \approx 1\,941{,}5\text{ m}^2$
Es werden ungefähr 1 942 m² Papier benötigt.

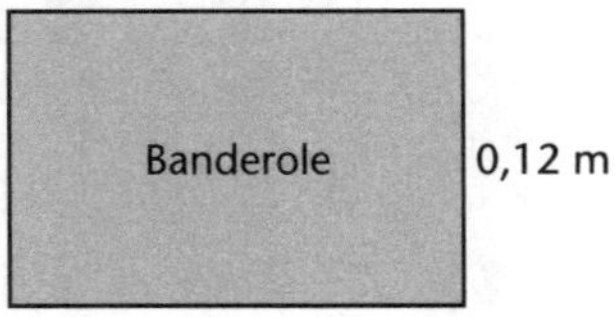

3 Der Umfang der kreisförmigen Grundfläche beträgt 1,5 dm = 15 cm.
$u = \pi \cdot d$
$d = \frac{u}{\pi}$
$d = \frac{15\text{ cm}}{\pi} \approx 4{,}78\text{ cm} \qquad r \approx 2{,}39\text{ cm}$
$V = \pi r^2 h \quad V = \pi \cdot (2{,}39\text{ cm})^2 \cdot 8\text{ cm} \quad V \approx 143{,}56\text{ cm}^3$

4 Für die Berechnung der Gesamtschuld (bestehend aus Grundwert und Zinseszinsen) benötigt man den Prozentsatz (3 %), die Dauer (1651 bis 2008) und den Grundwert (572,20 €). Insofern muss der Text die folgenden Markierungen aufweisen: 2008; 3 %; 1651; 572,20 Euro
Insgesamt hat sich Prinz Charles 357 (1651 bis 2008) Jahre lang das Geld geliehen:
$572{,}20\text{ €} \cdot 1{,}03^{357} = 21\,899\,644{,}92\text{ €}$

5 (1) und (6) kann man nicht beantworten, weil die Gesamtzahl der Lehrkräfte fehlt.
(5) kann man nicht beantworten, weil man den prozentualen Anteil der Jungen an allen Schülerinnen und Schülern nicht kennt.
(2) 26 von 542: Der Anteil beträgt $\frac{26}{542} = 0{,}04797....$ also rund 4,8 %.
(3) 64 % > 46 %, im Kollegium ist der Anteil weiblicher Personen größer als in der Klasse 10a.
(4) 54 % von 26 = $0{,}54 \cdot 26 \approx 14$ 14 Jungen besuchen die 10a.

30

1 Aussage (1) ist falsch, denn A ist der Anfangspunkt eines Strahls durch D.
Aussage (2) ist richtig, denn B und C liegen auf einer Geraden.
Aussage (3) ist richtig, denn der rechte Winkel mit dem Scheitelpunkt B bleibt auch nach der Bewegung erhalten. $\overline{BC}$ muss also als Senkrechte auf $\overline{AB}$ konstruiert worden sein.
Aussage (4) ist falsch, denn der (rechte) Winkel mit dem Scheitelpunkt A ändert im Verlauf der Bewegung seine Größe.

2 a) Der Umfang des Parallelogramms ist die Summe aller vier Seitenlängen. Die Länge der Seiten $\overline{AB}$ und $\overline{CD}$ bleibt nach Konstruktion unverändert, die Längen der Seiten $\overline{AD}$ und $\overline{BC}$ dagegen ändern sich, wenn sich der Winkel α ändert.
Da die parallelen Geraden k und l einen Abstand von 2 cm haben, sind die Längen dieser beiden Seiten genau dann am kleinsten, wenn $\overline{AD}$ und $\overline{BC}$ senkrecht auf g (und h) stehen. Der Umfang des Parallelogramms ABCD ist also für α = 90° am kleinsten.

b) Der Flächeninhalt des Parallelogramms ABCD berechnet sich so: $A = g \cdot h$.
Die Höhe h des Parallelogramms ABCD ist gleich dem Abstand zwischen den parallelen Geraden k und l. Dieser Abstand bleibt unverändert.
Die Grundseite g des Parallelogramms ABCD hat die Länge der Seite $\overline{AB}$, auch diese Länge bleibt unverändert.
Daher gilt: Egal, wie die Seite $\overline{CD}$ auf der Geraden k bewegt wird, die Grundseiten und Höhen der entstehenden Parallelogramme sind gleich und damit auch deren Flächeninhalt.

32

1 a) Wahrscheinlichkeit für die Zahl vier: $\frac{2}{6} = \frac{1}{3}$ (6 mögliche, 2 günstige Ergebnisse)

b) Wahrscheinlichkeit für eine gerade Zahl: $\frac{4}{6} = \frac{2}{3}$ (6 mögliche, 4 günstige Ergebnisse)

c) Wahrscheinlichkeit für keine Sechs: $\frac{5}{6}$ (6 mögliche, 5 günstige Ergebnisse)

d) Die Wahrscheinlichkeit, eine Primzahl (PZ) zu würfeln, wird bei der großen Zahl von Versuchen in der Regel nahe der relativen Häufigkeit rH(PZ) liegen.

$rH(PZ) = \frac{548}{800} = 0{,}685 = 68{,}5\,\%$

Würfel (1): $P(PZ) = \frac{4}{6} = \frac{2}{3} \approx 67\,\%$ Würfel (2): $P(PZ) = \frac{3}{6} = \frac{1}{2} \approx 50\,\%$

Würfel (3): $P(PZ) = \frac{2}{6} \approx 33\,\%$

Es wurde vermutlich mit Würfel (1) gewürfelt. Sicher kann man das aber nicht sagen.

2 a) Von den neun Zahlen sind fünf Zahlen ungerade: 1, 3, 5, 7, 9
Die Wahrscheinlichkeit, eine ungerade Zahl zu ziehen, beträgt somit $\frac{5}{9} \approx 0{,}56 = 56\,\%$.
b) Vier Zahlen sind kleiner als 5, nämlich 1, 2, 3, 4.
Die Wahrscheinlichkeit, eine Zahl zu ziehen, die kleiner als 5 ist, beträgt $\frac{4}{9} \approx 0{,}44 = 44\,\%$.
c) (1) Zahlen, die durch 2 oder 3 teilbar sind: 2, 3, 4, 6, 8, 9
Die Wahrscheinlichkeit beträgt also $\frac{6}{9} \approx 0{,}67 = 67\,\%$.
(2) Die Zahl 6 ist die einzige Zahl, die durch 2 und 3 teilbar ist. Die Wahrscheinlichkeit beträgt somit $\frac{1}{9} \approx 0{,}11 = 11\,\%$.

3 Für sehr lange Versuchsreihen gilt: relative Häufigkeit ≈ Wahrscheinlichkeit.

$rH(3) = \frac{1280}{2000} = 0{,}64 = 64\,\% \approx P(3)$

Für das Gegenereignis Augenzahlen 1 oder 2 erhalten wir dann: $P(1 \text{ oder } 2) = 1 - P(3) \approx 36\,\%$
Wir gehen davon aus, dass die Masse des Zylinders gleichmäßig verteilt ist. Dann haben beide Augenzahlen aus Symmetriegründen die gleiche Wahrscheinlichkeit.
Also: $P(1) = P(2) \approx 36\,\% : 2 = 18\,\%$

34

1 Höhe des Hauses: h = x + 1,75 m

Berechnung der Länge x mit dem Strahlensatz:

$x : 1{,}25 = 12{,}4 : 1{,}8 \quad | \cdot 1{,}25$

$x = \frac{12{,}4 \cdot 1{,}25}{1{,}8}$

$x \approx 8{,}6$

h = 8,60 m + 1,75 m = 10,35 m

Das Haus ist ungefähr 10,35 m hoch.

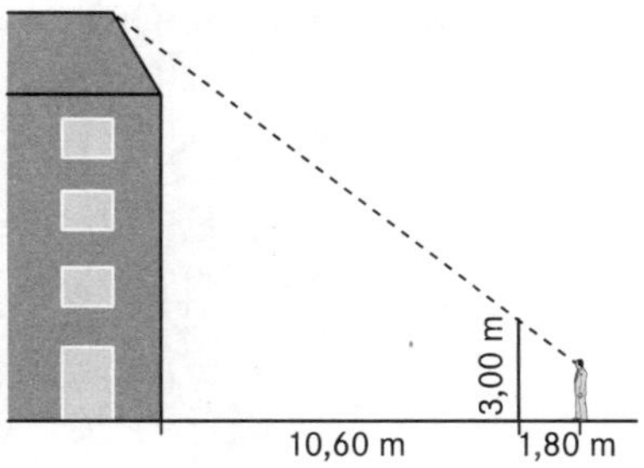

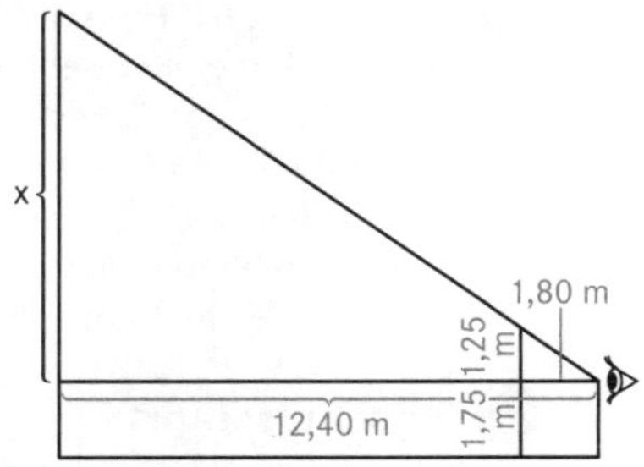

2 Da die beiden Seiten $\overline{XY}$ und $\overline{VW}$ parallel zueinander sind, kann man den Strahlensatz anwenden. Dieser besagt, dass das Verhältnis der beiden Seitenlängen $\overline{UX}$ und $\overline{UV}$ gleich dem Verhältnis der beiden Seitenlängen $\overline{XY}$ und $\overline{VW}$ ist. Aus der Gleichung $\frac{1}{3}\overline{UX} = \overline{UV}$ erkennt man, dass $\overline{UX}$ dreimal so lang ist wie $\overline{UV}$. Also muss auch $\overline{XY}$ dreimal so lang sein wie $\overline{VW}$; also gilt: $3 \cdot \overline{VW} = \overline{XY}$.

3 Größe von Sebastian: x

Berechnung von x mit dem Strahlensatz:

$\frac{x}{1{,}45\text{ m}} = \frac{1{,}50\text{ m}}{1{,}20\text{ m}} \quad | \cdot 1{,}45\text{ m}$

$x = \frac{1{,}50\text{ m} \cdot 1{,}45\text{ m}}{1{,}20\text{ m}}$

$x = 1{,}8125\text{ m}$

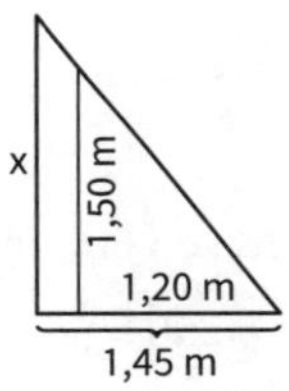

4 Der Graph von (1) schneidet die y-Achse an der Stelle –5 und steigt
(1 zur Seite, 2 nach oben) : y = 2x – 5; zugehöriger Graph B
Der Graph von (2) schneidet die y-Achse an der Stelle 3 und fällt
(1 zur Seite, 1 nach unten) : y = –x + 3; zugehöriger Graph C
Der Graph von (3) schneidet die y-Achse an der Stelle 2,5 und steigt
(1 zur Seite, 1,5 nach oben): y = 1,5x + 2,5; zugehöriger Graph D
Der Graph von (4) schneidet die y-Achse an der Stelle 0 (Nullpunkt) und fällt
(5 zur Seite, 1 nach unten): $y = -\frac{1}{5}x + 0$; zugehöriger Graph A

5 Der Graph von f mit y = 1,5x verläuft durch den Ursprung des Koordinatensystems und steigt (bei einer Einheit nach rechts um 1,5 Einheiten nach oben). Der Graph von g mit y = 1,5x – 1 verläuft durch den Punkt (0|– 1) auf der y-Achse. Er hat die gleiche Steigung wie der Graph von f. Die beiden Geraden verlaufen also parallel.

6 Wenn man von A nach B geht, muss man 4 Einheiten nach rechts und zwei Einheiten nach unten gehen.
Die Steigung der Geraden beträgt also:

$m = \frac{-2}{4} = -\frac{1}{2}$

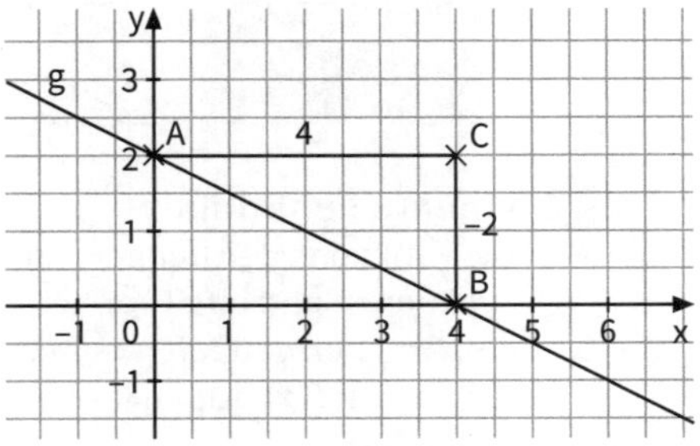

36

1 Rechnen und Ordnen

a) $6{,}5 - 7{,}3 = -0{,}8$

b) $-1{,}2 - (-0{,}8) = -1{,}2 + 0{,}8 = -0{,}4$

c) $4 : (-16) = -\frac{4}{16} = -\frac{1}{4} = -0{,}25$

d) $\frac{-3 \cdot (-50)}{5^3} = \frac{150}{125} = \frac{6}{5} = 1{,}2$

e) $-\frac{3}{5} \cdot 35 - 4 \cdot (-5) = -21 + 20 = -1$

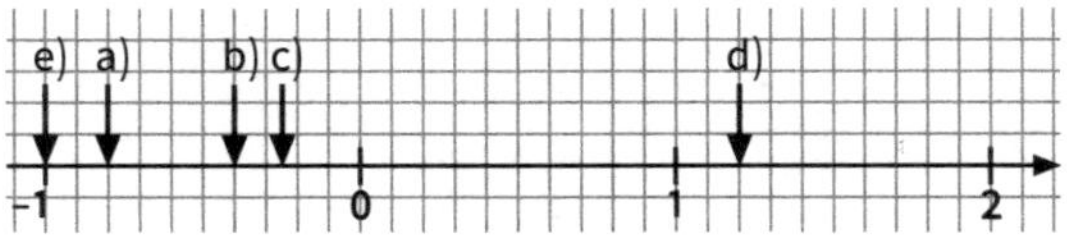

2 Quadrat und Rechteck

a) u = Summe aller Seitenlängen
Seitenlänge: $\sqrt{36\text{ cm}^2} = 6$ cm
$u = 4 \cdot 6$ cm $= 24$ cm

b) Möglich sind alle Kombinationen von zwei Seitenlängen, deren Produkt 36 cm² beträgt.
Ganzzahlige Kombinationsmöglichkeiten sind z. B.
1 cm · 36 cm, 2 cm · 18 cm, 3 cm · 12 cm, 4 cm · 9 cm usw.

3 Abschlussfahrt

a) Für Venedig ist jeder Vierte, das sind 20 Schülerinnen und Schüler (80 : 4 = 20).
20 % sind für Paris, das sind 16 Schülerinnen und Schüler (80 · 0,2 = 16).
Nach London oder Prag wollen somit 80 – 20 – 16 = 44 Schülerinnen und Schüler.
Diese teilen wir im Verhältnis 3 : 1 auf:
44 : 4 = 11 11 · 3 = 33
11 · 1 = 11
Nach London wollen 33 Schülerinnen und Schüler, nach Prag 11.

b) Venedig: $\frac{1}{4} = 25\,\%$

Paris: 20 %

London: 33 von 80 $= \frac{33}{80} = 0{,}4125 = 41{,}25\,\%$

Prag: 11 von 80 $= \frac{11}{80} = 0{,}1375 = 13{,}75\,\%$

c) Um ein Kreisdiagramm zu zeichnen, muss man die Mittelpunktswinkel für die einzelnen Kreisausschnitte berechnen:
- 1 % entspricht 360° : 100, also 3,6°.
- Man kann auch mit den Brüchen rechnen, $\frac{1}{80}$ entspricht dann 360° : 80, also 4,5°.

Für die Kreisausschnitte erhalten wir dann folgende Mittelpunktswinkel:

Venedig: $\frac{1}{4} \rightarrow 360° : 4 = 90°$

Paris: $20\,\% = \frac{1}{5} \rightarrow 360° : 5 = 72°$

London: $\frac{33}{80} \rightarrow 33 \cdot 4{,}5° = 148{,}5°$

Prag: $\frac{11}{80} \rightarrow 11 \cdot 4{,}5° = 49{,}5°$

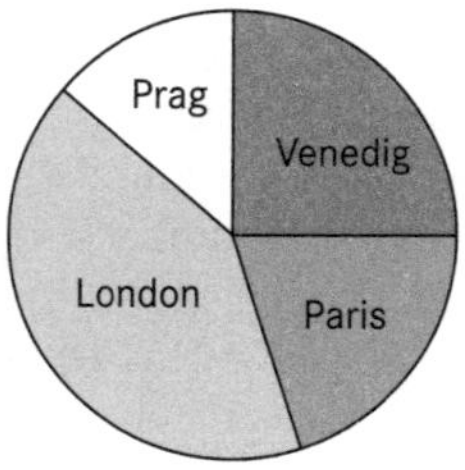

Das Streifendiagramm ist insgesamt 10 cm lang, sodass 1 mm genau 1 % entspricht.

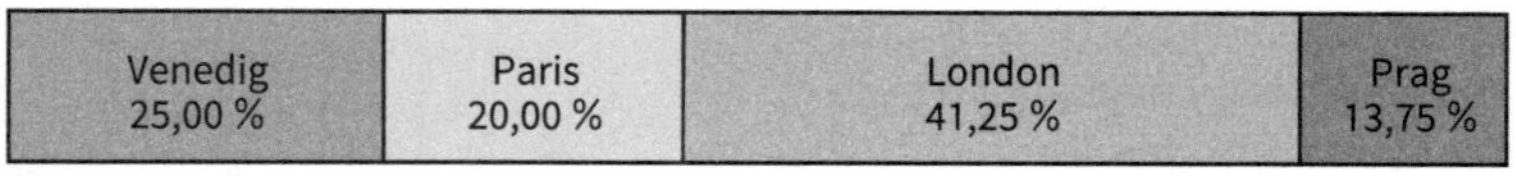

37

4 Lineare Funktionen

Die Funktionsgleichungen von f und g besitzen die Form $y = m \cdot x + n$. Also sind f und g lineare Funktionen und ihre Graphen Geraden. f und g besitzen dieselbe Steigung m, d. h., die zugehörigen Graphen verlaufen parallel. Da m den Wert –0,2 besitzt, fallen beide Graphen von links nach rechts. Der Schnittpunkt des Graphen einer linearen Funktion $y = m \cdot x + n$ mit der y-Achse ist der Punkt (0 | n).
Also schneidet der Graph von f die y-Achse im Punkt (0 | –3), der Graph von g im Punkt (0 | 3).

37

5 Gleichungssysteme

a) I. $5x - 3y = 53$
II. $4x + 3y = 37$ (I + II)

$9x = 90$
$x = 10$

→ II. $4 \cdot 10 + 3y = 37$
$3y = -3$
$y = -1$

b) 1. Zahl: x   2. Zahl: y
I. $3x + 1 = y$
II. $2x + y = 36$

in II.: $2x + (3x + 1) = 36$
$5x = 35$
$x = 7$

→ I. $3 \cdot 7 + 1 = y$
$22 = y$

Ergebnis: 1. Zahl: 7
2. Zahl: 22

6 Dynamisches Dreieck

a) Bewegt man Punkt C auf der Geraden g, verändern sich die Längen der Dreieckseiten a und b sowie die Weite aller Innenwinkel des Dreiecks ABC. Unverändert dagegen bleiben die Länge der Seite c sowie der Abstand der parallelen Geraden g und h. Dieser Abstand entspricht der Höhe auf c im Dreieck ABC. Wenn aber die Längen der Seite c und der Höhe auf c unverändert bleiben, dann bleibt auch der Flächeninhalt des Dreiecks gleich.

b) Wenn der Punkt D im Programm auf den Punkt B gezogen wird, entsteht die rechts abgebildete Figur.

7 Dreieck im Koordinatensystem

a)

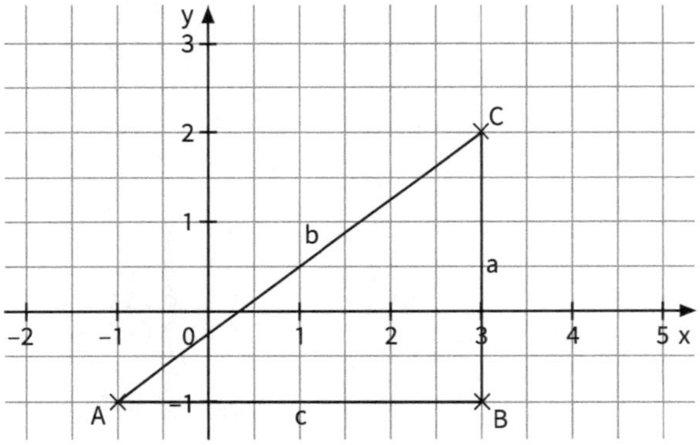

b) Länge der Strecken: $\overline{AB} = 4$ cm, $\overline{BC} = 3$ cm
Im rechtwinkligen Dreieck ABC gilt nach dem Satz von Pythagoras:

$(\overline{AC})^2 = (\overline{AB})^2 + (\overline{BC})^2$
$= (4\text{ cm})^2 + (3\text{ cm})^2$
$= 25\text{ cm}^2 \quad |\sqrt{\ }$
$\overline{AC} = 5$ cm (nicht –5 als zweite Lösung der Länge)

Da das Dreieck rechtwinklig ist, kann der Flächeninhalt mithilfe der Länge der Katheten berechnet werden.

Flächeninhalt $A = \frac{\overline{AB} \cdot \overline{BC}}{2}$
$= \frac{4\text{ cm} \cdot 3\text{ cm}}{2}$
$= 6\text{ cm}^2$

38

8 Prozente

a) *1. Methode:* 10 % von 130 € sind 13 €, 40 % sind dann 4 · 13 € = **52 €.**

2. Methode:
100 % → 130 €
1 % → 1,30 €
40 % → **52 €**

3. Methode:
130 € · 40 % = 130 € · 0,4 = **52 €**

b) *1. Methode:*
4 % → 12 kg
1 % → 3 kg
100 % → **300 kg**

2. Methode: □ · 4 % = 12 kg
also: □ · 0,04 = 12 kg |:0,04
□ = **300 kg**

3. Methode: $W = G \cdot p\,\% = G \cdot \frac{p}{100}$ umformen: $W \cdot \frac{100}{p} = G$

einsetzen: $12\text{ kg} \cdot \frac{100}{4} =$ **300 kg**

38

c) *1. Methode:* 24 cm von 6 m bzw. 24 cm von 600 cm?
6 cm sind 1 % von 600 cm, dann sind 24 cm genau viermal so viel, also **4 %** von 600 cm bzw. 4 % von 6 m.

2. Methode: 600 cm → 100 %
1 cm → 0,166... %
24 cm → **4 %**

3. Methode: $\frac{24\text{ cm}}{6\text{ m}} = \frac{24\text{ cm}}{600\text{ cm}} = 0{,}04 = \mathbf{4\,\%}$

d) 3 % von 760 € sind 0,03 · 760 € = **22,80 €**

9 Kinobesucher

a) $\frac{(625 + 745 + 820 + 655 + 423 + 388 + 495)}{7} = \frac{4151}{7} = 593$

b) Wenn durchschnittlich 450 Besucher pro Tag den Film gesehen haben, sind das in zwei Wochen insgesamt 6300 (450 · 14) Besucher. Davon muss man die Anzahl der Besucher aus der ersten Woche (4151) abziehen. In der zweiten Woche haben 2149 Besucher (6300 – 4151) den Film gesehen.

10 Lostrommel

a) $P\text{ (Hauptgewinn)} = \frac{\text{Anzahl der Hauptgewinne}}{\text{Anzahl aller Lose}} = \frac{20}{300} = \frac{1}{15}$

Die Wahrscheinlichkeit, dass das erste gezogene Los ein Hauptgewinn ist, beträgt $\frac{1}{15}$.

b) Es sind jetzt noch 270 Lose in der Lostrommel, davon 18 Hauptgewinne.

$P\text{ (Hauptgewinn)} = \frac{18}{270} = \frac{2}{30} = \frac{1}{15}$

Die Wahrscheinlichkeit für einen Hauptgewinn ist genauso groß wie beim ersten gezogenen Los.

11 Gleichungen und Graphen

Grundsätzlich gibt es zwei Lösungswege. Bei dem rechnerischen Weg wählt man einen Punk $(x|y)$ des Graphen aus, den dieser mit keinem der abgebildeten Graphen gemeinsam hat, und prüft, welche der zur Auswahl stehenden Gleichungen durch die Koordinaten des Punktes erfüllt wird. Schneller aber ist der andere Weg, bei dem man sein Wissen über den grafischen Verlauf von linearen und quadratischen Funktionen nutzt.

Die abgebildeten Graphen g_1 und g_2 sind Geraden. Geraden sind Graphen von linearen Funktionen mit der allgemeinen Form $y = m \cdot x + n$. Drei zur Auswahl stehende Gleichungen sind linear, sie unterschieden sich nur in der Steigung (m). Die Graphen g_1 und g_2 steigen von links nach rechts an, also ist $m > 0$. Die Gleichung $y = -2x + 1$ scheidet damit aus. Da g_1 steiler verläuft als g_2, gehört die Gleichung mit dem größeren m zu g_1, nämlich $y = x + 1$. Zu g_2 gehört $y = 0{,}5x + 1$.

Zu den Parabeln (g_3, g_4, g_5, g_6) gehören Gleichungen, die einen quadratischen Term (x^2) enthalten. Hiervon stehen fünf zur Auswahl. Die Graphen g_3 und g_4 besitzen den Scheitelpunkt $(0|0)$ und sind nach unten geöffnet. Zu ihnen gehören also Gleichungen der Form $y = ax^2$ mit $a < 0$. Zur Auswahl stehen $y = -x^2$ und $y = -2x^2$. Die Parabel g_3 verläuft durch die Punkte $(-1|-1)$ und $(1|-1)$. Zu ihr gehört also die Gleichung $y = -x^2$. Die Parabel g_4 ist schmaler geöffnet, zu ihr gehört die Gleichung $y = -2x^2$.

Die Graphen g_5 und g_6 sind verschobene Normalparabeln. Parabeln mit der Gleichung $y = x^2 + c$ besitzen den Scheitelpunkt $(0|c)$. Sie sind gegenüber der Normalparabel in y-Richtung verschoben; für $c > 0$ nach oben, für $c < 0$ nach unten. g_6 besitzt den Scheitelpunkt $(0|2)$. Zu g_6 gehört also $y = x^2 + 2$. Die Parabel g_5 besitzt den Scheitelpunkt $(-1|0)$. Zu ihr passt nur noch die Gleichung $y = x^2 + 2x + 1$. Folgende Überlegung bestätigt dies: umgeformt lautet die Gleichung $y = (x + 1)^2$. Parabeln mit der Gleichung $y = (x + b)^2$ besitzen den Scheitelpunkt $(-b|0)$ und sind gegenüber der Normalparabel um b nach links verschoben. Richtig ist also:

g_1	$y = x + 1$
g_3	$y = -x^2$
g_5	$y = x^2 + 2x + 1$
g_6	$y = x^2 + 2$

	$y = x^2 - 2$
g_2	$y = 0{,}5x + 1$
	$y = -2x + 1$
g_4	$y = -2x^2$

39

12 Fahrstuhl

Die Masseangabe bezieht sich auf m^2, deshalb wird zuerst die Fläche ausgerechnet, die das gesamte Papier einnimmt.

1 Blatt: $21{,}0\ cm \cdot 29{,}7\ cm = 623{,}7\ cm^2$

100 000 Blatt: $623{,}7\ cm^2 \cdot 100\,000 = 62\,370\,000\ cm^2 = 6237\ m^2$

Masse des Papiers: $80\ \frac{g}{m^2} \cdot 6\,237\ m^2 = 498\,960\ g \approx 500\ kg$

13 Parabeln in verschiedenen Darstellungen

$f(x) = -0{,}5\,(x + 1{,}5)^2 + 3{,}5$ (Scheitelpunktform)

$= -0{,}5\,(x^2 + 3x + 2{,}25) + 3{,}5$

$= -0{,}5x^2 - 1{,}5x - 1{,}125 + 3{,}5$

$= -0{,}5x^2 - 1{,}5x + 2{,}375$ (allgemeine Form)

14 Wasserfass

a) Das Fass hat die Form eines Zylinders. Für Zylinder mit dem Radius r und der Höhe h gilt:

$V = \pi r^2 h$

$V = \pi \cdot (30\ cm)^2 \cdot 80\ cm \approx 226\,194{,}7\ cm^3$ Dies entspricht ca. 226 *l*.

b) Das Fass ist oben offen. Deshalb fällt eine Kreisfläche weg und es gilt die folgende Formel:

$O = \pi r^2 + 2\pi rh$

$O = \pi \cdot (0{,}3\ m)^2 + 2 \cdot \pi \cdot 0{,}3\ m \cdot 0{,}8\ m \approx 1{,}79\ m^2 \approx 1{,}8\ m^2$

oder $O = \pi \cdot (30\ cm)^2 + 2 \cdot \pi \cdot 30\ cm \cdot 80\ cm \approx 17\,907\ cm^2 \approx 1{,}8\ m^2$

15 Größen bestimmen

Ladevolumen eines Lasters: Der Ladebereich kann als Quader mit den Maßen: Breite 2,5 m, Höhe 2,5 m, Länge 8 m geschätzt werden. Als Volumen ergibt sich daraus 2,5 m x 2,5 m x 8 m = 50 m^3. Da 1 m^3 = 1000 *l* gilt, muss 50 000 *l* angekreuzt werden.

Länge eines Springseils: Die Länge eines Springseils muss länger sein als die Körpergröße (bzw. als zweimal die halbe Körpergröße). Es muss aber kürzer als 5 m sein, sonst kann es nicht zum Springen benutzt werden. Entsprechend kann die Länge des Seils auf ungefähr 2,5 m geschätzt werden, was 25 dm entspricht (250 000 mm = 250 m; 2500 cm = 0,025 km = 25 m).

Fläche eines Handballfeldes: Ein Handballfeld ist 20 m breit und 40 m lang, sodass sich ein Flächeninhalt von 800 m^2 ergibt (80 000 cm^2 = 8 m^2; 8000 dm^2 = 80 m^2; 0,8 km^2 = 800 000 m^2).

40

16 Straßenfest

a) Die Stückzahlen für Bratwurst und Currywurst werden addiert. Insgesamt sollen 105 Würste verkauft werden.

b) Der Preis für ein Steak steht in Zelle B5. Es soll 3,50 € kosten.

c) Die voraussichtlichen Einnahmen für den Bratwurstverkauf werden in der Zelle D3 mit der Formel =B3*C3 berechnet.

d) 1. Möglichkeit: Alle Zellen, in denen Einnahmen stehen, werden addiert:
D12: =D3+D4+D5+D6+D9+D10

2. Möglichkeit: Man verwendet die Funktion „Summe“:
D12: =Summe(D3:D10).

Dabei werden Zellen, in denen keine Zahl steht, vom Programm nicht berücksichtigt.

17 Lohnerhöhungen

Es müssen (1), (3) und (4) angekreuzt werden. Begründung:

(1) Da beide Gehälter um denselben Prozentwert (112 €) erhöht wurden, aber einen unterschiedlichen Grundwert besitzen, haben sie eine prozentual unterschiedliche Erhöhung erhalten.

(3) Da der Zusammenhang $p\,\% = \frac{W}{G}$ gilt, kann man den Prozentsatz folgendermaßen bestimmen:

$$p\,\% = \frac{112}{(2712 - 112)} = \frac{112}{2600} \approx 0{,}043 = 4{,}3\,\%$$

(4) Da der Zusammenhang $p\,\% = \frac{W}{G}$ gilt, kann man den Prozentsatz folgendermaßen bestimmen:

$$p\,\% = \frac{112}{(2007 - 112)} = \frac{112}{1895} \approx 0{,}059 = 5{,}9\,\%$$

40 **18 Funktionsbeschreibung**

Graph f: Mit wachsenden x-Werten wachsen auch gleichmäßig die y-Werte (positive konstante Steigung). Für $x = 0$ geht die Funktion nicht durch den Ursprung. Es handelt sich um eine lineare Funktion.

Graph g: Mit wachsenden x-Werten werden die y-Werte gleichmäßig kleiner (negative konstante Steigung). Für $x = 0$ geht die Funktion nicht durch den Ursprung. Es handelt sich um eine lineare Funktion.

Graph h: Mit wachsenden x-Werten werden die y-Werte auch immer geringer, aber nicht gleichmäßig, sondern die Abnahme wird immer geringer. Die Funktion hat keinen Schnittpunkt mit der y-Achse, sondern schmiegt sich an die y-Achse an. Es handelt sich um eine Hyperbel, also eine antiproportionale Funktion.

Graph i: Unabhängig von den x-Werten nehmen die y-Werte immer den Wert 3,5 an. Es handelt sich um eine konstante Funktion.

Graph j: Mit wachsenden x-Werten wachsen auch gleichmäßig die y-Werte (positive konstante Steigung). Für $x = 0$ geht die Funktion durch den Ursprung. Es handelt sich um eine proportionale Funktion.

41 **19 Würfeln mit einem Quader**

a) Die Seitenfläche mit der Augenzahl 1 ist genauso groß wie die Fläche mit der Zahl 6. Wir gehen davon aus, dass die Masse des Holzquaders gleichmäßig verteilt ist. Aus Symmetriegründen beträgt dann die Wahrscheinlichkeit, eine Eins zu würfeln, ebenfalls ca. 8 %. Damit bleiben für die übrigen vier Ergebnisse (2, 3, 4, 5) noch ca. 84 % übrig. Da ihre Flächen ebenfalls alle gleich groß sind, beträgt – wiederum aus Symmetriegründen – die Wahrscheinlichkeit für jedes Ergebnis ca. 21 % (= 84 % : 4).

Augenzahl	1	2	3	4	5	6
Näherungswert für die Wahrscheinlichkeit	8 %	21 %	21 %	21 %	21 %	8 %

Da es sich um einen Zufallsversuch handelt, sind dies nur Näherungswerte. Selbst mit einer sehr großen Zahl von Versuchen kann man die Wahrscheinlichkeiten nur angenähert, nicht aber exakt bestimmen.

b) Bei einer so großen Anzahl an Würfen, ist es am wahrscheinlichsten, dass ungefähr 8 % (Wahrscheinlichkeit für 6) der 4000 Würfe eine 6 sind; also: $0{,}08 \cdot 4000$ Würfe = 320 Würfe. Trotzdem ist aber jede andere Anzahl zwischen 0 und 4000 möglich.

20 Baumhöhe

Mit dem Strahlensatz gilt:

$$\frac{x}{1{,}30\text{ m}} = \frac{15\text{ m}}{3\text{ m}} \quad | \cdot 1{,}30$$

$$x = \frac{15\text{ m} \cdot 1{,}30\text{ m}}{3\text{ m}}$$

$x = 6{,}50$ m → Baumhöhe h = 6,50 m + 1,70 m = 8,20 m

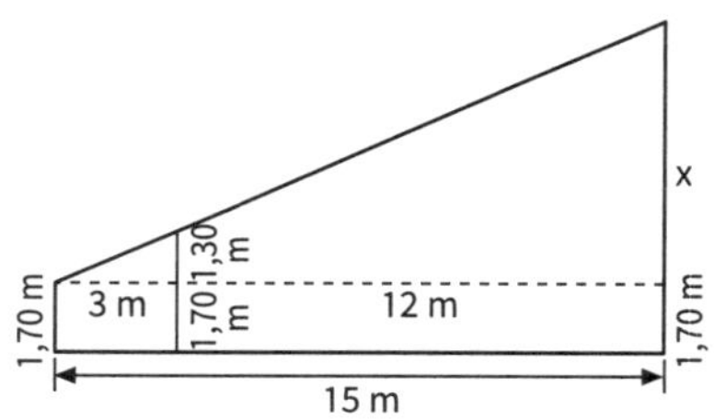

Die Höhe des Baumes beträgt 8,20 m.

21 Rechengeschichten

(1) Anzahl der Gewinnlose: x — Anzahl der Nieten: 0,5x
Gleichung: $x + 0{,}5x = 30$ — [x] Ja.

(2) Roberts Sparsumme nach 30 Tagen: x
Gleichung: $x = 15 \cdot 1\text{ €} + 15 \cdot 0{,}50\text{ €}$ — [x] Nein.

(3) Mineralwasser in Liter: x — Fruchtsaft in Liter: $0{,}5 \cdot x$
Gleichung: $x + 0{,}5x = 30$ — [x] Ja.

(4) Alter der Bruders: x — Alter von Max: $0{,}5 \cdot x$
Gleichung: $x + 0{,}5x = 30$ — [x] Ja.

42–51 **Die Lösungen zum Eingangstest (S. 42 – 51) im Arbeitsbuch befinden sich im Arbeitsbuch selbst (S. 52 – 77).**

52

1 80 % = 0,8 x ist die Anzahl der Runden, die Silke geschafft hat.

80 % von x = $x \cdot 0{,}8 = 12$

$x \cdot 0{,}8 = 12 \quad |:0{,}8$

$x = \frac{12}{0{,}8}$

$x = 15$ Silke hat 15 Runden geschafft.

2 $\frac{1\,293{,}50}{1\,990} = 0{,}65 = 65\,\%$ (Formel $p\,\% = \frac{W}{G}$)

Man zahlt bei Buchung bis Ende März nur 65 % des Normalpreises, spart also 35 % gegenüber dem Normalpreis (100 % – 65 % = 35 %).

3 Der Preis des Autos im Vorjahr wird x genannt. Es gilt dann: 100 % – 8 % = 92 %, 92 % = 0,92

$x \cdot 0{,}92 = 22\,264$

$x = \frac{22\,264}{0{,}92}$

$x = 24\,200$

Im Vorjahr kostete das Auto 24 200 €.

4 Hausmülltonnen 2017: $840 \cdot 1{,}15 = 966$ (Erhöhung um 15 %)

Abfall pro Tonne 2017: $18\text{ kg} \cdot 1{,}05 = 18{,}9\text{ kg}$ (Erhöhung um 5 %)

Das Jahr 2017 hat 52 Wochen.

$966 \cdot 18{,}9\text{ kg} \cdot 52 = 949\,384{,}8\text{ kg} = 949{,}3848\text{ t}$

Die Stadtreinigungswerke mussten knapp 950 t Abfall aus Hausmülltonnen abtransportieren.

5 Anzahl der Schülerinnen und Schüler zu Beginn von 2014/2015: x

Anzahl der Schülerinnen und Schüler zu Beginn von 2015/2016: $x \cdot 1{,}5$

Anzahl der Schülerinnen und Schüler zu Beginn von 2016/2017: $(x \cdot 1{,}5) \cdot 1{,}4$

Es gilt also die Gleichung $(x \cdot 1{,}5) \cdot 1{,}4 = 189$

$x \cdot 2{,}1 = 189 \quad |:2{,}1$

$x = \frac{189}{2{,}1}$

$x = 90$

Die Schule nahm den Betrieb mit 90 Schülerinnen und Schülern auf.

53

1 a) Zu berechnen sind ein Kegel mit r = 1 m und $h_K = 3$ m sowie ein Zylinder mit r = 1 m und $h_Z = 5$ m.

$V_{Kegel} = \frac{1}{3}\pi \cdot (1\text{ m})^2 \cdot 3\text{ m} \approx 3{,}14\text{ m}^3$

$V_{Zylinder} = \pi \cdot (1\text{ m})^2 \cdot 5\text{ m} \approx 15{,}71\text{ m}^3$

$V_{Gesamt} = V_{Kegel} + V_{Zylinder} \approx 3{,}14\text{ m}^3 + 15{,}71\text{ m}^3 = 18{,}85\text{ m}^3$

Jeder Kubikmeter wiegt 0,76 t, also ist die Masse $m \approx 18{,}85 \cdot 0{,}76\text{ t} \approx 14{,}30$ t.

Das Modell wiegt knapp 14,30 t.

b) Hier geht es um die Oberfläche O, die aus dem Kegelmantel M_K, dem Zylindermantel M_Z und der Grundfläche G besteht. Zunächst muss s mit dem Satz des Pythagoras berechnet werden:

$s^2 = h^2 + r^2$

$s^2 = 9\text{ m}^2 + 1\text{ m}^2$

$s^2 = 10\text{ m}^2 \quad |\sqrt{\ }$

$s \approx 3{,}16\text{ m}$

$M_K = \pi \cdot r \cdot s \approx \pi \cdot 1\text{ m} \cdot 3{,}16\text{ m} \approx 9{,}93\text{ m}^2$

$M_Z = 2 \cdot \pi \cdot r \cdot h_Z \approx 2\pi \cdot 1\text{ m} \cdot 5\text{ m} \approx 31{,}42\text{ m}^2$

$G = \pi \cdot r^2 = \pi \cdot (1\text{ m})^2 \approx 3{,}14\text{ m}^2$

$O = M_K + M_Z + G \approx 9{,}93\text{ m}^2 + 31{,}42\text{ m}^2 + 3{,}14\text{ m}^2 = 44{,}49\text{ m}^2$

Das sind knapp 44,5 m². Da man pro m² einen halben Liter Farbe braucht, sind 22,25 Liter Farbe erforderlich.

53

2 Um die Masse m des Werkstücks berechnen zu können, muss sein Volumen bekannt sein.
Werkstückvolumen $V = V_{Z_1}$ (Hohlzylinder) – V_{Z_2} (herausgebohrten Zylinder).
$V_{Z_1} = \pi \cdot r_1^2 \cdot h_1 = \pi \cdot (15\text{ cm})^2 \cdot 10\text{ cm} \approx 7\,068{,}58\text{ cm}^3$
$V_{Z_2} = \pi \cdot r_2^2 \cdot h_2 = \pi \cdot (2\text{ cm})^2 \cdot 5\text{ cm} \approx 62{,}83\text{ cm}^3$

Das Volumen V des Werkstücks ergibt sich dann aus
$V = V_{Z_1} - V_{Z_2} \approx 7\,068{,}58\text{ cm}^3 - 62{,}83\text{ cm}^3 = 7\,005{,}75\text{ cm}^3$
Da 1 cm³ Holz 0,76 g wiegt, beträgt die Masse m des Werkstücks

$m = 7\,005{,}75\text{ cm}^3 \cdot 0{,}76\,\frac{\text{g}}{\text{cm}^3} = 5\,324{,}37\text{ g} \approx 5{,}3\text{ kg}$

Die Masse des Werkstücks beträgt ca. 5,3 kg.

3 a) Gesucht ist die Körperhöhe h_P der Pyramide.
Gegeben ist das rechtwinklige Dreieck NMO mit $\overline{MN} = 5$ cm und dem Winkel ONM = α = 67°.
Die gesuchte Körperhöhe h_P entspricht der Länge der Dreiecksseite $\overline{OM}$.

Es gilt: $\tan 67° = \frac{h_P}{5\text{ cm}}$ $\quad |\cdot 5\text{ cm}$

$5\text{ cm} \cdot \tan 67° = h_P$, $h_P \approx 11{,}78$ cm
Die Höhe der abgebildeten Körpers beträgt etwa 11,78 cm.

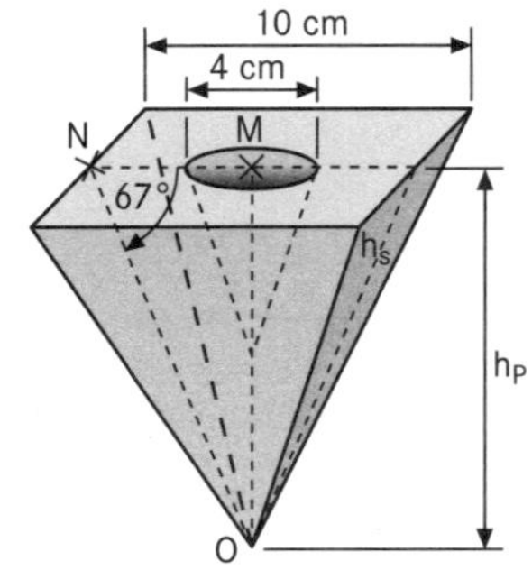

b) Das Volumen V des Werkstücks ergibt sich aus dem Volumen V_P der Pyramide abzüglich des Volumens V_K der kegelförmigen Aushöhlung. Deren Höhe beträgt die Hälfte von h_P, also 5,89 cm.

$V_P = \frac{1}{3} \cdot a^2 \cdot h_P \approx \frac{1}{3} \cdot (10\text{ cm})^2 \cdot 11{,}78\text{ cm} \approx 392{,}67\text{ cm}^3$
$V_K = \frac{1}{3}\pi \cdot r^2 \cdot \frac{h_P}{2} \approx \frac{1}{3}\pi \cdot (2\text{ cm})^2 \cdot 5{,}89\text{ cm} \approx 24{,}67\text{ cm}^3$
Das gesuchte Volumen V des Werkstücks ergibt sich dann aus:
$V = V_P - V_K \approx 392{,}67\text{ cm}^3 - 24{,}67\text{ cm}^3 = 368\text{ cm}^3$

c) Die Dichte von Aluminium beträgt $2{,}7\,\frac{\text{g}}{\text{cm}^3}$. Also $m \approx 368\text{ cm}^3 \cdot 2{,}7\,\frac{\text{g}}{\text{cm}^3} = 993{,}6\text{ g} = 0{,}9936\text{ kg} \approx 1\text{ kg}$
Die Masse m des Werkstücks beträgt etwa 1 kg.

54

1 a) Aus dem Graphen, der Inas Fahrt beschreibt, ist abzulesen, dass
- Ina nach einer Viertelstunde erst 4 km zurückgelegt hat (☒ NEIN).
- Ina nach 30 Minuten (um 19:30 Uhr) eine Rast einlegt (☒ JA).
- Inas durchschnittliche Geschwindigkeit zu Beginn ihrer Fahrt 4 km in 15 Minuten, also 16 km in 60 Minuten bzw. $16\,\frac{\text{km}}{\text{h}}$ beträgt (☒ NEIN).

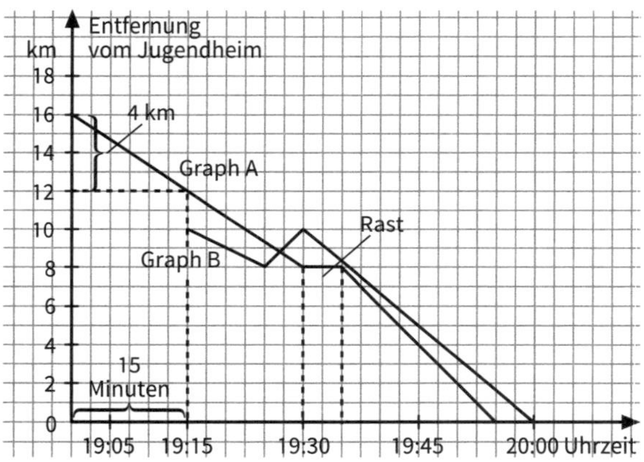

b) Eine mögliche Beschreibung wäre: Paul steigt um 19:15 Uhr auf sein Fahrrad und macht sich auf den Weg zum Jugendheim. Nach 2 km Fahrt (oder nach 10 Minuten) stellt er fest, dass er seinen Haustürschlüssel zu Hause vergessen hat.
Er kehrt um und radelt schnell (mit der doppelten Geschwindigkeit wie zuvor) zurück.
Schon von weitem sieht er seinen Vater mit dem Schlüsselbund vor dem Haus auf ihn warten.
Nur ein kurzes Dankeschön und schon radelt Paul wieder los. Ohne Pause und mit gleichbleibender Geschwindigkeit legt er nun die 10 km lange Fahrt zurück. Kurz vor Beginn der Party (um 19:55 Uhr) trifft Paul am Jugendheim ein.

c) Paul startet um 19:15 Uhr. Wäre er 15 Minuten vor Ina um 19:45 Uhr angekommen, hätte er den 10 km langen Weg von Zuhause bis zum Jugendheim in 30 Minuten zurücklegen müssen.
Dies gelingt mit einer konstanten (gleichbleibenden) Geschwindigkeit von 10 km in 30 Minuten bzw. 20 km in 60 Minuten. Die Antwort lautet also: Paul hätte die gesamte Strecke mit einer konstanten Geschwindigkeit von $20\,\frac{\text{km}}{\text{h}}$ fahren müssen, um 15 Minuten vor Ina anzukommen.

54

2 Eine mögliche Lösung ist im Koordinatensystem dargestellt. Je langsamer die Wandergeschwindigkeit ist, desto geringer ist die Steigung des entsprechenden Graphenabschnitts.

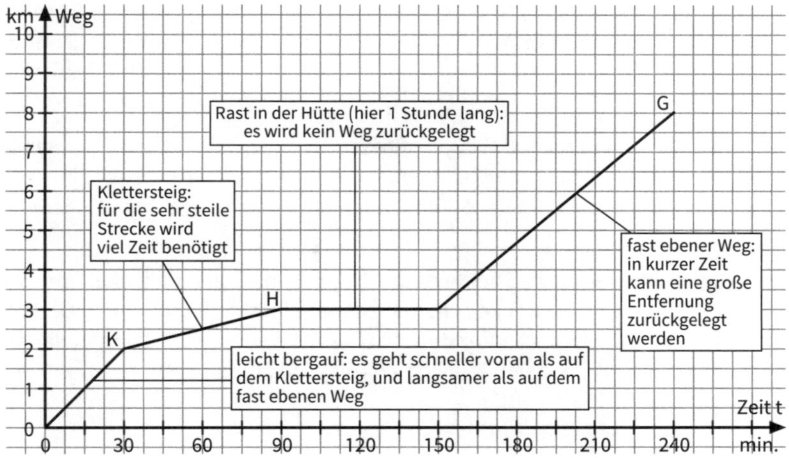

55

1 a) Die Aktie ist von 33,90 € (Grundwert G) um 3,70 € (Prozentwert W) gesunken.

$p\,\% = \frac{3{,}70\,€}{33{,}90\,€}$ $\quad p\,\% = 0{,}10914\ldots;$ $\quad p\,\% \approx 10{,}9\,\%$

b) $\frac{33{,}60\,€ + 32{,}10\,€ + 34{,}10\,€ + 34{,}60\,€ + 33{,}90\,€ + 30{,}20\,€}{6} = 33{,}08\overline{3}\,€$

Den Durchschnitt des letzten Jahres hat die Aktie nicht erreicht.

c) Der Eindruck entsteht dadurch, dass die €-Achse nicht bei 0 €, sondern bei 30 € beginnt.

d)

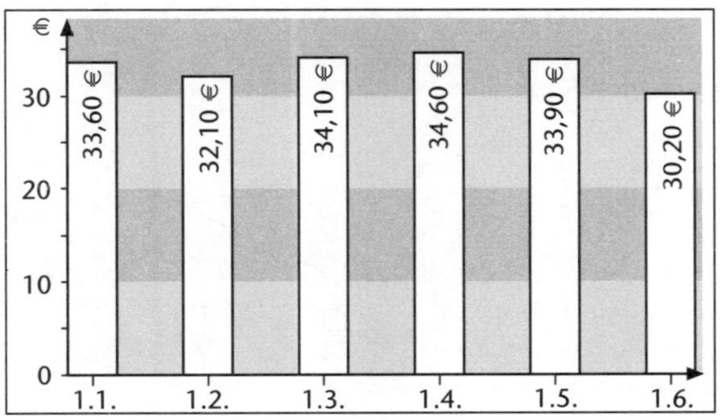

2 a) 80 % (24 von 30) der Mädchen und Jungen aus der Klasse 7a haben an der Umfrage teilgenommen.

b) Die Klasse 7b besteht zu 50 % aus Mädchen und zu 50 % aus Jungen (50 % entspricht 180°).
87,5 % (14 von 16) Mädchen wurden befragt (87,5 % von 180° entspricht 157,5°).
75 % (12 von 16) Jungen wurden befragt (75 % von 180° entspricht 135°).

c) Da wegen der Mehrfachantworten die Summe der Prozentsätze über 100 % beträgt, eignet sich nur ein Säulendiagramm zur Darstellung der Ergebnisse.

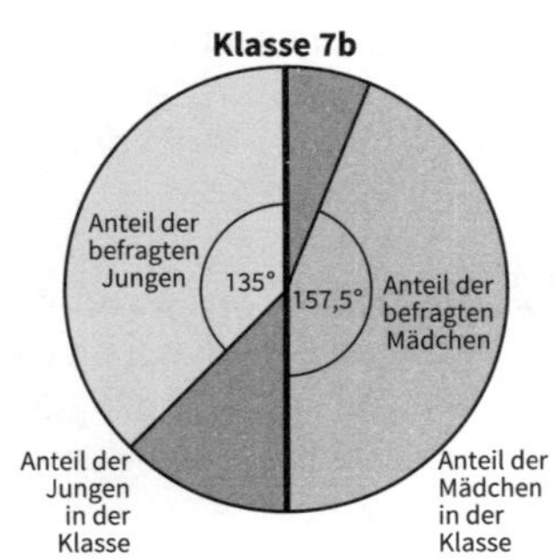

56

1 a) $x^2 = (3{,}4\text{ cm})^2 + (3\text{ cm})^2$
$x^2 = 23{,}24\text{ cm}^2$
$x \approx 4{,}5\text{ cm}$

b) $(3{,}8\text{ cm})^2 + x^2 = (4{,}5\text{ cm})^2$
$14{,}44\text{ cm}^2 + x^2 = 20{,}25\text{ cm}^2$
$x^2 = 5{,}81\text{ cm}^2$
$x \approx 2{,}4\text{ cm}$

c) $(4\text{ cm})^2 + x^2 = (5{,}6\text{ cm})^2$
$16\text{ cm}^2 + x^2 = 31{,}36\text{ cm}^2$
$x^2 = 15{,}36\text{ cm}^2$
$x \approx 3{,}9\text{ cm}$

d) $(3{,}8\text{ cm})^2 + x^2 = (5{,}1\text{ cm})^2$
$14{,}44\text{ cm}^2 + x^2 = 26{,}01\text{ cm}^2$
$x^2 = 11{,}57\text{ cm}^2$
$x \approx 3{,}4\text{ cm}$

$(3{,}4\text{ cm})^2 + y^2 = (4\text{ cm})^2$
$11{,}56\text{ cm}^2 + y^2 = 16\text{ cm}^2$
$y^2 = 4{,}44\text{ cm}^2$
$y \approx 2{,}1\text{ cm}$

2 Der Streckenzug besteht aus 8 Strecken. Eine Möglichkeit, das Haus in einem Zug zu zeichnen und dabei keine Strecke zweimal zu durchlaufen, ist A→B→C→D→E→C→A→D→B.
Die Seiten des Quadrats ABCD sind 4 cm lang. Die Längen der anderen Strecken lassen sich durch Anwendung des Satzes des Pythagoras berechnen.
$(\overline{AC})^2 = (\overline{AB})^2 + (\overline{BC})^2$
$(\overline{AC})^2 = (4\text{ cm})^2 + (4\text{ cm})^2$
$(\overline{AC})^2 = 32\text{ cm}^2$
$\overline{AC} \approx 5{,}7\text{ cm}$
Die Diagonalen eines Quadrats sind gleich lang, also gilt $\overline{AC} = \overline{BD} \approx 5{,}7\text{ cm}$
Das Dreieck DCE ist rechtwinklig, also gilt: $(\overline{CD})^2 + (\overline{CE})^2 = (\overline{CD})^2 = (4\text{ cm})^2$
Das Dreieck DCE ist auch gleichschenklig, d. h. $\overline{CE} = \overline{DE}$ und $(\overline{CE})^2 = (\overline{DE})^2$
Dann ist $(\overline{CE})^2 + (\overline{DE})^2 = 2 \cdot (\overline{CE})^2 = (4\text{ cm})^2$
$2 \cdot (\overline{CE})^2 = 16\text{ cm}^2 \quad |:2$
$(\overline{CE})^2 = 8\text{ cm}^2$
$\overline{CE} \approx 2{,}8\text{ cm}$
Die Länge des gesamten Streckenzugs beträgt dann $4 \cdot 4\text{ cm} + 2 \cdot 5{,}7\text{ cm} + 2 \cdot 2{,}8\text{ cm} \approx 33\text{ cm}$.

3 Die Länge des Trageseils kann mithilfe des Satzes des Pythagoras berechnet werden.

$s^2 = (62\text{ m})^2 + (130\text{ m})^2$
$s^2 = 20\,744\text{ m}^2$
$s \approx 144\text{ m}$

Da es aber kaum möglich ist, ein langes Seil so straff zu spannen, dass es wie eine Gerade zwei Punkte verbindet, wird das Trageseil in Wirklichkeit etwas länger sein.

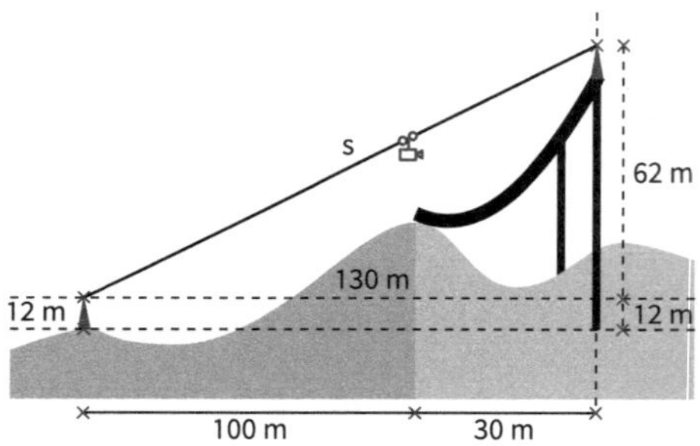

57

1 Das Plastikband besteht aus zwei Halbkreisen, die zusammen einen Kreis bilden, und zwei Strecken der angegebenen Längen.
$l = 6r + 6r + 2\pi r$
$l = 6 \cdot 5\text{ cm} + 6 \cdot 5\text{ cm} + 2\pi \cdot 5\text{ cm}$
$l \approx 91{,}4\text{ cm}$

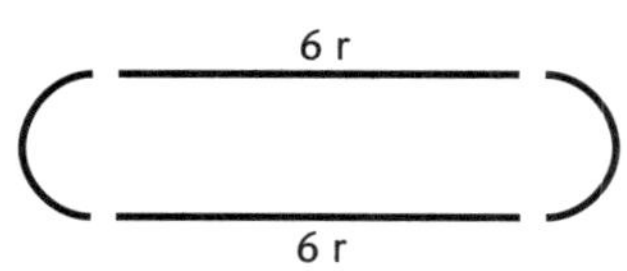

2 Das Plastikband besteht aus drei Drittelkreisen, die zusammen einen Kreis bilden, und drei Strecken der angegebenen Längen.
$l = 4r + 4r + 4r + 2\pi r = 12r + 2\pi r$
$l = 12 \cdot 6\text{ cm} + 2\pi \cdot 6\text{ cm}$
$l \approx 109{,}7\text{ cm}$

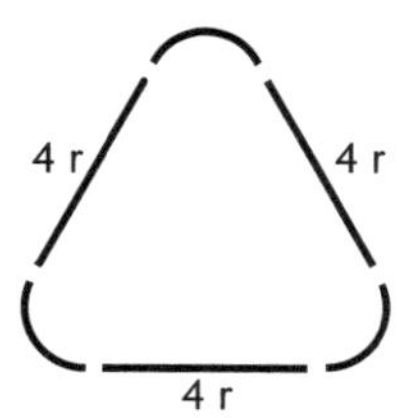

3 a) $\alpha = 60°$, nämlich der sechste Teil des Vollwinkels 360°;
β und γ sind gleich groß, weil das Dreieck gleichschenklig ist;
wegen der Winkelsumme von 180° gilt: $\beta = \gamma = 60°$.
Das Dreieck FME ist also gleichseitig.

b) Die einzelnen Teilstrecken sind jeweils 8 cm lang, wie aus den Überlegungen zu Teilaufgabe a) folgt. $u_6 = 6 \cdot 8\text{ cm} = 48\text{ cm}$

c) $u_K = 2 \cdot \pi \cdot 8\text{ cm} \approx 50{,}3\text{ cm}$
$u_6 = 48\text{ cm}$ Der Kreis ist also um 2,3 cm größer.

2,3 cm von 48 cm $= \frac{2{,}3}{48} \approx 0{,}048 = 4{,}8\,\%$

Der Umfang des Kreises ist etwa 4,8 % größer als der Umfang des Sechsecks.

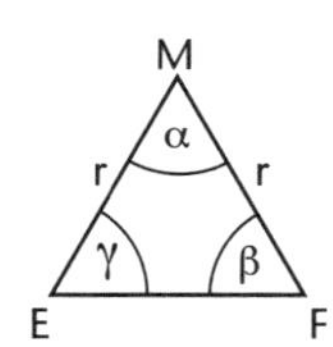

57

d) *1. Möglichkeit:*

Nach dem Satz des Pythagoras gilt:

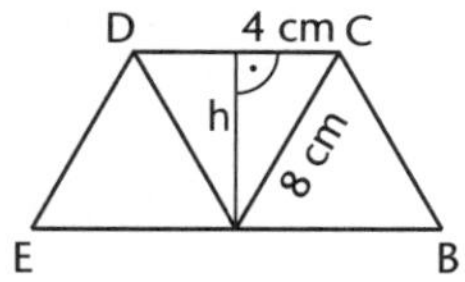

$h^2 + (4\text{ cm})^2 = (8\text{ cm})^2$

$h^2 + 16\text{ cm}^2 = 64\text{ cm}^2 \quad |-16\text{ cm}^2$

$h^2 = 48\text{ cm}^2$

$h \approx 6{,}93\text{ cm}$

$A = \frac{a+c}{2} \cdot h \qquad A \approx \frac{16\text{ cm} + 8\text{ cm}}{2} \cdot 6{,}93\text{ cm}$

$A \approx 83{,}16\text{ cm}^2$

2. Möglichkeit:

ohne Trapezformel: Das Trapez besteht aus drei Dreiecken mit der Grundseite 8 cm und der Höhe 6,93 cm.

$A = 3 \cdot \frac{8\text{ cm} \cdot 6{,}93\text{ cm}}{2}$

$A = 83{,}16\text{ cm}^2$

e) Der Flächeninhalt vervierfacht sich (Streckfaktor: $k = 2$, $k^2 = 4$). Der Umfang verdoppelt sich ($k = 2$).

4 Es gilt $A = 0{,}25\text{ m}^2$

$a^2 = 0{,}25\text{ m}^2$

$a = 0{,}5\text{ m}$

Der Kreis hat einen Durchmesser von 0,5 m und deshalb einen Radius von 0,25 m.

a) $A_K = \pi \cdot (0{,}25\text{ m})^2 \qquad u_K = 2\pi \cdot 0{,}25\text{ m}$

$A_K \approx 0{,}196\text{ m}^2 \qquad u_K \approx 1{,}57\text{ m}$

b) Von $0{,}25\text{ m}^2$ Platte werden $0{,}25\text{ m}^2 - 0{,}196\text{ m}^2 = 0{,}054\text{ m}^2$ als Abfall abgesägt.

Abfall in %: $p\,\% = \frac{0{,}054\text{ m}^2}{0{,}25\text{ m}^2} = 0{,}216 = 21{,}6\,\%$ Abfall

58

1 a) Das Volumen des Quaders berechnet sich aus $40\text{ cm} \cdot 15\text{ cm} \cdot 30\text{ cm} = 18\,000\text{ cm}^3$.

b) Pro Minute fließen 150 cm^3 in den Behälter ein, für $18\,000\text{ cm}^3$ werden dann $18\,000\text{ cm}^3 : \frac{150\text{ cm}^3}{\text{min}} = 120$ Minuten, also 2 h benötigt.

c) Da der Behälter gleichmäßig gefüllt wird, ist die zugehörige Funktion linear und der Funktionsgraph eine Gerade. Um den Graph zeichnen zu können, braucht man nur 2 Punkte.

- Der Graph verläuft durch den Punkt P (0|0), da der Behälter zu Beginn keine Flüssigkeit enthält, die Füllhöhe also 0 cm beträgt.
- Nach 120 Minuten ist der Behälter voll, d. h. die Füllhöhe nach 120 Minuten entspricht der Höhe des Behälters, nämlich 30 cm. Damit kennen wir einen zweiten Punkt des Graphen: Q (120|30).

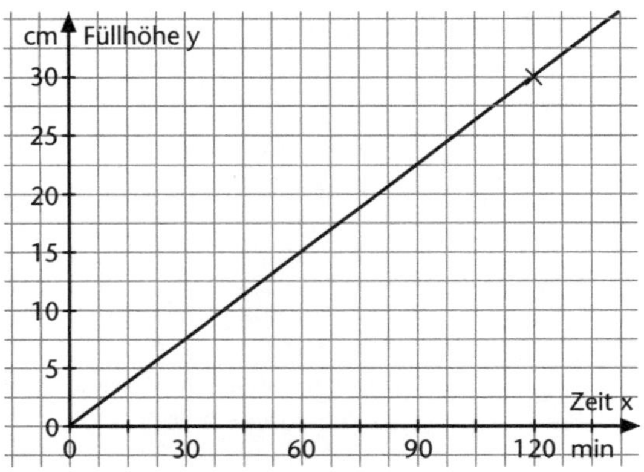

d) Die zugehörige Funktionsgleichung hat die Form $y = m \cdot x + n$. Ein möglicher Lösungsweg ist es, die Werte für m und n aus dem Graphen abzulesen:

$n = 0$ und $m = \frac{30}{120} = \frac{1}{4}$. Die gesuchte Funktionsgleichung lautet also: $y = 0{,}25x$.

2 a) $V = V_1 + V_2$

$V = 40\text{ cm} \cdot 15\text{ cm} \cdot 10\text{ cm} + 20\text{ cm} \cdot 15\text{ cm} \cdot 20\text{ cm}$

$V = 6\,000\text{ cm}^3 + 6\,000\text{ cm}^3$

$V = 12\,000\text{ cm}^3$

Da 150 cm^3 in der Minute in den Behälter fließen, dauert der Füllvorgang $12\,000\text{ cm}^3 : 150\,\frac{\text{cm}^3}{\text{min}} = 80$ Minuten.

58

b) Bei diesem zusammengesetzten Körper ist auch der zugehörige Graph aus Teilgraphen zusammengesetzt, die jeweils den Füllvorgang eines Teilkörpers beschreiben. Der Teilkörper 1 ist in 6 000 cm³ : 150 $\frac{cm^3}{min}$ = 40 Minuten gefüllt. Die Füllhöhe beträgt zu diesem Zeitpunkt 10 cm. Die Punkte (0|0) und (40|10) bestimmen diesen Teil des Graphen. Der Teilkörper 2 ist ebenfalls in 40 Minuten gefüllt. Die Füllhöhe beträgt anfangs 10 cm, bei vollständig gefülltem Körper 30 cm. Die Punkte (40|10) und (80|30) bestimmen diesen Teil des Graphen.

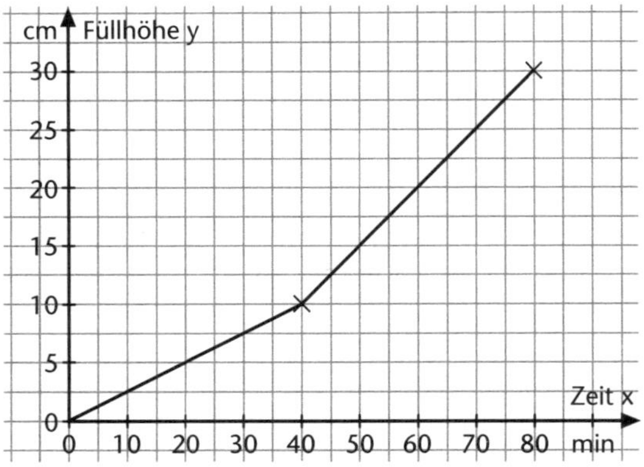

3 a)

Gefäß	Graph	mögliche Begründung
A	④	Der untere Teil des Körpers hat einen geringeren Querschnitt als der obere. Bei gleichmäßiger Befüllung muss der Graph also einen Wechsel von einem schnelleren zu einem langsameren Füllvorgang zeigen. Da es sich bei beiden Teilkörpern um Quader handelt, verläuft der Füllvorgang stückweise linear.
B	③	Der untere Teil des Körpers hat einen geringeren Querschnitt als der obere. Bei gleichmäßiger Befüllung muss der Graph also einen Wechsel von einem schnelleren zu einem langsameren Füllvorgang zeigen. Da der obere Teil die Form eines Kegelstumpfes besitzt, verläuft der Füllvorgang nur für den unteren Teil anfangs linear.
C	①	Für Quader D und Quader C sind die Füllvorgänge linear. Da die Grundfläche des Quaders D größer ist als die des Quaders C, verläuft der Füllvorgang des Quaders D deutlich langsamer als der des Quaders C. Der Graph mit der geringeren Steigung gehört also zum Quader D.
D	②	

b) Eine mögliche Lösung ist ein aus drei Teilquadern zusammengesetztes Gefäß:

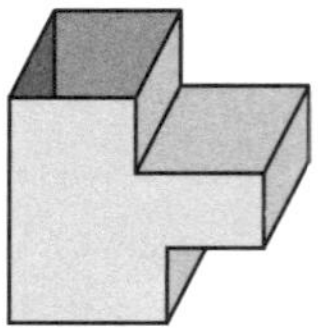

59

1 Richtig ist: „jeder vierte" und 25 %.

2 (1) → (D)
(2) → (E)
(3) → (A)
(4) → (B)
(5) → (C)

3 (A) Jeder vierte Junge bedeutet: Unter 100 Jungen befinden sich 25 Jungen, die aktives Mitglied eines Sportvereins sind.
Die Angabe von 4 % im Text ist also falsch.
Richtig müsste es heißen:
Jeder vierte Junge (25 %) der Klassenstufe 10 ist aktives Mitglied eines Sportvereins.

(B) Ein Zwanzigstel und 5 % beschreiben den gleichen Anteil, denn:
$\frac{1}{20} = \frac{5}{100}$ = 5 %. Daher ist die Formulierung „Letztes Jahr waren es sogar 5 %" falsch.
Richtig müsste es heißen:
Letztes Jahr waren es ebenfalls 5 %.

(C) Ein Fünftel aller Siebtklässler bedeutet: Von 100 Siebtklässlern kommen 20 mit dem Bus zur Schule, also 20 %.
Da ein Anteil von 25 % größer ist als ein Anteil von 20 %, ist die Formulierung „Unter den Achtklässlern sind es mit 25 % deutlich weniger" falsch.
Richtig müsste es heißen:
Unter den Achtklässlern sind es mit 25 % deutlich mehr.

59

4 Die Meldung beinhaltet zwei Fehler.
- Der erste Fehler steckt in der Formulierung „Die letzte Saison fiel dagegen deutlich besser aus". Jedes dritte Spiel zu gewinnen bedeutet z. B., bei vier von zwölf Spielen als Sieger vom Platz zu gehen.
  Jedes sechste Spiel zu gewinnen bedeutet dagegen in diesem Beispiel, nur bei zwei von zwölf Spielen siegreich zu sein.
- Der zweite Fehler liegt in der Angabe „Steigerung um 50 %". Tatsächlich gewinnt die C-Mannschaft nur noch halb so viele Spiele; richtig wäre es, von einer Verminderung um 50 % zu sprechen.

5 Die Meldung beinhaltet zwei Fehler.
Der erste mathematische Fehler steckt in der Formulierung „nur noch".
Früher: Jeder zehnte Autofahrer rast. Heute: Jeder fünfte Autofahrer rast.
Wenn also heute jeder fünfte statt früher jeder zehnte Autofahrer zu schnell fährt, dann hat sich die Zahl der Raser erhöht.
Der zweite Fehler liegt in der Angabe „fünf Prozent".
Jeder fünfte Autofahrer bedeutet, dass sich unter jeweils fünf Autofahrern ein Raser befindet.
Unter 100 Autofahrern sind dann 20 Raser zu finden, also: 20 von 100 oder 20 % der Autofahrer fahren zu schnell.
Richtig müsste die Meldung also lauten: „Fuhr vor einigen Jahren noch jeder zehnte Autofahrer zu schnell, so ist es heute sogar jeder fünfte. 20 Prozent sind natürlich viel zu viel, und so wird weiterhin kontrolliert, und die Schnellfahrer haben zu zahlen."

60

1 a) Die Länge der Strecke $\overline{OM}$ entspricht dem y-Abschnitt der Parabel.
Der Punkt M hat die x-Koordinate 0.
Für x = 0 gilt $y = -0{,}04 \cdot 0^2 + 38$
$y = 38$
Die Länge der Strecke $\overline{OM}$ beträgt demnach 38 m.

b) Die Punkte A und B liegen symmetrisch zur y-Achse auf der x-Achse. Dabei ist y = 0, also ist die Gleichung
$0 = -0{,}04x^2 + 38$ zu lösen.
$0{,}04x^2 = 38$
$x^2 = \frac{38}{0{,}04}$
$x^2 = 950$
$x_1 = \sqrt{950}$ *oder* $x_2 = -\sqrt{950}$
$x_1 \approx 30{,}8$ $x_2 \approx -30{,}8$
Die Strecke $\overline{AB}$ ist rund 61,6 m lang (30,8 · 2).

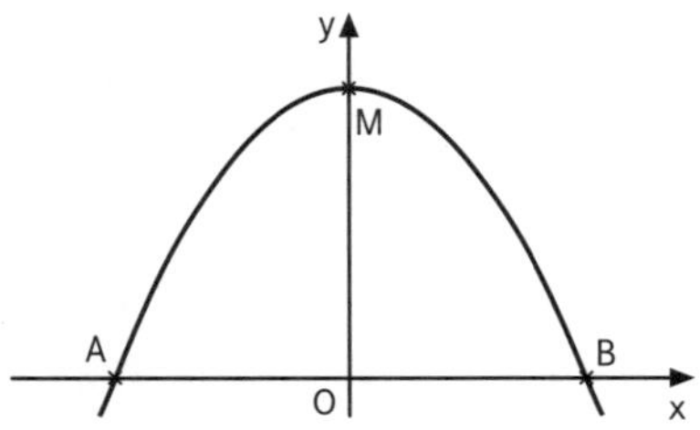

$y = -0{,}04x^2 + 38$

2 Gesucht ist die positive Nullstelle der Parabel.
$-0{,}08x^2 + 0{,}4x + 0{,}7 = 0 \quad |:(-0{,}08)$
$x^2 - 5x - 8{,}75 = 0$
$x_{1/2} = 2{,}5 \pm \sqrt{6{,}25 + 8{,}75}$
$x_{1/2} = 2{,}5 \pm \sqrt{15}$
$x_{1/2} \approx 2{,}5 \pm 3{,}87$
$x_1 \approx 6{,}37$; x_2 ist negativ und spielt in diesem Sachzusammenhang keine Rolle.
Der Springer setzt 6,37 m vom Absprungbalken entfernt im Sand auf.

3 Der Mittelpunkt M des Korbringes hat die Koordinaten M (11,2|2,52). Dabei ergibt sich 11,2 m als die Differenz von 14 m und 2,80 m. Für den Funktionswert an dieser Stelle gilt:
$y = -0{,}032 \cdot 11{,}2^2 + 0{,}387 \cdot 11{,}2 + 2{,}2$
$= -4{,}01408 + 4{,}3344 + 2{,}2 = 2{,}52032 \approx 2{,}52$
Elke trifft den Korbring fast genau in der Mitte.

60

4 a) Der Punkt (0|0) gehört zum Graphen der Funktion:

$0 = a \cdot 0^2 + b \cdot 0 + c$

$0 = c$

b) Die Parabel hat eine Funktionsgleichung der Form $y = ax^2 + bx$

Für $P_1(50|14)$ ergibt sich die Gleichung I. $14 = a \cdot 50^2 + b \cdot 50$

I. $14 = 2500a + 50b$

Für $P_2(100|0)$ ergibt sich die Gleichung II. $0 = a \cdot 100^2 + b \cdot 100$

II. $0 = 10000a + 100b$

Zu lösen ist dann das folgende Gleichungssystem:

I. $2500a + 50b = 14 \quad |\cdot(-2)$

II. $10000a + 100b = 0$

I. $-5000a - 100b = -28$

II. $10000a + 100b = 0 \quad +$

$5000a = -28$

$a = -0{,}0056$

Einsetzen von $a = -0{,}0056$ in II.:

$10000 \cdot (-0{,}0056) + 100b = 0$

$-56 + 100b = 0$

$100b = 56$

$b = 0{,}56$

Die Funktionsgleichung heißt $y = -0{,}0056x^2 + 0{,}56x$.

61

1 a) Zur Berechnung des Flächeninhalts fehlt die Höhe h, die man mit dem Satz des Pythagoras ermittelt.

$h^2 + (2{,}5\text{ cm})^2 = (11\text{ cm})^2 \quad |-2{,}5^2$

$h^2 = (11\text{ cm})^2 - (2{,}5\text{ cm})^2$

$h^2 = 114{,}75\text{ cm}^2 \quad |\sqrt{\ }$

$h \approx 10{,}7\text{ cm}$

Das Dreieck ist etwa 10,7 cm hoch.

$A = \frac{g \cdot h}{2} \approx \frac{5\text{ cm} \cdot 10{,}7\text{ cm}}{2} = 26{,}75\text{ cm}^2$

Der Flächeninhalt des Dreiecks beträgt ca. 26,75 cm².

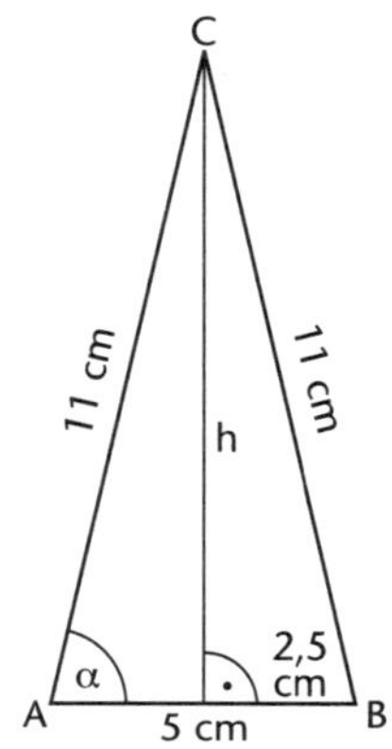

b) α kann man mit dem Kosinus berechnen.

$\cos\alpha = \frac{\text{Ankathete}}{\text{Hypotenuse}} = \frac{2{,}5\text{ cm}}{11\text{ cm}}$

$\cos\alpha = 0{,}2\overline{27}$

$\alpha \approx 76{,}9°$

Da das Dreieck gleichschenklig ist, gilt auch $\beta \approx 76{,}9°$

Für γ arbeitet man mit der Winkelsumme im Dreieck:

$76{,}9° + 76{,}9° + \gamma = 180°$

$153{,}8° + \gamma = 180° \quad |-153{,}8°$

$\gamma = 26{,}2°$

Die Innenwinkel des Dreiecks sind 76,9°, 76,9° und 26,2° groß.

2 a) Die Grundfläche berechnet man mit der Trapezformel.

$G = \frac{(a + c)}{2} \cdot h = \frac{(4\text{ cm} + 8\text{ cm})}{2} \cdot 5\text{ cm} = 30\text{ cm}^2$

$V = G \cdot h$ (Prisma-Formel)

$V = 30\text{ cm}^2 \cdot 14\text{ cm}$

$V = 420\text{ cm}^3$

Das Werkstück hat ein Volumen von 420 cm³.

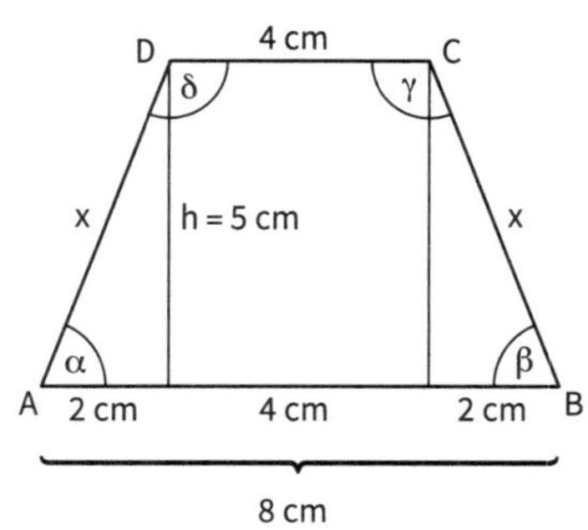

61 b) O = 2G + M (Formel Oberflächeninhalt eines Prismas)
Der Mantel M ist ein Rechteck, dessen Länge der Umfang der Grundfläche und dessen Breite 14 cm ist.
Für den Umfang der Grundfläche benötigt man die Länge x (siehe Zeichnung Seite 24), die man mit dem Satz des Pythagoras berechnen kann.

$x^2 = 5^2 + 2^2$
$x^2 = 25 + 4$
$x^2 = 29 \quad |\sqrt{\ }$
$x_1 \approx 5{,}385 \quad (x_2 = -5{,}385)$

Der Umfang u der Grundfläche berechnet sich so: $u = 2 \cdot x + 8\text{ cm} + 4\text{ cm}$
$u \approx 10{,}77\text{ cm} + 12\text{ cm}$
$u \approx 22{,}77\text{ cm}$

$M = u \cdot h$
$M \approx 22{,}77\text{ cm} \cdot 14\text{ cm}$
$M \approx 318{,}78\text{ cm}^2$ Aus a) ist bekannt: $G = 30\text{ cm}^2$.
$O = 2 \cdot G + M$
$O \approx 2 \cdot 30\text{ cm}^2 + 318{,}78\text{ cm}^2$
$O \approx 378{,}78\text{ cm}^2$
Der Oberflächeninhalt des Werkstücks beträgt ca. $378{,}78\text{ cm}^2$.

c) Bei einem gleichschenkligem Trapez gilt $\alpha = \beta$ und $\gamma = \delta$, außerdem $\alpha + \delta = 180°$

$\tan\alpha = \frac{\text{Gegenkathete}}{\text{Ankathete}} = \frac{5}{2} = 2{,}5$
$\tan\alpha = 2{,}5$
$\alpha \approx 68{,}2°$
$\delta \approx 180° - 68{,}2°$
$\delta \approx 111{,}8°$
Die Innenwinkel der Trapezfläche sind 68,2°, 68,2°, 111,8° und 111,8° groß.

3 a) Der Strafraum mit Torraum ist ein Rechteck mit einer Breite von 16,5 m und einer Länge von 16,5 m + 7,32 m + 16,5 m, also 40,32 m.
$A_1 = 16{,}5\text{ m} \cdot 40{,}32\text{ m}$
$A_1 = 665{,}28\text{ m}^2$
Der Torraum ist 5,5 m breit und 18,32 m lang.
$A_2 = 5{,}5\text{ m} \cdot 18{,}32\text{ m}$
$A_2 = 100{,}76\text{ m}^2$
$A_1 - A_2 = 665{,}28\text{ m}^2 - 100{,}76\text{ m}^2$
$= 564{,}52\text{ m}^2$
Der Strafraum außerhalb des Torraums ist ungefähr 565 m² groß.

b) Zunächst wird die Entfernung y vom 11-m-Punkt bis zum Fußpunkt des Tores mithilfe des Satzes des Pythagoras berechnet (siehe Zeichnung). 3,66 m ist die Hälfte von 7,32 m.

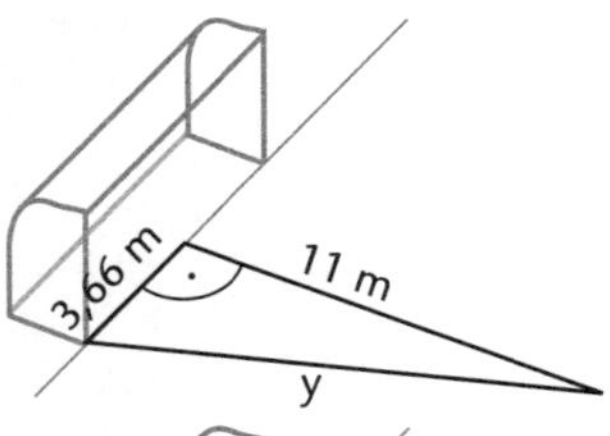

$y^2 = 11^2 + 3{,}66^2$
$y^2 = 134{,}3956 \quad (y \approx 11{,}59)$
Für die eigentlich gesuchte Strecke x gilt die zweite Zeichnung.
2,44 m ist die Höhe des Tores.

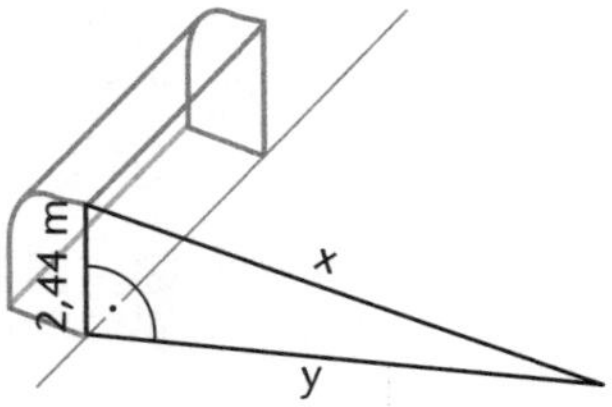

$x^2 = y^2 + 2{,}44^2$
$x^2 = 134{,}3956 + 5{,}9536$
$x^2 = 140{,}3492 \quad |\sqrt{\ }$
$x \approx 11{,}85$
Der Ball legt rund 11,85 m zurück.

c) $\tan\alpha = \frac{\text{Gegenkathete}}{\text{Ankathete}} = 2{,}44 : 11{,}59$

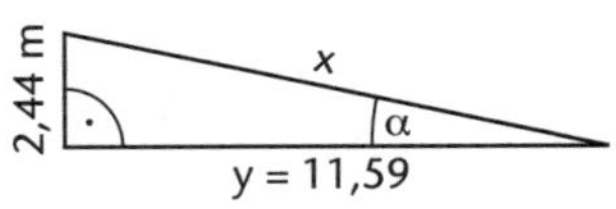

$\tan\alpha \approx 0{,}211$
$\alpha \approx 11{,}9°$
Der Ball hebt unter einem Winkel von knapp 12° vom Boden ab.

61 **4** Für den Flächeninhalt A eines Parallelogramms gilt:

$A = g \cdot h$ (Parallelogramm-Formel)

$A = 8{,}5\ \text{cm} \cdot 4{,}2\ \text{cm}$

$A = 35{,}7\ \text{cm}^2$

Der Flächeninhalt des Parallelogramms beträgt $35{,}7\ \text{cm}^2$.

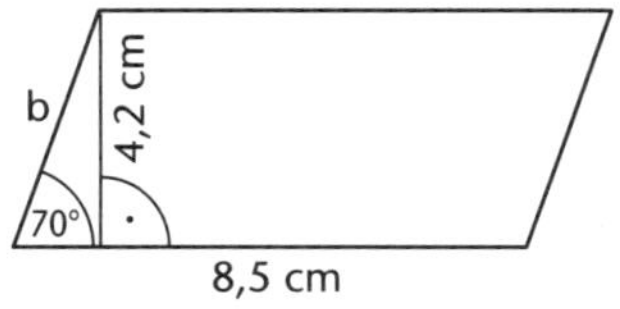

Für den Umfang benötigt man die Länge b.

$$\sin 70° = \frac{\text{Gegenkathete}}{\text{Hypotenuse}} = 4{,}2 : b \qquad | \cdot b$$

$b \cdot \sin 70° = 4{,}2 \qquad |: \sin 70°$

$b = 4{,}2 : \sin 70°$

$b \approx 4{,}47\ \text{cm}$

$u = 2a + 2b \approx 2 \cdot 8{,}5\ \text{cm} + 2 \cdot 4{,}47\ \text{cm} = 25{,}94\ \text{cm}$

Der Umfang des Parallelogramms beträgt rund 25,9 cm.

62 **1** Zunächst wandelt man die Prozentangaben in Dezimalbrüche um:

$55\,\% = 0{,}55$; $35\,\% = 0{,}35$; $40\,\% = 0{,}4$

Der gesuchte Anteil der Jungen, die mit dem Fahrrad zur Schule kommen, wird mit x bezeichnet. Folglich ist der Anteil der Jungen, die nicht mit dem Fahrrad zur Schule kommen, $(1 - x)$.

Im Baumdiagramm multiplizieren sich die Anteile längs eines Pfades.

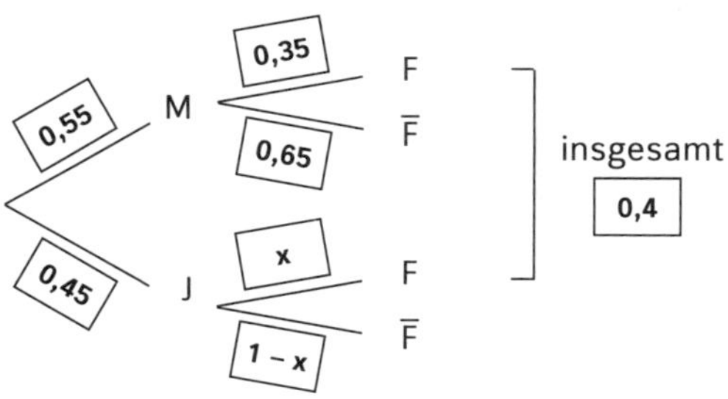

Mädchen mit Fahrrad:

0,55 M 0,35 F (0,1925)

Jungen mit Fahrrad:

0,45 J x F (0,45x)

insgesamt **0,4**

Daraus ergibt sich die folgende Gleichung:

$0{,}1925 + 0{,}45x = 0{,}4 \qquad |-0{,}1925$

$0{,}45x = 0{,}2075 \qquad |:0{,}45$

Sie hat die Lösung $x \approx 0{,}461$ Etwa 46 % der Jungen kommen mit dem Fahrrad zur Schule.

2 Der prozentuale Anteil der Ökostromnutzer in der Altersgruppe „unter 40 Jahren" ist mit 6,25 % angegeben. Gesucht ist der prozentuale Anteil der Ökostromnutzer in der Altersgruppe „40 Jahre oder älter". Zunächst bestimmt man, wie viele Personen jede der beiden Altersgruppen umfasst.

Wir wissen: 32 % der 1200 Befragten waren 40 Jahre alt oder älter.

$G = 1200 \quad p\,\% = 32\,\% \quad$ W ist gesucht.

$W = G \cdot p\,\% = 1200 \cdot 0{,}32 = 384$

384 der Befragten gehören zu der Altersgruppe „40 Jahre alt oder älter".

Folglich gehören 816 (= 1200 – 384) der Befragten zu der Altersgruppe „unter 40 Jahren".

Wir wissen: 6,25 % der unter 40-Jährigen nutzt Ökostrom.

$G = 816 \quad p\,\% = 6{,}25\,\% \quad$ W ist gesucht.

$W = G \cdot p\,\% = 816 \cdot 0{,}0625 = 51$.

51 Personen der Altersgruppe „unter 40 Jahren" nutzt Ökostrom.

Wir wissen: Insgesamt nutzen 72 der 1200 Befragten Ökostrom.

Folglich nutzen dann 21 (= 72 – 51) Personen aus der Altersgruppe „40 Jahre oder älter" Ökostrom.

Ihr prozentualer Anteil ergibt sich aus:

$G = 384 \quad W = 21 \quad$ p % ist gesucht.

$$p\,\% = \frac{W}{G} = \frac{21}{384} \approx 0{,}0579 = 5{,}79\,\%.$$

Ein Umfrageergebnis ist daher, dass der prozentuale Anteil der Ökostromnutzer in der Altersgruppe „unter 40 Jahren" größer ist als in der Altersgruppe „40 Jahre oder älter".

62 **3** a) Wir wissen, dass zwei Drittel ($\frac{2}{3} \approx 0{,}67 = 67\,\%$) der Konfektstücke die Form eines Quaders besitzen, der Rest (also ein Drittel) ist zylinderförmig.
$\frac{1}{3} \approx 0{,}33 = 33\,\%$

b) Zunächst ermitteln wir die Anzahl der zylinderförmigen Konfektstücke: $\frac{1}{3}$ von 60 = 20
Wir wissen, dass 12 Konfektstücke zylinderförmig sind und nach Kokos schmecken.
Folglich gibt es 8 (= 20 – 12) Konfektstücke, die zylinderförmig sind und nach Kakao schmecken.

c) Die Wahrscheinlichkeit, ein quaderförmiges Konfekt mit Kokosgeschmack aus der vollen Tüte zu ziehen, ergibt sich aus der relativen Häufigkeit für diese Merkmalskombination.
Wir wissen, dass zwei Drittel der 60 Konfektstücke die Form eines Quaders besitzen.
Es gibt also insgesamt 40 quaderförmige Konfektstücke in der Tüte.
Zudem wissen wir, dass ein Drittel des Konfekts Kakaogeschmack hat und damit folglich zwei Drittel der 60 Konfektstücke nach Kokos schmecken.
Aus b) wissen wir, dass 12 Konfektstücke zylinderförmig sind und nach Kokos schmecken.
Dies stellt man am besten übersichtlich in einer Häufigkeitstabelle oder einem Baumdiagramm dar und ermittelt die absoluten Häufigkeiten.

	Kakao	Kokos	insgesamt
zylinderförmig	20 – 12 = 8	12	20
quaderförmig	12	40 – 12 = 28	40
insgesamt	20	40	60

Unter den 60 Konfektstücke gibt es also 28 quaderförmige Lakritzstücke, die nach Kokos schmecken.
Also: P(quaderförmig und Kokos) = $\frac{28}{60} \approx 0{,}47 = 47\,\%$
Die Wahrscheinlichkeit, ein quaderförmiges Konfekt mit Kokosgeschmack aus der vollen Tüte zu ziehen, beträgt also 47 %.

Ein anderer Lösungsweg besteht darin, die relativen Häufigkeiten für die einzelnen Merkmale und deren Kombination zu berechnen, und in ein Baumdiagramm einzutragen.

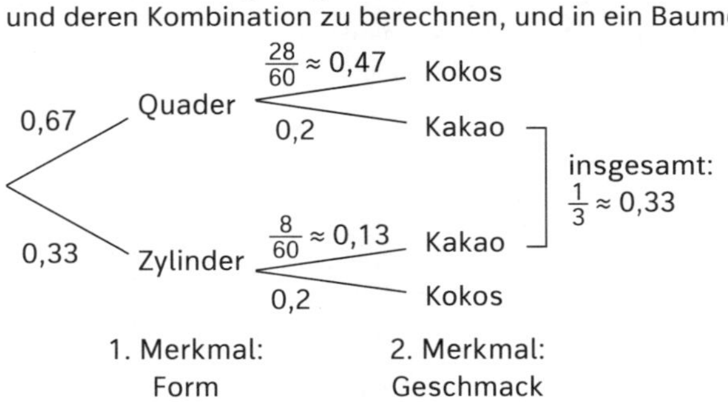

63 **1** 1 Stunde für 72 km
30 Minuten für 36 km
1 Stunde 30 Minuten für 108 km
Die Bahnstrecke ist 108 km lang.

2 a) Für Wohnen/Energie geben die Bundesbürger etwa fünfmal so viel aus wie für Telekommunikation.
Für Freizeit/Kultur geben die Bundesbürger etwa doppelt so viel aus wie für Gaststätten/Hotels.
Für Essen/Trinken geben die Bundesbürger etwa doppelt so viel aus wie für Kleidung/Schuhe.

b) Familie Wagner gibt für Wohnen/Energie etwa 9600 € aus (das 30-Fache von 320 €), für Verkehr etwa 4200 € (das 30-Fache von 140 €).

64 **1**
$u_1 = 2a + 2b$
$\cdot 2$: $u_2 = 2 \cdot (2a) + 2 \cdot (2b)$
$u_2 = 2\,(2a + 2b)$
[x] Der Umfang verdoppelt sich.

2 $A_1 = \pi r^2 \xrightarrow{\cdot 16}$
$A_2 = \pi \cdot (4r)^2 \rightarrow A_2 = \pi \cdot 16r^2 \rightarrow A_2 = 16 \cdot (\pi r^2)$
[x] Der Flächeninhalt versechzehnfacht sich.

64

3 $V_1 = a^3 \xrightarrow{\cdot \frac{1}{8}}$

$V_2 = (\frac{1}{2}a)^3 \rightarrow V_2 = \left(\frac{1}{2}\right)^3 \cdot a^3 \rightarrow V_2 = \frac{1}{8}a^3$

Das Volumen verringert sich auf ein Achtel.

4 Nennt man den Radius der kleinen Kugeln r, so hat die große Kugel den Radius 2r.
$4 \cdot V_1$ ist das gesamte Volumen aller kleinen Kugeln, V_2 das Volumen der großen Kugel.

$4V_1 = 4 \cdot \frac{4}{3}\pi \cdot r^3$ $\qquad V_2 = \frac{4}{3}\pi(2r)^3$

$4V_1 = \frac{16}{3}\pi r^3$ $\qquad V_2 = \frac{4}{3}\pi \cdot 8r^3$

$\xrightarrow{\cdot 2}$ / $\xleftarrow{:2}$ $\qquad V_2 = \frac{32}{3}\pi r^3$

Die vier kleinen Kugeln haben zusammen das halbe Volumen der großen Kugel, wiegen also zusammen 3,5 kg.

5 a) $O_1 = 2\,ab + 2\,ac + 2\,bc$ $\qquad O_2 = 2 \cdot (2a)(2b) + 2\,(2a)(2c) + 2\,(2b)(2c)$

$\xrightarrow{\cdot 4}$ / $\xleftarrow{:4}$ $\qquad O_2 = 8ab + 8ac + 8bc$

$O_2 = 4\,(2ab + 2ac + 2bc)$ $\qquad$ Der Oberflächeninhalt vervierfacht sich.

b) $V_1 = a \cdot b \cdot c$ $\qquad V_2 = (2a) \cdot (2b) \cdot (2c)$

$\xrightarrow{\cdot 8}$ / $\xleftarrow{:8}$ $\qquad V_2 = 8\,(a \cdot b \cdot c)$ $\qquad$ Das Volumen verachtfacht sich.

6 Generell gilt: Werden die Kantenlängen im Körper um den Faktor k vergrößert oder verkleinert, vergrößert oder verkleinert sich der Oberflächeninhalt um den Faktor k^2 und das Volumen um den Faktor k^3.
Im Bild wird deutlich, dass die gesamte Pyramide aus der Pyramidenspitze entsteht, wenn man die Kanten um den Faktor 4 vergrößert (Ähnlichkeit).

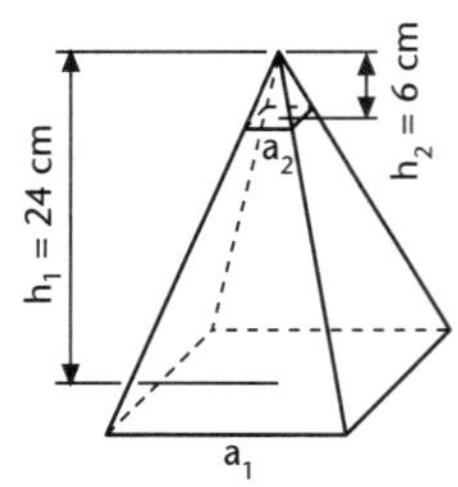

a) Die gesamte Pyramide hat das 4^3-Fache, also das 64-Fache Volumen der Spitze. Deshalb wiegt die abgeschnittene Spitze 31,25 g (2000 g : 64).
b) Die gesamte Pyramide hat die 4^2-Fache, also die 16-Fache Oberfläche der Spitze. Deshalb ist der Wert ☒ $\frac{1}{16}$ anzukreuzen.

65

1 a)

Euro	US-Dollar
6 360 000	7 850 000
636	785
1	$\frac{785}{636} \approx 1{,}2343$

b) Silber 90 %:
$1\text{ cm}^3 \cdot 0{,}9 \cdot 10{,}5\,\frac{g}{cm^3} = 9{,}45\text{ g}$
Kupfer 10 %:
$1\text{ cm}^3 \cdot 0{,}1 \cdot 8{,}9\,\frac{g}{cm^3} = 0{,}89\text{ g}$

1 cm^3 der Silberlegierung hat eine Masse von 10,34 g.

Dichte der Silberlegierung: $10{,}34\,\frac{g}{cm^3}$

c) Angaben aus der Tabelle:
Masse: 27 g $\qquad$ Dichte: $10{,}34\,\frac{g}{cm^3}$

Durchmesser der Münze: d = 4 cm
Radius der Münze: r = 2 cm
1. Schritt: Bestimmung des Volumens:

Masse (g) = Dichte $(\frac{g}{cm^3}) \cdot V\,(cm^3)$, also $V = \frac{27}{10{,}34}\text{ cm}^3 \approx 2{,}8\text{ cm}^3$

2. Schritt: Bestimmung der Dicke der Münze:
Da der Dollar die Form eines Zylinders hat, nutzt man die Volumenformel
$V = \pi \cdot r^2 \cdot h$ und formt sie nach h um:

$h = \frac{V}{\pi \cdot r^2} \approx 0{,}2\text{ cm} = 2\text{ mm}$

Der Silberdollar ist etwa 2 mm dick.

d) Materialwert: $0{,}80 \cdot 27 = 21{,}60$ €
Rekordsumme: 7 850 000 €
G = 21,60 €
W = 7 850 000 €

$p\,\% = \frac{W}{G} \approx 36\,342\,593\,\%$

Der Verkaufspreis entspricht fast 36 Mio. % des Materialwerts.

65

2 a) Folgende Maße sind gegeben:
$d = 12$ cm, also $r = 6$ cm
$\tan 45° = \frac{h}{r}$, also $h = r = 6$ cm
Aufgrund seiner Form eignet sich die Volumenformel des Kegels zur weiteren Berechnung.
$V = \frac{\pi \cdot r^2 \cdot h}{3}$, $V = \frac{\pi \cdot (6)^2 \cdot 6}{3}\ \text{cm}^3 \approx 226\ \text{cm}^3$
Aus $m = 250$ g und $V = 226\ \text{cm}^3$ folgt:
1 cm³ Mehl wiegt ungefähr 1,1 g.

b) *1. Schritt:* Berechnung des Volumens
Gegeben ist: $m = 500$ g
Um das Volumen berechnen zu können, benötigen wir aus a) die Dichte δ von Mehl, nämlich $1{,}1\ \frac{\text{g}}{\text{cm}^3}$.
Das Volumen ergibt sich dann aus $V = \frac{m}{\delta}$, also $V = \frac{500}{1{,}1}\ \text{cm}^3 \approx 455\ \text{cm}^3$.
2. Schritt: Berechnung der Höhe h
Aus $\tan 45° = \frac{h}{r}$ folgt: $h = r$
Dann gilt für alle Mehlkegel: $V = \frac{\pi \cdot r^2 \cdot r}{3} = \frac{\pi \cdot r^3}{3}$
Daraus folgt $r = \sqrt[3]{\frac{3 \cdot V}{\pi}}$
Also: $r \approx \sqrt[3]{\frac{3 \cdot 455}{\pi}}\ \text{cm} \approx 7{,}6$ cm
Der Schüttkegel aus 500 g Mehl hätte eine Höhe von 7,6 cm.

66

1 a) $K_4 = 2000\ € \cdot 1{,}014^4 \approx 2114{,}37\ €$

b) $K_0 = \frac{751{,}84\ €}{1{,}016} = 740\ €$

c) Die Laufzeit n ergibt sich aus der Gleichung
$1560\ € \cdot 1{,}015^n = 1705{,}77\ €$ $\quad | : 1560\ €$
$1{,}015^n \approx 1{,}09344$

Durch systematisches Probieren verschiedener Werte für n erhält man:
Für $n = 6$ stimmt die Gleichung in etwa.
Die Laufzeit beträgt etwa 6 Jahre.

2 Da die Verdoppelungszeit des Kapitals 44 Jahre beträgt, wird es weder 100 noch 135 Jahre dauern, bis sich das Kapital vervierfacht hat. Diese Zeiträume sind zu lang. Schauen wir uns nochmals die zugehörige Zinseszinsformel an:
$K_n = 2000\ € \cdot (1{,}016)^n$
Eine Vervierfachung tritt dann ein, wenn der Ausdruck $q = 1{,}016^n$ den Wert 4 annimmt.
$1{,}016^{66} \approx 2{,}85$; $1{,}016^{88} \approx 4{,}04$; $1{,}016^{100} \approx 4{,}89$; $1{,}016^{135} \approx 8{,}52$
Alternativlösung:
$1{,}016^{44} \approx 2$ (nach Information) $\rightarrow (1{,}016^{44})^2 \approx 2^2$, also $1{,}016^{88} \approx 4$
Richtig ist also ☒ etwa 88 Jahre.

3 a) Aus dem Diagramm ist abzulesen: 1 000 € sind nach 59 Jahren etwa erreicht.

b) Folgende Daten sind bekannt: $K_0 = 500\ €$; $K_n = 1000\ €$, $n = 59$ Jahre.
Gesucht ist der Zinssatz p %.
Eingesetzt in die Formel ergibt sich:

$$K_n = K_0 \cdot \left(1 + \frac{p}{100}\right)^n$$
$$1000\ € = 500\ € \cdot \left(1 + \frac{p}{100}\right)^{59} \quad | : 500\ €$$
$$2 = \left(1 + \frac{p}{100}\right)^{59} \quad | \sqrt[59]{\ }$$
$$\sqrt[59]{2} = 1 + \frac{p}{100}$$
$$1{,}0118175 = 1 + \frac{p}{100} \quad | -1$$
$$\frac{p}{100} \approx 0{,}0118 \approx 0{,}012$$

Der Zinssatz beträgt damit 1,2 %.

c) Da die Höhe des Betrages keinen Einfluss auf die Verdoppelungszeit hat, dauert es bei einem Zinssatz von 1,2 % ebenfalls etwa 59 Jahre, bis sich ein Kapital von 50 000 € verdoppelt hat.

67

1 Es gibt 36 mögliche Ergebnisse.

a) günstige Ergebnisse:

(1;2)	(2;1)	(3;1)	(4;1)	(5;1)	(6;1)
(1;3)	(2;3)	(3;2)	(4;2)	(5;2)	(6;2)
(1;4)	(2;4)	(3;4)	(4;3)	(5;3)	(6;3)
(1;5)	(2;5)	(3;5)	(4;5)	(5;4)	(6;4)
(1;6)	(2;6)	(3;6)	(4;6)	(5;6)	(6;5)

$P = \frac{30}{36} = \frac{5}{6}$

b) günstige Ergebnisse:

(4;6)
(5;5)
(5;6)
(6;4)
(6;5)
(6;6)

$P = \frac{6}{36} = \frac{1}{6}$

c) günstige Ergebnisse:

(1;1)	(3;1)	(5;1)
(1;3)	(3;3)	(5;3)
(1;5)	(3;5)	(5;5)

$P = \frac{9}{36} = \frac{1}{4}$

2 Die Tabelle in Aufgabe ⑯

P (Augensumme 12) = P (6;6) = $\frac{1}{36}$

P (Augensumme 7) = $\frac{6}{36} = \frac{1}{6}$ [günstig: (1;6), (2;5), (3;4), (4;3), (5;2), (6;1)]

Herr Schmidt muss 5-mal so oft die Augensumme 7 erzielen wie Frau Schäfer die Augensumme 12.

Tatsächlich tritt die Augensumme 7 aber bei einer großen Zahl von Versuchen 6-mal so oft wie die Augensumme 12 auf $\left(\frac{1}{36} \cdot 6 = \frac{6}{36}\right)$.

Herr Schmidt hat also die besseren Gewinnchancen.

3 Wir zeichnen ein Baumdiagramm.

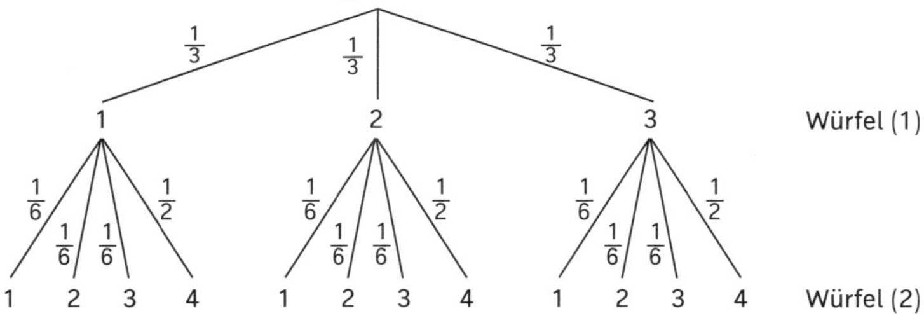

a) P (gerade Augensumme) = P (1;1) + P (1;3) + P (2;2) + P (2;4) + P (3;1) + P (3;3)

$= \frac{1}{3} \cdot \frac{1}{6} + \frac{1}{3} \cdot \frac{1}{6} + \frac{1}{3} \cdot \frac{1}{6} + \frac{1}{3} \cdot \frac{1}{2} + \frac{1}{3} \cdot \frac{1}{6} + \frac{1}{3} \cdot \frac{1}{6} = \frac{4}{9}$

b) P (zwei gleiche Zahlen) = P (1;1) + P (2;2) + P (3;3)

$= \frac{1}{3} \cdot \frac{1}{6} + \frac{1}{3} \cdot \frac{1}{6} + \frac{1}{3} \cdot \frac{1}{6} = \frac{1}{6}$

c) P (Augensumme 6) = P (2;4) + P (3;3)

$= \frac{1}{3} \cdot \frac{1}{2} + \frac{1}{3} \cdot \frac{1}{6} = \frac{2}{9}$

67

4

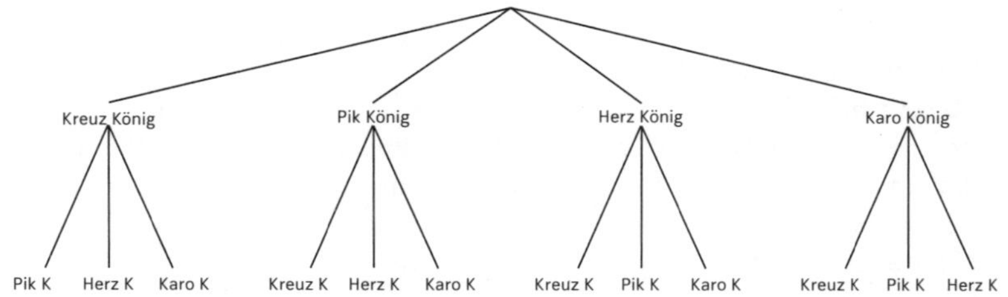

a) ↑ ↑ $P = \frac{2}{12} = \frac{1}{6}$

b) ↑ ↑ ↑ ↑ ↑ ↑ ↑ ↑ $P = \frac{8}{12} = \frac{2}{3}$

68

1 G_n ist die Menge der Fruchtfliegen nach n Tagen, q beschreibt den exponentiellen Wachstumsfaktor.

a) $G_0 = 10$; $q = 1{,}25$; $n = 7$
$G_7 = 10 \cdot 1{,}25^7 \approx 47{,}7$
Nach 7 Tagen sind es ca. 48 Fruchtfliegen.

b) Gesucht ist die Zahl n, für die gilt:
$10 \cdot 1{,}25^n = 1000 \quad |:10$
$1{,}25^n = 100 \quad |$ systematisch Probieren
$1{,}25^{20} < 100 < 1{,}25^{21}$
Die Zahl der Fruchtfliegen verhundertfacht sich zwischen dem 20. und 21. Tag.

2 a) Modell für die Bevölkerungsentwicklung in China:
G_0: Weltbevölkerung im Jahr 2013
q: exponentieller Wachstumsfaktor
n: Anzahl der Jahre
$G_0 = 1{,}36$ Mrd.; $q = 1{,}01014$; $n = 2050 - 2013 = 37$
$G_n = G_0 \cdot q^n$
$G_{37} = 1{,}36 \text{ Mrd.} \cdot 1{,}01014^{37} \approx 1{,}975 \text{ Mrd.}$
Nach diesem Modell werden etwa 1,98 Mrd. Menschen im Jahr 2050 in China leben.

b) Wir suchen das Jahr, in dem die Bevölkerungszahlen der beiden Länder annähernd gleich sind.
In diesem Fall muss gelten:
$1{,}36 \text{ Mrd.} \cdot 1{,}01014^n = 1{,}24 \text{ Mrd.} \cdot 1{,}017^n \quad |:1{,}24 \text{ Mrd.}$
$1{,}096774 \cdot 1{,}01014^n = 1{,}017^n \quad |:1{,}01014^n$
$1{,}096774 = \frac{1{,}017^n}{1{,}01014^n}$
$1{,}096774 = \left(\frac{1{,}017}{1{,}01014}\right)^n \quad |$ systematisch Probieren
$n \approx 14$

Probe:
Einwohnerzahl Chinas nach 14 Jahren: $1{,}36 \text{ Mrd.} \cdot 1{,}01014^{14} \approx 1\,566\,321\,366$
Einwohnerzahl Indiens nach 14 Jahren: $1{,}24 \text{ Mrd.} \cdot 1{,}017^{14} \approx 1\,570\,055\,578$

Nach etwa 14 Jahren (im Jahr 2027) wird Indien – nach diesem Vorhersagemodell – erstmals vor China auf dem 1. Platz der Länder mit der größten Bevölkerung stehen.

68

3 a) jährlicher Verbrauch des Jahres 1960: 8,1 Liter
jährlicher Verbrauch des Jahres 1980: 10,1 Liter
8,1 Liter : 10,1 Liter ≈ 0,8 Der Verbrauch betrug im Jahr 1960 nur 80 % von dem des Jahres 1980.

b) Man kann nicht sagen, dass der Verbrauch zwischen 1995 und 2015 jedes Jahr um 1 % abgenommen hat, da dies einer Gesamtabnahme von lediglich ca. 18 % ($0{,}99^{20} \approx 0{,}82$) entspricht.

c) Man kann diesen verfälschenden Eindruck erwecken, indem man die Daten der Jahre 1960 bis 1975 nicht in die grafische Darstellung mit aufnimmt; z. B.

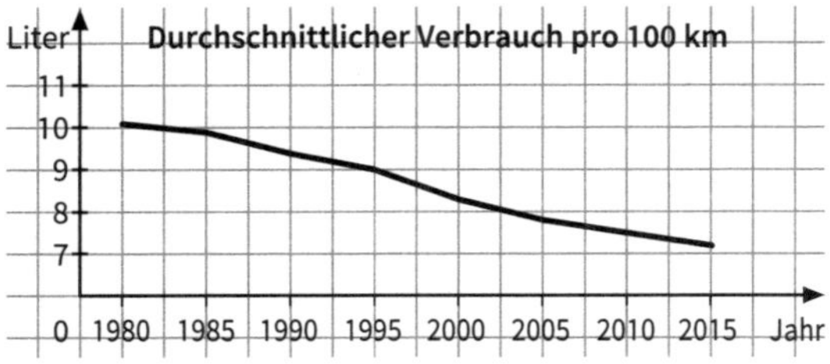

69

1

Zahlenrätsel		Gleichung	Lösung
①	$a + 3a = 8$ $4a = 8 \quad \vert :4$ $a = 2$	(E)	2
②	$\frac{3a}{8} = \frac{1}{2}a \quad \vert \cdot 8$ $3a = 4a \quad \vert -3a$ $0 = a$	(C)	0
③	$3a \cdot 8 = 3$ $24a = 3 \quad \vert :24$ $a = \frac{1}{8}$	(A)	$\frac{1}{8}$
④	$3 - \frac{a}{3} = 8 \quad \vert -3$ $-\frac{a}{3} = 5 \quad \vert \cdot(-3)$ $a = -15$	(B)	-15

2

Für n = 4 sehen die Muster so aus:	
a) 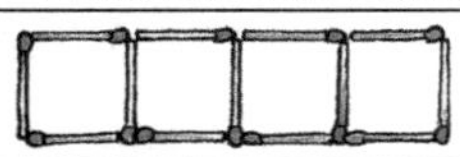	b) 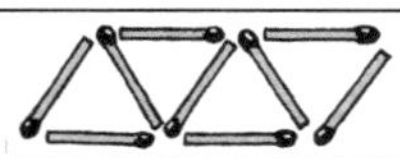
Anzahl der Hölzer: $13 = 1 + 4 \cdot 3$	$9 = 3 + 3 \cdot 2$
Term: $1 + n \cdot 3$	$3 + (n-1) \cdot 2$ oder $1 + 2n$

69

3 a) Um das Zahlenrätsel als Gleichung aufschreiben zu können, muss der Text in die mathematische Sprache „übersetzt" werden:
- Für die gesuchte Zahl schreibt man x.
- „Subtrahieren" steht für die Rechenoperation „–";
- „die Hälfte einer Zahl x" bedeutet „$\frac{1}{2}x$ oder 0,5x";
- „ein Drittel der Zahl x" schreibt man als „$\frac{1}{3}x$";
- „erhältst du" steht für das Gleichheitszeichen „=".

Die Gleichung lautet also: $\frac{1}{2}x - \frac{1}{3}x = 4 \quad | \cdot 6$

$3x - 2x = 24$

$x = 24$ Die Probe am Text bestätigt die Lösung.

b) Um von der Gleichung zu einem passenden Zahlenrätsel zu kommen, ersetzt man die Terme und Rechenzeichen durch sprachliche Ausdrücke:
- aus „7x" wird „das 7-Fache einer Zahl x"
- „–" entspricht „Subtrahieren" oder „Vermindern"
- „2x" meint „das Doppelte einer Zahl x" oder „das Produkt aus einer Zahl x und 2"
- „7x – 48" ist die Differenz aus „dem 7-Fachen einer Zahl x und 48".

Ein zur Gleichung passendes Zahlenrätsel ist z. B.: „Subtrahiere vom 7-Fachen einer Zahl 48, so erhältst du das Doppelte der Zahl."

Die Lösung der Gleichung erhält man so: $7x - 48 = 2x \quad | -2x + 48$

$5x = 48 \quad | : 5$

$x = 9{,}6$

4 Alter von Frau Krause: x
dreifaches Alter minus 5: 3x – 5
Alter von Frau Krause in 15 Jahren: x + 15
doppeltes Alter in 15 Jahren: 2 (x + 15)
Frau Krause ist heute 35 Jahre alt.

$3x - 5 = 2\,(x + 15)$

$3x - 5 = 2x + 30$

$x = 35$

70

1 a) Hier müssen die Hinweise beachtet werden. Da genau einmal „45" (Median) genannt wurde, verbleiben 78 Antworten. Davon müssen 39 unter „45" und 39 über „45" liegen.
Das untere Quartil 40 wurde einmal genannt, ebenso das obere Quartil 60, also liegen:

19 Antworten unter 40	1 Antwort genau 40
19 Antworten zwischen 40 und 45	1 Antwort genau 45
19 Antworten zwischen 45 und 60	1 Antwort genau 60
19 Antworten über 60	

Achtung: Die Antworten „0" (vermutlich kein Smartphonebesitz) und „140" müssen jeweils mindestens einmal auftreten.

b) Jedes Befragungsergebnis, das die unter a) genannten Rahmenbedingungen erfüllt, ist möglich und damit als richtig zu bewerten.

2 Es gibt insgesamt 25 Noten. Der Median aller Noten steht also an der 13. Stelle, das ist die Note 3. Der Median der unteren Hälfte ist die Note 2 (unteres Quartil) und der Median der oberen Hälfte ist die Note 4 (oberer Quartil).

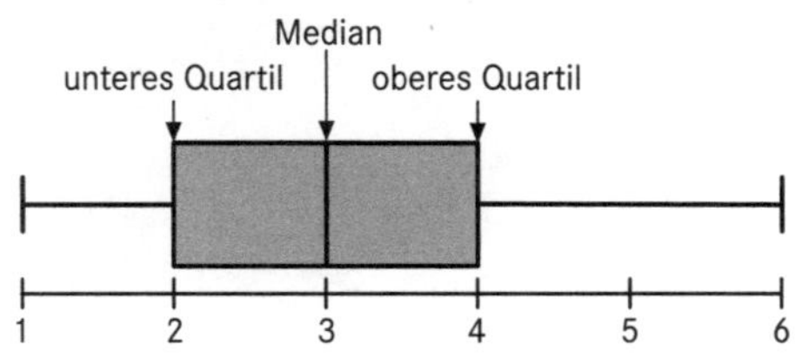

70 **3** a) Insgesamt wurden 95 Jugendliche zu ihren Lesegewohnheiten befragt.
- Spannweite: 48 Stunden (größter Wert – kleinster Wert, also 48 h – 0 h)
- Der Median steht in der Mitte der Rangliste, in dieser Umfrage ist es die Lesezeit des 48. Befragten: 2 + 1 + 2 + 3 + 7 + 6 + 2 + 6 + 3 + 7 + 6 + 3 = 48
  Der 48. Befragte befindet sich unter den 3 Jugendlichen, die im Monat 12 Stunden lesen.
  Median: 12 Stunden
- Unteres Quartil ist hier die Lesezeit des 24. Befragten in der Rangliste. Dieser befindet sich unter den 6 Jugendlichen, die im Monat 8 Stunden lesen.
  unteres Quartil: 8 Stunden
- Oberes Quartil ist die Lesezeit des 72. Befragten in der Rangliste. Dieser befindet sich unter den Jugendlichen, die 20 Stunden im Monat lesen.
  oberes Quartil: 20 Stunden

b) Boxplot

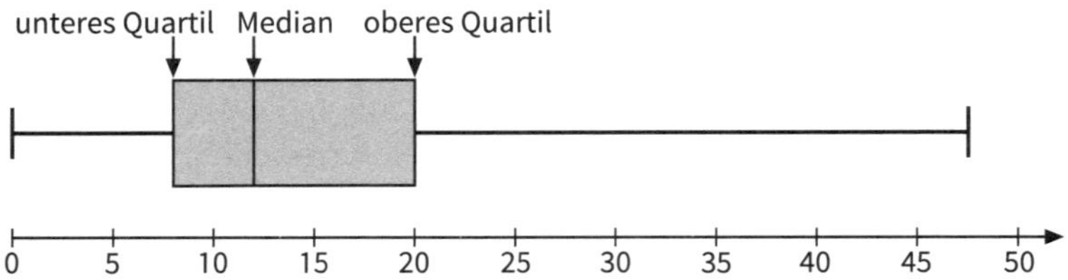

c) Das arithmetische Mittel liegt oberhalb des Medians, da es einige „Ausreißer" nach oben gibt. Die Lesezeit einiger Jugendlichen liegt extrem über dem Median, z. B. bei 28, 32, 40 und 48 Stunden.

71 **1**

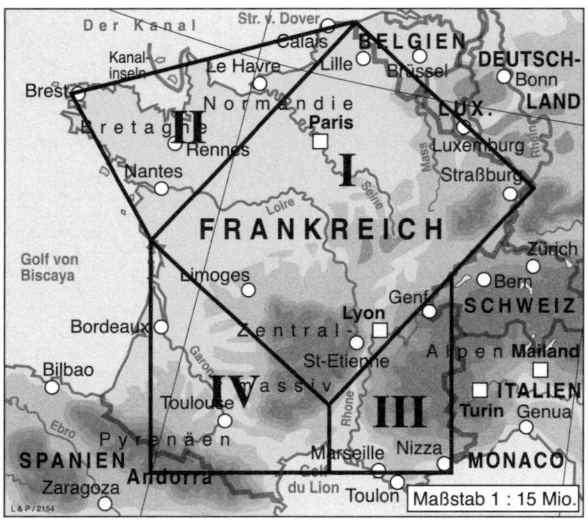

Die Unterteilung Frankreichs in berechenbare Teilflächen kann auf unterschiedliche Art erfolgen; hier ist eine Möglichkeit dargestellt.
Der Maßstab bedeutet: Jeder gemessene Millimeter ist in Wirklichkeit 15 km.

$A_{I} = 570\text{ km} \cdot 450\text{ km} = 256\,500\text{ km}^2$

$A_{II} = \frac{570\text{ km} \cdot 300\text{ km}}{2} = 85\,500\text{ km}^2$

$A_{III} = \frac{150\text{ km} + 390\text{ km}}{2} \cdot 285\text{ km} = 76\,950\text{ km}^2$

$A_{IV} = \frac{150\text{ km} + 480\text{ km}}{2} \cdot 330\text{ km}^2 = 103\,950\text{ km}^2$

$A_{Gesamt} = 522\,900\text{ km}^2$

Frankreich ohne Korsika ist ca. 523 000 km² groß. (Laut offiziellen Angaben sind es 535 000 km².)

71 **2**

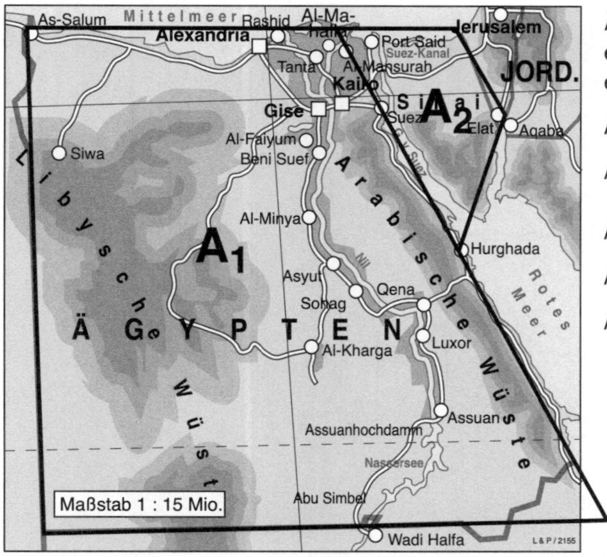

Ägypten kann mit zwei Trapezen gut erfasst werden. Es ist nach Augenschein erheblich größer als Frankreich.

$A_1 = \frac{1080 + 615\text{ km}}{2} \cdot 975\text{ km}$

$A_1 \approx 826\,000\text{ km}^2$

$A_2 = \frac{540\text{ km} + 225\text{ km}}{2} \cdot 210\text{ km}$

$A_2 \approx 80\,300\text{ km}^2$

$A_{Gesamt} = 906\,300\text{ km}^2$

Ägypten ist über 900 000 km² groß. (Laut offiziellen Angaben sind es knapp 1 000 000 km².)

72 **1**

a) $2x - 14 = 0$ oder $15 - 3x = 0$
$x_1 = 7 \qquad x_2 = 5$

b) $4x^2 - 17 - 3x^2 - 8 = 0$
$x^2 - 25 = 0$
$x_1 = 5$
$x_2 = -5$

c) $7x^2 - 6x - 5 - 5x^2 + 18x + 5 = 0$
$7x^2 - 5x^2 - 6x + 18x - 5 + 5 = 0$
$2x^2 + 12x = 0$
$2x\,(x + 6) = 0$
$x_1 = 0$
$x_2 = -6$

d) $3y^2 - 9y - 37 = 3y - 1 \quad |-3y + 1$
$3y^2 - 9y - 3y - 37 + 1 = 0$
$3y^2 - 12y - 36 = 0 \quad |:3$
$y^2 - 4y - 12 = 0$
$y_{1/2} = 2 \pm \sqrt{4 + 12}$
$y_1 = 2 + 4 = 6$
$y_2 = 2 - 4 = -2$

e) $(5 + a)^2 + a^2 = 3a + 29$
$25 + 10a + a^2 + a^2 = 3a + 29 \quad |-3a - 29$
$2a^2 + 7a - 4 = 0 \quad |:2$
$a^2 + 3{,}5a - 2 = 0$
$a_{1/2} = -1{,}75 \pm \sqrt{3{,}0625 + 2}$
$a_{1/2} = -1{,}75 \pm 2{,}25$
$a_1 = 0{,}5 \qquad a_2 = -4$

2

a) $x^2 + 3x = 11x - 7 \quad |-11x + 7$
$x^2 + 3x - 11x + 7 = 0$
$x^2 - 8x + 7 = 0$
$x_{1/2} = 4 \pm \sqrt{16 - 7}$
$x_1 = 4 + 3 = 7$
$x_2 = 4 - 3 = 1$
Die Zahl ist 7 oder 1.

b) $(2x - 16)\,(15 - x) = 0$
$2x - 16 = 0$ oder $15 - x = 0$
$2x = 16 \qquad 15 = x$
$x_1 = 8 \qquad x_2 = 15$
Maik und Fatima können 8 oder 15 gewählt haben.

3

$x^2 + 55 = 2x\,(x - 3)$
$x^2 + 55 = 2x^2 - 6x \quad |-2x^2 + 6x$
$0 = x^2 - 6x - 55$
$x_{1/2} = 3 \pm \sqrt{9 + 55} \qquad x_1 = 3 + 8 = 11$; x_2 ist negativ
Das Quadrat hatte eine Kantenlänge von 11 cm.

4

a) $2\pi r^2 + 2\pi rh = O \rightarrow 2\pi r^2 + 2\pi r \cdot 6 = 54\pi \quad |:2\pi$
$r^2 + 6r = 27 \quad |-27$
$r^2 + 6r - 27 = 0$
$r_{1/2} = -3 \pm \sqrt{9 + 27}$
$r_{1/2} = -3 \pm 6$
$r_1 = 3$; $r_2 = -9$ (entfällt als Lösung)
Der Radius ist 3 cm groß.

b) $V = \pi r^2 h \rightarrow V = \pi \cdot 3^2 \cdot 6 \approx 54\pi$
$V \approx 169{,}646\text{ cm}^3$

72 **5** a) $O = \pi r^2 + \pi rs \rightarrow \quad \pi r^2 + \pi rs = O$

$s = 6\text{ cm} \rightarrow \quad \pi r^2 + 6\pi r = 172{,}788 \quad |:\pi \quad |-172{,}788$

$r^2 + 6\,r - \frac{172{,}788}{\pi} = 0$, dabei gilt $\frac{172{,}788}{\pi} = 55{,}0001286 \ldots \approx 55$

$r^2 + 6r - 55 = 0$

$r_{1/2} = -3 \pm \sqrt{9 + 55}$

$r_{1/2} = -3 \pm \sqrt{64}$

$r_1 = -3 + 8 = 5$, r_2 entfällt als negativer Wert.

Der Radius ist 5 cm lang.

b) $h^2 = s^2 - r^2$

$h^2 = 36 - 25 = 11$

$h = \sqrt{11} \approx 3{,}32 \rightarrow h \approx 3{,}32\text{ cm}$

$V = \frac{1}{3}\pi r^2 h \rightarrow V \approx \frac{1}{3}\pi \cdot (5\text{ cm})^2 \cdot 3{,}32\text{ cm}$

$V \approx 86{,}917\text{ cm}^3$

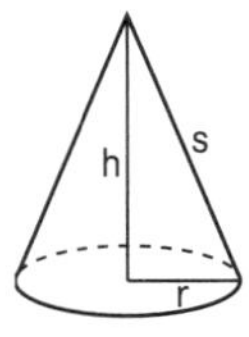

73 **1** a) Baumdiagramm mit Zurücklegen:

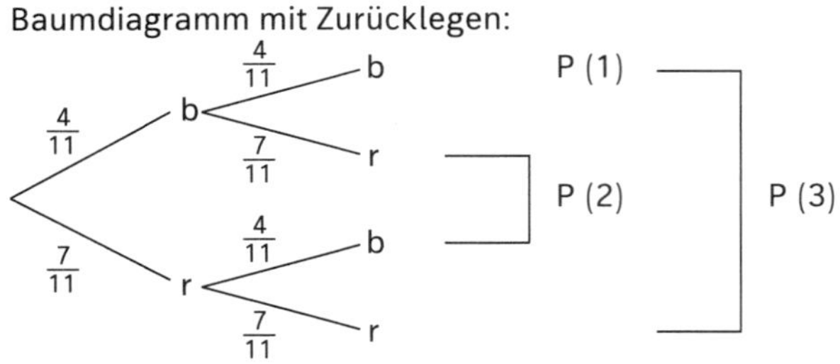

$P(1) = \frac{4}{11} \cdot \frac{4}{11} \approx 13\,\%$ $\quad P(2) = \frac{4}{11} \cdot \frac{7}{11} + \frac{7}{11} \cdot \frac{4}{11} \approx 46\,\%$

$P(3) = \frac{4}{11} \cdot \frac{4}{11} + \frac{7}{11} \cdot \frac{7}{11} \approx 54\,\%$

b) Baumdiagramm ohne Zurücklegen:

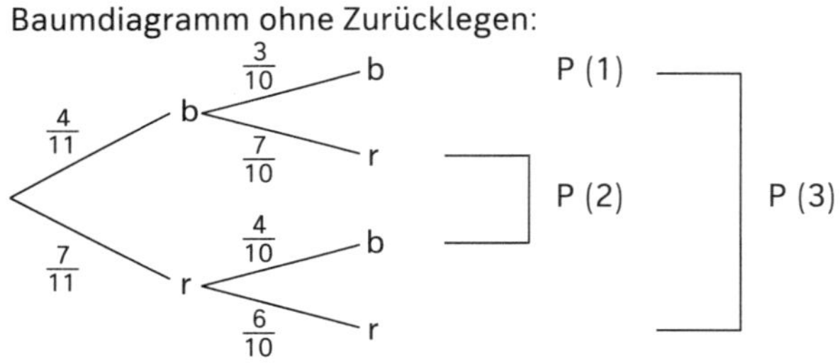

$P(1) = \frac{4}{11} \cdot \frac{3}{10} \approx 11\,\%$ $\quad P(2) = \frac{4}{11} \cdot \frac{7}{10} + \frac{7}{11} \cdot \frac{4}{10} \approx 51\,\%$

$P(3) = \frac{4}{11} \cdot \frac{3}{10} + \frac{7}{11} \cdot \frac{6}{10} \approx 49\,\%$

2 Die Wahrscheinlichkeit für „blau“ und „weiß“ ist jeweils $\frac{1}{2}$.

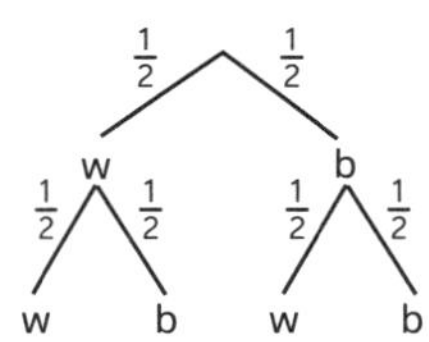

a) zweimal „blau“: $P = \frac{1}{2} \cdot \frac{1}{2} = \frac{1}{4}$

b) letzte Drehung „blau“: $P = \frac{1}{2}$

c) keine Farbe zweimal: $P = P(w;b) + P(b;w) = \frac{1}{2} \cdot \frac{1}{2} + \frac{1}{2} \cdot \frac{1}{2} = \frac{1}{4} + \frac{1}{4} = \frac{1}{2}$

d) „weiß“ nicht öfter als einmal: $P = \frac{1}{2} \cdot \frac{1}{2} + \frac{1}{2} \cdot \frac{1}{2} + \frac{1}{2} \cdot \frac{1}{2} = \frac{1}{4} + \frac{1}{4} + \frac{1}{4} = \frac{3}{4}$

73

3 $P(12) = \frac{1}{36}$ $P(11 \text{ oder } 10) = \frac{5}{36}$ [(4;6); (5;5); (5;6); (6;4); (6;5)]

Durchschnittlich nimmt die Klasse bei 36 Spielen 36 € ein, weil der Einsatz 1 € beträgt und gibt für einen Hauptgewinn 10 € ($P(12) = \frac{1}{36}$) und fünf kleine Preise ($P(11 \text{ oder } 10) = \frac{5}{36}$) ebenfalls 10 € (5 · 2 €) aus.
Es ergibt sich ein durchschnittlicher Überschuss von 16 € (36 € – 20 €) bei jeweils 36 Spielen.
392 € : 16 € = 24,5 (etwa so oft hat es 36 Spiele gegeben)
24,5 · 36 = 882
Natürlich erreicht im Laufe eines Schulfestes die relative Häufigkeit nicht exakt die Wahrscheinlichkeit für ein bestimmtes Ergebnis, kommt ihr aber recht nah.
Deshalb kann man davon ausgehen, dass 893-mal am Würfelspiel teilgenommen wurde.

74

1

	a)	b)	c)
Kapital (K)	1 800 €	4 500 €	3 000 €
Zinssatz (p %)	0,5 %	1,8 %	0,65 %
Zinsen (Z)	9 €	81 €	19,50 €

2 Am einfachsten löst man diese Aufgabe, indem man:
① sich zunächst ein konkretes Beispiel überlegt und die Höhe der Zinsen mithilfe der Zinsformel bestimmt. Wir nehmen z. B. als Ausgangssituation an:
Tom legt 2 000 € zu 1 % an, am Jahresende erhält er 20 € Zinsen.
② die jeweiligen Angaben zur Veränderung von K oder p in die allgemeine Zinsformel überträgt.

a) Veränderte Situation: Tom legt doppelt so hohe Ersparnisse bei doppelt so hohem Zinssatz an.
Zu ①: Das bedeutet in unserem Beispiel:
Tom legt 4 000 € zu 2 % an, am Jahresende erhält er dann 80 € Zinsen.
Zu ②: Allgemein gilt: $Z = \frac{1}{100}(K \cdot p)$
Setzt man in diese Gleichung statt K für die Verdoppelung von Toms Kapital 2 · K ein und entsprechend für den doppelten Zinssatz 2p, sähe die Gleichung so aus:

$$Z = \frac{1}{100}(2K \cdot 2p)$$
$$Z = \frac{1}{100}(4K \cdot p)$$

Tom würde also nach einem Jahr Zinsen in 4-facher Höhe erhalten, also 80 €.

b) Veränderte Situation:
Tom legt doppelt so hohe Ersparnisse bei halb so großem Zinssatz an.
Zu ①: Das bedeutet in unserem Beispiel:
Tom legt 4 000 € zu 0,5 % an, am Jahresende erhält er dann 20 € Zinsen.
Zu ②: Setzt man in diese Gleichung statt K für die Verdoppelung von Toms Kapital 2 · K ein und entsprechend für den halbierten Zinssatz 0,5p, sähe die Gleichung so aus:

$$Z = \frac{1}{100}(2K \cdot 0{,}5p)$$
$$Z = \frac{1}{100}(K \cdot p)$$

Die Verdoppelung des Kapitals hat zusammen mit der Halbierung des Zinssatzes keine Auswirkungen auf die Höhe der Zinsen.
Tom würde also nach einem Jahr Zinsen in derselben Höhe erhalten, also 20 €.

c) Veränderte Situation:
Tom legt nur die Hälfte seiner Ersparnisse bei doppelt so hohem Zinssatz an.
Zu ①: Das bedeutet in unserem Beispiel:
Tom legt 2 000 € zu 1,0 % an, am Jahresende erhält er dann 20 € Zinsen.
Zu ②: Setzt man diese Gleichung statt K für die Halbierung von Toms Kapital 0,5 · K ein und entsprechend für den doppelten Zinssatz 2p, sähe diese Gleichung so aus:

$$Z = \frac{1}{100}(0{,}5\,K \cdot 2p)$$
$$Z = \frac{1}{100} \cdot (K \cdot p)$$

Die Halbierung des Kapitals hat zusammen mit der Verdoppelung des Zinssatzes keine Auswirkungen auf die Höhe der Zinsen.
Tom würde also nach einem Jahr Zinsen in derselben Höhe erhalten, also 20 €.

74

3 Den höchsten Zinssatz hat die Person erzielt, bei der der Quotient aus Endkapital und Anfangskapital am größten ist.
Anja: 1,219 Boris: 1,268 Pia: 1,161 Luca: 1,331
Luca hat den höchsten Zinssatz erzielt.

4 a) Wir betrachten die auftretenden Faktoren, mit denen der anfängliche Mietpreis multipliziert wird. Es ergibt sich:
Angebot A: $1{,}035 \cdot 1{,}045 = 1{,}081575$ Angebot B: $1{,}045 \cdot 1{,}035 = 1{,}081575$
Beide Angebote führen im 2. Jahr zur gleichen Miete. Was aber zahlt Frau Winter konkret in diesen zwei Jahren? Nehmen wir an, Frau Winters Miete beträgt 900 €.

		Angebot A	Angebot B		
Erhöhung der Miete		900,00 €	900,00 €	Erhöhung der Miete	
1. Jahr	3,50 %	931,50 €	940,50 €	1. Jahr	4,50 %
2. Jahr	4,50 %	**973,42 €**	**973,42 €**	2. Jahr	3,50 %

Beide Angebote führen nach zwei Jahren zur gleichen Miete. Aber im 1. Jahr der Erhöhung muss Frau Winter beim Angebot B monatlich 940,50 € – 931,50 € = 9 € mehr bezahlen.

b) Gesucht ist die positive Zahl a, die folgende Gleichung erfüllt:
$a^2 = 1{,}035 \cdot 1{,}045 \quad | \sqrt{\ }$
$a \approx 1{,}03999$
Durch eine prozentuale Mieterhöhung von etwa 4 % pro Jahr könnte dieselbe Miete erzielt werden.

75

1 h ist der Höhenunterschied der Anlaufbahn und y ihre Länge.

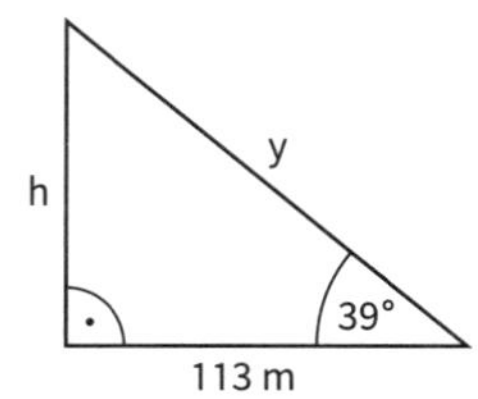

Es gilt: $\tan 39° = \frac{h}{113\text{ m}}$
$113\text{ m} \cdot \tan 39° = h$
$h \approx 91{,}506\text{ m}$

Die Länge y kann mit dem Satz des Pythagoras oder mit dem Kosinus bestimmt werden. Die zweite Möglichkeit hat den Vorteil, dass ein Fehler bei der Berechnung von h nicht zu einem Folgefehler bei y führt.

① $y^2 = h^2 + (113\text{ m})^2$
$y^2 = (91{,}506\text{ m})^2 + (113\text{ m})^2$
$y \approx 145{,}404\text{ m}$

② $\cos 39° = \frac{113\text{ m}}{y} \quad | \cdot y$
$y \cdot \cos 39° = 113\text{ m} \quad | : \cos$
$y = \frac{113\text{ m}}{\cos 39°} \approx 145{,}404\text{ m}$

Die Anlaufbahn hat einen Höhenunterschied von ca. 92 m und ist ungefähr 145 m lang.

2 $\alpha = 180° - 45{,}7° = 134{,}3°$ $\gamma = 180° - 134{,}3° - 31{,}6° = 14{,}1°$

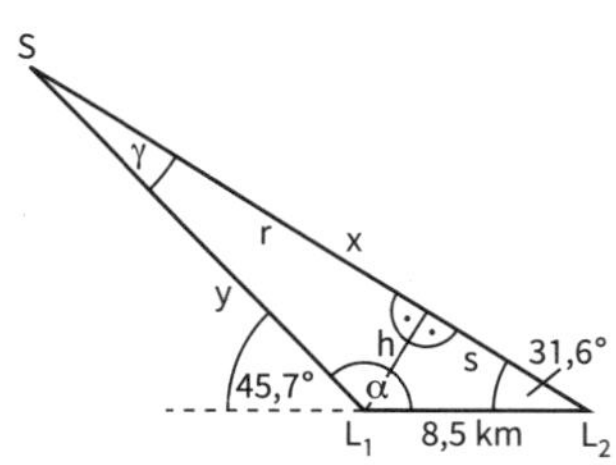

1. Möglichkeit:
Um zwei rechtwinklige Dreiecke zu erhalten, zeichnen wir die Höhe h auf $\overline{SL_2}$ ein. Nun gilt:

$\sin 31{,}6° = \frac{h}{8{,}5\text{ km}}$ $h = 8{,}5\text{ km} \cdot \sin 31{,}6° \approx 4{,}45\text{ km}$

$\cos 31{,}6° = \frac{s}{8{,}5\text{ km}}$ $s = 8{,}5\text{ km} \cdot \cos 31{,}6° \approx 7{,}24\text{ km}$

$\tan \gamma = \frac{h}{r}$ $r = \frac{h}{\tan\gamma} \approx \frac{4{,}45\text{ km}}{\tan 14{,}1°} \approx 17{,}72\text{ km}$

$x = r + s \approx 24{,}96\text{ km}$
$y^2 = r^2 + h^2$ $y = \sqrt{r^2 + h^2} \approx \sqrt{(17{,}72\text{ km})^2 + (4{,}45\text{ km})^2} \approx 18{,}27\text{ km}$

2. Möglichkeit (Sinussätze):

(1) $\frac{x}{\sin 134{,}3°} = \frac{8{,}5\text{ km}}{\sin 14{,}1°}$ (2) $\frac{y}{\sin 31{,}6°} = \frac{8{,}5\text{ km}}{\sin 14{,}1°}$

$x = \frac{8{,}5\text{ km} \cdot \sin 134{,}3°}{\sin 14{,}1°}$ $y = \frac{8{,}5\text{ km} \cdot \sin 31{,}6°}{\sin 14{,}1°}$

$x \approx 24{,}97\text{ km}$ $y \approx 18{,}28\text{ km}$

Das Segelschiff ist ca. 18,3 km vom linken und ca. 25 km vom rechten Leuchtturm entfernt.

75

3 In der Zeichnung besteht die Pass-Straße von oben betrachtet, also die Strecke $L = \overline{AC}$ in der schematischen Zeichnung, aus 5 geraden Abschnitten der Länge 4 cm und 4 Halbkreisen (also 2 Kreisen) mit dem Radius 1 cm.

$2u = 2 \cdot \pi \cdot d$ — Gesamtlänge der Strecke $\overline{AC}$ in der Zeichnung:
$2u = 2 \cdot \pi \cdot 2\text{ cm}$ — $l = 5 \cdot 4\text{ cm} + 12{,}57\text{ cm}$
$2u = 12{,}57\text{ cm}$ — $l = 32{,}57\text{ cm}$

Da der Maßstab 1 : 5000 ist, beträgt die wirkliche Strecke $L = \overline{AC}$:
$L = 32{,}57\text{ cm} \cdot 5000$
$L = 162\,850\text{ cm}$
$L = 1628{,}5\text{ m}$

Die Steigung 14 % bedeutet für den Steigungswinkel α:
$\tan\alpha = 0{,}14$
$\alpha \approx 7{,}97°$

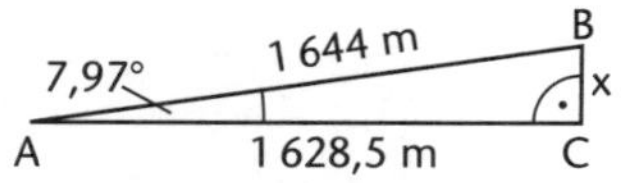

Die schematische Zeichnung des Dreiecks hilft jetzt weiter; x ist der Höhenunterschied $\overline{BC}$.
Es gilt: $\tan 7{,}97° = \frac{x}{1628{,}5\text{ m}}$ $|\cdot 1628{,}5\text{ m}$
$1628{,}5\text{ m} \cdot \tan 7{,}97° = x$
$x \approx 228\text{ m}$

Da A in einer Höhe von 620 m liegt, befindet sich B ungefähr auf der Höhe 620 m + 228 m, also in 848 m Höhe.
Die Länge $\overline{AB}$ entspricht der tatsächlichen Länge der Fahrstrecke von A nach B.
Diese Fahrstrecke kann man mit dem Satz des Pythagoras ausrechnen:
$(\overline{AB})^2 = 1628{,}5^2 + 228^2$; $\overline{AB} \approx 1644\text{ m}$
Der Punkt B liegt ca. 848 m hoch. Die Pass-Straße von A nach B ist rund 1644 m lang.

76

1 a) Die zweite Formel liefert das korrekte Ergebnis:
☒ =A7*0,42+38 (Strecke in km · 0,42 €/km + 38 € Pauschale)

b) Für 300 km sind die Angebote fast gleich: Angebot A 164 € und Angebot B 162 €. Bei allen anderen angegebenen Strecken ist die Differenz zwischen den Angeboten größer als 2 €.

c) Angebot A: $y = 0{,}42x + 38$ (I); Angebot B: $y = 0{,}32x + 66$ (II)
(I) = (II): $0{,}42x + 38 = 0{,}32x + 66$ $|-0{,}32x - 38$
$0{,}10x = 28$ $|\cdot 10$
$x = 280$
Bei einer Strecke von 280 km fallen bei beiden Angeboten die gleichen Kosten an.

2 a) =D1*D1*D1 oder =D1^3
In D1 steht die Kantenlänge a des Würfels, und sein Volumen berechnet sich mit der Formel $V = a^3$.

b) Man könnte die Wertepaare bzw. Zelleinträge in (B1|B2) und (D1|D2) sowie (C1|C2) und (F1|F2) vergleichen. Dann zeigt sich, dass bei Verdoppelung der Kantenlänge das Volumen auf das 8-Fache anwächst.

3 a) Die Formel steht für die Rechnung 80 · 1,2. Um einen Grundwert um 20 % zu erhöhen, multipliziert man ihn mit $(1 + \frac{20}{100})$, also mit 1,2.

b) $0{,}8 = 1 - \frac{20}{100}$. Wenn man einen Grundwert um 20 % herabsetzt, multipliziert man ihn mit 0,8.

c) Formel in Zelle B5: =B4*A3 oder =B4*A5
Formel in Zelle B6: =B5*A2 oder =B5*A6

77

1 a) Die 3,6 m hohe Spitze ist auf dem Foto ungefähr 0,75 cm hoch. Der Obelisk ist auf dem Foto ungefähr 4,8 cm hoch. D. h. der Obelisk ist 6,4-mal (= 4,8 : 0,75) so hoch wie die Spitze. In Wirklichkeit ist der Obelisk also ca. 23 m (≈ 3,6 m · 6,4) hoch.

b) Das Volumen des Obelisken kann durch einen Quader mit 23 m Höhe und quadratischer Grundfläche mit Seitenlänge 2 m (etwas mehr als der Mensch vor dem Obelisken) abgeschätzt werden.

c) Nach der Schätzung in b) hat der Obelisk ein Volumen von $23\text{ m} \cdot 2\text{ m} \cdot 2\text{ m} = 92\text{ m}^3$. Daraus ergibt sich eine ungefähre Masse von $92\text{ m}^3 \cdot 2{,}8\frac{\text{t}}{\text{m}^3} \approx 257{,}6\text{ t}$. Der Obelisk wiegt ca. 260 t (in Wirklichkeit 250 t).

77

❷ Annahme: Der Mann neben dem Jungen auf dem Bild ist ungefähr 1,80 m groß. Ein normales Fußballtrikot ist ungefähr 0,80 m hoch.

Abschätzung: Das Trikot ist ungefähr viermal so groß wie der Mann.

Rechnung: Das Riesentrikot ist ungefähr 7,20 m (= 4 · 1,80 m) hoch. Damit ist es 9-mal (7,20 m : 0,8 m = 9) so groß wie ein normales Trikot. Also müsste ein Mensch auch 9-mal so groß sein: 1,80 m · 9 = 16,20 m.

Antwort: Ein Mensch müsste ungefähr 16,20 m groß sein, damit ihm das Trikot passt.

❸ Damit man nicht alle Vögel auf dem Foto zählen muss, teilt man das Foto in gleichgroße Quadrate ein und geht davon aus, dass ungefähr in jedem Quadrat gleich viele Vögel sind:

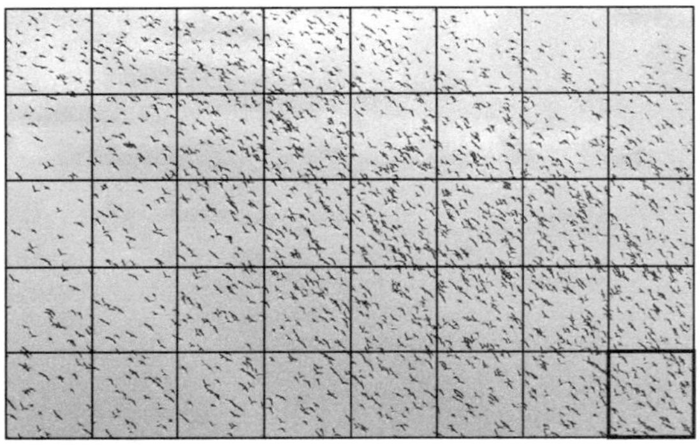

Hier wurde das Foto in 8 · 5 = 40 gleichgroße Quadrate eingeteilt. Nun zählt man die Anzahl der Vögel in einem zufällig gewählten Quadrat. In dem Quadrat mit dem dicken Rahmen befinden sich 20 Vögel. Diese Anzahl wird mit 40 multipliziert, da man 40 Quadrate hat, sodass insgesamt auf dem Foto etwa 800 (= 20 · 40) Vögel zu sehen sind.

78 **❶ Neue Preise**

a) 1. Lösungsweg: 100 % entsprechen 639 €; 115 % entsprechen 639 € · $\frac{115}{100}$ = 734,85 €
   2. Lösungsweg: 639 € · 1,15 = 734,85 € ≈ 735 € Neuer Preis: 735,00 €

b) 1. Lösungsweg: 49 € : 59 € ≈ 0,83 = 83 % Die Preissenkung betrug ca. 17 %.
   2. Lösungsweg: Die Preissenkung um 10 € entspricht 10 € : 59 € ≈ 0,17 = 17 %

c) 1. Lösungsweg: 14,80 € sind 95 % vom alten Preis. Der alte Preis betrug (14,80 € · 100) : 95 ≈ 15,60 €
   2. Lösungsweg: 14,80 € : 0,95 ≈ 15,58 € Alter Preis: ca. 15,60 €

❷ Autofarben

a) Sonstige Farben: 228 – 76 – 57 = 95
   Anteile:
   silbergrau: $\frac{76}{228} = \frac{1}{3} \approx 33{,}3\,\%$
   schwarz: $\frac{57}{228} = \frac{1}{4} = 25\,\%$
   Sonstige: $\frac{95}{228} = \frac{5}{12} \approx 41{,}7\,\%$

Farbe	Anzahl	Anteil als Bruch	Anteil in %
silbergrau	76	$\frac{1}{3}$	33,3 %
schwarz	57	$\frac{1}{4}$	25 %
Sonstige	95	$\frac{5}{12}$	41,7 %

b) Wenn sich der Anteil der schwarzen Autos nicht ändern wird, kann er mit ungefähr 75 schwarzen Autos rechnen, das sind $\frac{1}{4}$ von 300.

c) Zunächst werden alle gegebenen Wahrscheinlichkeiten in das Baumdiagramm eingetragen.
   Die Wahrscheinlichkeit für sonstige Farben beträgt $\frac{5}{12}$ (siehe a)).

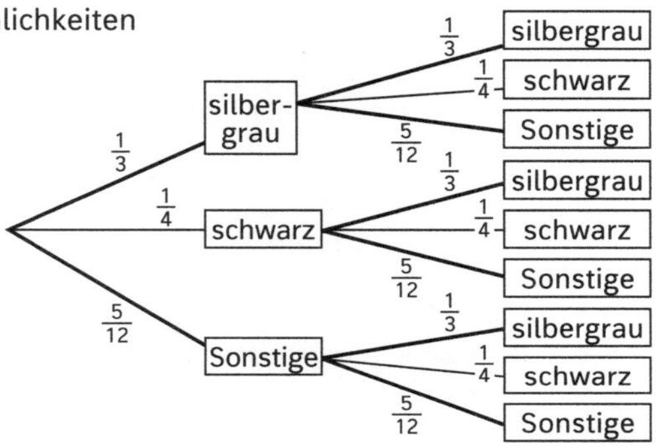

Die gesuchten Wahrscheinlichkeiten berechnet man mit den Pfadregeln.

(1) Hierzu gehört der Pfad „silbergrau–silbergrau". P (beide silbergrau) = $\frac{1}{3} \cdot \frac{1}{3} = \frac{1}{9}$

(2) Hierzu gehören zwei Pfade. Es sind die Pfade „silbergrau–schwarz" und „schwarz–silbergrau". P (silbergrau ; schwarz) = $\frac{1}{3} \cdot \frac{1}{4} + \frac{1}{4} \cdot \frac{1}{3} = \frac{2}{12} = \frac{1}{6}$

79 **❸ Busfahrt**

a) Während der Fahrt wird Benzin verbraucht, der Tankinhalt nimmt also ab. Ein Tankvorgang ist dagegen daran zu erkennen, dass die Benzinmenge im Tank sprunghaft ansteigt. Dies ist nach einer gefahrenen Strecke von 100 km und von 500 km der Fall.
   Die richtige Antwort ist also: Es wurde 2-mal angehalten, um zu tanken.

b) Die Entfernung von Köln nach Paris lässt sich auf der x-Achse ablesen; 800 km.

c) Je größer der Benzinverbrauch ist, desto rascher nimmt der Tankinhalt ab. Auf der Teilstrecke mit dem höchsten Benzinverbrauch fällt der Graph daher am steilsten ab. Dies trifft auf die Teilstrecke ③ zu.

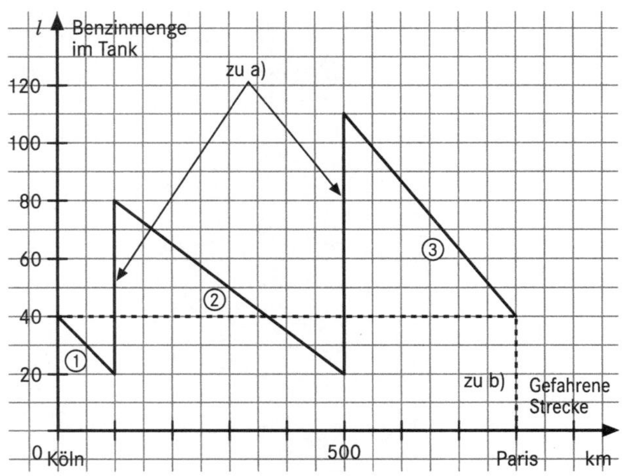

d) Beim Start in Köln sind 40 l Benzin im Tank, bis zum ersten Tanken sind 20 l davon verbraucht. Die Teilstrecke ② beginnt der Bus mit einem Tankinhalt von 80 l, davon sind bis zum zweiten Tanken 60 l verbraucht. Die Teilstrecke ③ beginnt der Bus mit einem Tankinhalt von 110 l, bei seiner Ankunft in Paris sind noch 40 l im Tank. Der Bus hat also auf der letzten Etappe 70 l verbraucht.
   Auf der gesamten Fahrt verbrauchte der Bus also 20 l + 60 l + 70 l = 150 l.

79

4 Lotterie

a) Bei 80 % Nieten beträgt der Anteil der Gewinne 20 %.

Es gilt: $20\,\% = \frac{20}{100} = \frac{1}{5}$.

Die Aussage „Jedes fünfte Los ist ein Gewinn“ ist richtig.

b) Ein Los kostet 1,00 €. Insgesamt werden also 2 000 € eingenommen.

Folgende Gewinne werden ausgezahlt:

– 15 Hauptgewinne von je 50,00 €:	$15 \cdot 50\,€ = 750\,€$
– 4 % Preise von je 6,00 €:	4 % von $2000 = 2000 \cdot 0{,}04 = 80$
	$80 \cdot 6\,€ = 480\,€$
– Trostpreise von je 0,50 €:	80 % von 2 000 = 1 600 (Nieten), damit 400 Preise
	$400 - 15 - 80 = 305$ (Trostpreise)
	$305 \cdot 0{,}50\,€ = 152{,}50\,€$

Gewinn: $2000\,€ - 750\,€ - 480\,€ - 152{,}50\,€ = 617{,}50\,€$

Mit der Lotterie wurde ein Gewinn von 617,50 € erzielt.

80

5 Flugzeug

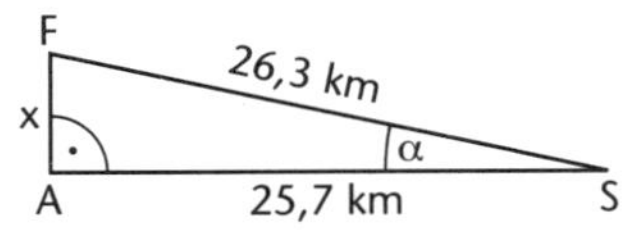

Zunächst sind x und α gesucht.

(1) $x^2 + (25{,}7\text{ km})^2 = (26{,}3\text{ km})^2$ (Satz des Pythagoras)

$x^2 = (26{,}3\text{ km})^2 - (25{,}7\text{ km})^2$

$x \approx 5{,}5857\text{ km}$

(2) $\cos\alpha = \frac{\text{Ankathete}}{\text{Hypotenuse}} = \frac{25{,}7\text{ km}}{26{,}3\text{ km}}$

$\alpha \approx 12{,}262°$

Gesucht ist die Steigung in Prozent, also ist $\tan\alpha$ zu bestimmen.

$\tan 12{,}262° \approx 0{,}2173 \approx 21{,}7\,\%$

Das Flugzeug überfliegt Alsburg in ca. 5,6 km Höhe und ist durchschnittlich mit 21,7 % aufgestiegen.

6 CD

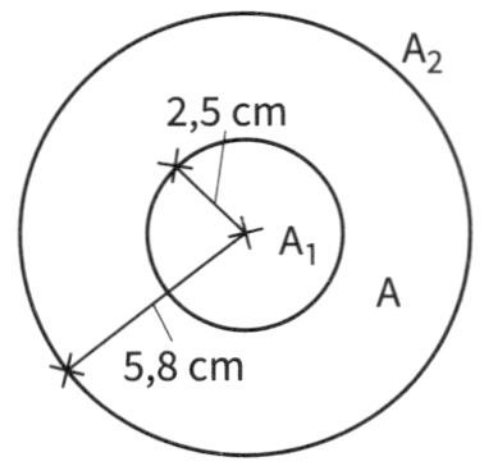

a) Die beschreibbare Fläche A hat die Form eines Kreisrings mit $d_1 = 50$ mm (also $r_1 = 25$ mm) und $d_2 = 116$ mm (also $r_2 = 58$ mm).

$A = A_2 - A_1$

$= \pi r_2^{\,2} - \pi r_1^{\,2}$

$= \pi \cdot 58^2 - \pi \cdot 25^2$

$\approx 8605\ [\text{mm}^2]$

Die beschreibbare Fläche ist etwa 8 605 mm² groß.

b) Die Hälfte des Flächeninhalts beträgt etwa 4 303 mm² (= 8 605 mm² : 2). Um den Radius zu berechnen, muss der nicht beschreibbare innere Ring (625π mm² ≈ 1 943 mm²) addiert werden: $4303\text{ mm}^2 + 1943\text{ mm}^2 = 6\,46\text{ mm}^2$.

Nun kann der Radius berechnet werden: $\pi r^2 = 6246 \quad |:\pi$

$r^2 \approx 1988 \quad |\sqrt{\ }$

$r \approx 45\ [\text{mm}]$

Die CD ist „halb voll“, wenn sie bis zu etwa 45 mm beschrieben ist.

7 Sportverein

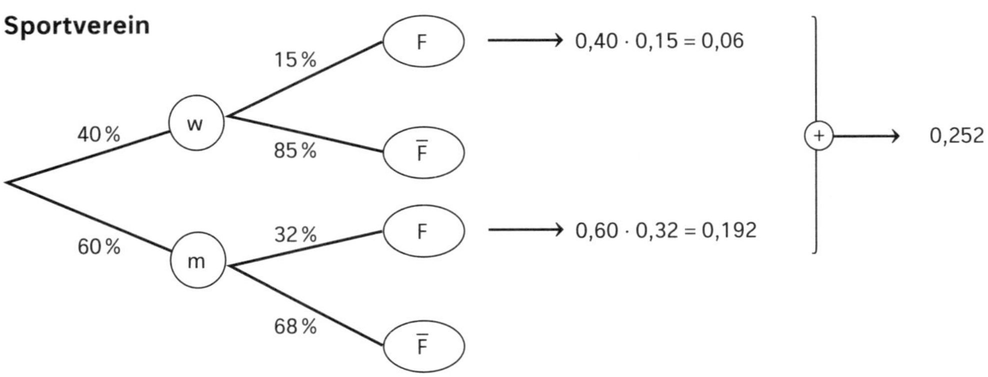

25,2 % aller Vereinsmitglieder gehören zur Fußballabteilung.

81

8 Ferienplanung

a) Die pauschalen Nebenkosten betragen bei 4 Personen: $4 \cdot 40\,€ = 160\,€$.
Pro Nacht kommen 70 € hinzu. Also lautet die Funktionsgleichung $y = 70x + 160$

b) Bezüglich des Kontexts sind jedoch nur die Punkte mit ganzzahligen x-Koordinaten sinnvoll zu interpretieren, da es z. B. 2,5 Übernachtungen nicht gibt.

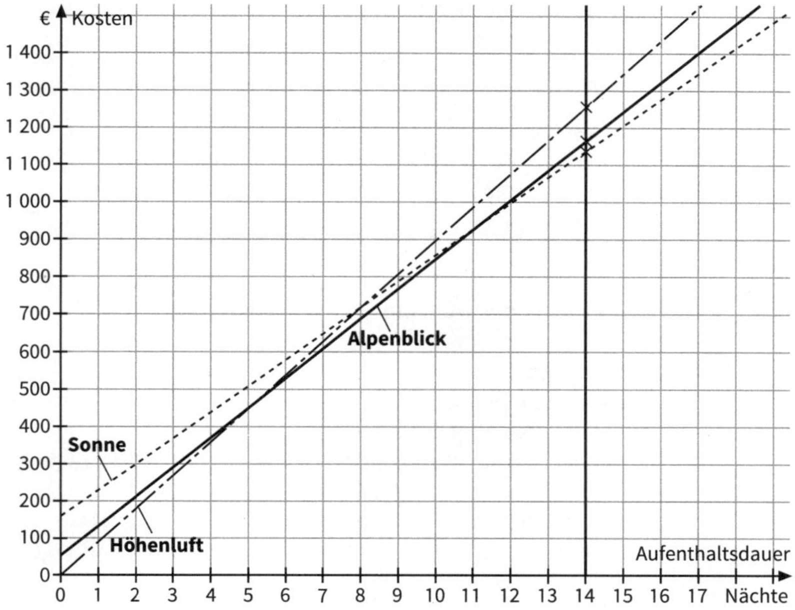

c) Familie Dogan will genau zwei Wochen (also 14 Tage) bleiben.
Aus dem Koordinatensystem ist abzulesen, dass die Kosten für diese Aufenthaltsdauer bei der Ferienwohnung Sonne am geringsten sind.
Man kann dies auch rechnerisch prüfen:
- Ferienwohnung Sonne: $14 \cdot 70\,€ + 4 \cdot 40\,€ = 1\,140\,€$
- Ferienappartement Höhenluft: $14 \cdot 90\,€ = 1\,260\,€$
- Ferienwohnung Alpenblick: $14 \cdot 80\,€ + 50\,€ = 1\,170\,€$

9 Sonnenfinsternis

Während der Sonnenfinsternis wird die Leistung der Solaranlagen ca. $\frac{1}{3}$ (6 Gigawatt : 18 Gigawatt) betragen. Dies entspricht aber 0,33... also etwa 33 %.

10 Verein

a) Insgesamt spielen 50 Jugendliche (15 Mädchen und 35 Jungen) der 325 Befragten im Verein Fußball. Das entspricht $\frac{50}{325} \approx 15\,\%$.

b) Von den 50 Jugendlichen, die im Verein spielen, sind 15 Mädchen. Das entspricht $\frac{15}{50} = 30\,\%$. Also hat Helena recht.

c) Justus vergleicht nur die absoluten Häufigkeiten (35 Jungen und 15 Mädchen) und berücksichtigt nicht die Gesamtzahlen (250 Jungen und nur 75 Mädchen). Für einen besseren Vergleich muss man die relativen Häufigkeiten (Anteile) heranziehen.
Anteil der 15 im Verein spielenden Mädchen unter den 75 Mädchen: $\frac{15}{75} = 20\,\%$
Anteil der 35 im Verein spielenden Jungen unter den 250 Jungen: $\frac{35}{250} = 14\,\%$
Da der Anteil bei den Mädchen höher ist, stimmt die Aussage von Justus nicht.

82

11 Zahlenrätsel

(1) A, (2) (F); (3) (H)

Lösungen der Gleichungen:

(A)
$$
\begin{aligned}
2(5x + 7) &= -3x + 53 \\
10x + 14 &= -3x + 53 \quad |+3x \\
13x + 14 &= 53 \quad |-14 \\
13x &= 39 \quad |:13 \\
x &= 3
\end{aligned}
$$

(F)
$$
\begin{aligned}
x - (-8) &= 5x + 64 \\
x + 8 &= 5x + 64 \quad |-5x \\
-4x + 8 &= 64 \quad |-8 \\
-4x &= 56 \quad |:(-4) \\
x &= -14
\end{aligned}
$$

(H)
$$
\begin{aligned}
4x - 17 &= 3(x - 2) \\
4x - 17 &= 3x - 6 \quad |-3x \\
x - 17 &= -6 \quad |+17 \\
x &= 11
\end{aligned}
$$

82

12 Haus mit Pultdach

a) Der umbaute Raum entspricht dem Volumen des Baukörpers.
Berechnung des Volumens:
Das Haus kann als Prisma mit einem Trapez als Grundfläche betrachtet werden.
$V = G \cdot h$
$V = \frac{9{,}6\text{ m} + 6{,}2\text{ m}}{2} \cdot 8{,}4\text{ m} \cdot 12{,}6\text{ m}$ Beachte: Höhe des Trapezes: 8,4 m; Höhe des Prismas: 12,6 m
$V = 836{,}136\text{ m}^3$ $V \approx 836\text{ m}^3$

b) Berechnung des Flächeninhalts der Seitenflächen:
Die Seitenflächen bestehen aus zwei gleichen Trapezen und zwei Rechtecken.
$A = 2\left(\frac{9{,}6\text{ m} + 6{,}2\text{ m}}{2} \cdot 8{,}4\text{ m}\right) + 12{,}6\text{ m} \cdot 9{,}6\text{ m} + 12{,}6\text{ m} \cdot 6{,}2\text{ m}$
$A = 331{,}8\text{ m}^2$ $A \approx 332\text{ m}^2$

c) Berechnung des Neigungswinkels: $\tan\alpha = \frac{9{,}6\text{ m} - 6{,}2\text{ m}}{8{,}4\text{ m}} = \frac{3{,}4\text{ m}}{8{,}4\text{ m}}$ $\alpha \approx 22°$

13 Taschengeld

Das geringste monatliche Taschengeld beträgt 10 €, das höchste 80 €. Daraus ergibt sich die Spannweite 80 € – 10 € = 70 €.
Der mittlere Betrag (Median) liegt bei 30 €. 50 % der Befragten erhalten Taschengeld zwischen 20 € (unteres Quartil) und 50 € (oberes Quartil). Es fällt auf, dass die Streuung oberhalb des Medians erheblich größer ist als darunter. Am größten ist sie im obersten Viertel. 25 % der befragten Jugendlichen erhalten monatlich 50 € bis 80 € Taschengeld.

83

14 Airbus

a) Die abgebildete Ju 52 ist ungefähr halb so lang und ohne Räder halb so hoch wie der Airbus A320-200 mit 37,5 Metern Länge und 11,8 Metern Höhe. Also wird die Ju 52 ungefähr 18,8 Meter lang (Originalwert: 18,9 Meter) und 5,9 Meter hoch sein (Originalwert: 6,1 Meter).

b) Zur Bestimmung der Gesamtmasse des Airbus A320-200 vergleicht man zunächst dessen Volumen mit dem Volumen des Airbus A380.
Modellierung: Da über die Flügel der beiden Flugzeuge nichts bekannt ist, betrachtet man die beiden „Röhren“ der Flugzeuge – auch Rumpf genannt – als Zylinder und vergleicht deren Volumen:
$V_{A380} = \text{Länge} \cdot \pi \cdot r^2 = 73\text{ m} \cdot \pi \cdot \left(\frac{24\text{ m}}{2}\right)^2 \approx 33\,000\text{ m}^3$
$V_{A320} = \text{Länge} \cdot \pi \cdot r^2 = 37{,}5\text{ m} \cdot \pi \cdot \left(\frac{11{,}8\text{ m}}{2}\right)^2 \approx 4100\text{m}^3$
Das Volumen des A320 beträgt ungefähr 12,4 % $\left(\approx \frac{4100\text{ m}^3}{33\,000\text{ m}^3}\right)$ des A380.

Wenn man nun davon ausgeht, dass die Dichte der beiden Flugzeuge ungefähr identisch ist, kann man berechnen, dass der A320 ungefähr 70 Tonnen (≈ 560 Tonnen · 12,4 %) wiegt (Originalwert: 73,5 Tonnen).

15 Strom

a) Es handelt sich nahezu um eine lineare Entwicklung. Entsprechend reichen die zwei Punkte (2010|45) und (2000|75), um die Steigung (durchschnittliche Entwicklung) zu bestimmen:
$\frac{45 - 75}{2010 - 2000} = -4$
D. h. im Schnitt nehmen die Kosten um 4 Cent pro Jahr ab.

b) Das „Doppelte“ ist genau dann der Fall, wenn der Abstand des Graphen für Solarstrom genau doppelt so weit von der x-Achse ist wie der Abstand des Graphen für „normalen“ Strom. Dies war im Jahr 2008 der Fall.

c) Da der Strompreis zwischen 2012 und 2020 im Schnitt um jeweils 1,5 Cent (2012: 25 Cent/2020: 13 Cent) fällt, würde eine gleichbleibende Verringerung bedeuten, dass die Erzeugung von Solarstrom ab dem Jahr 2029 kostenlos wäre.

d) Den gewünschten Effekt erzeugt man, indem man die y-Achse entsprechend skaliert (einteilt).

84

16 Gleichungen

(1) $(x + 3) \cdot (8 - 2x)$ ist ein Produkt, das genau dann null ist, wenn ein Faktor null ist.

$(x + 3) \cdot (8 - 2x) = 0$

$x + 3 = 0 \quad | -3 \quad$ oder $\quad 8 - 2x = 0 \quad | -8$

$x_1 = -3 \quad$ oder $\quad -2x = -8 \quad | :2$

$x_2 = 4$

(2) $x^2 + 5x = 0 \quad |$ x ausklammern

$x \cdot (x + 5) = 0$

$x_1 = 0$ oder $x + 5 = 0 \quad | -5$

$x_2 = -5$

(3) $3x^2 - 8 = 4 \quad | +8$

$3x^2 = 12 \quad | :3$

$x^2 = 4 \quad | \sqrt{\ }$

$x_1 = 2$ oder $x_2 = -2$

(4) Hier können wir die Lösungsformel anwenden.

$2x^2 - 12x + 4 = 18 \quad | -18$

$2x^2 - 12x - 14 = 0 \quad | :2$

$x^2 - 6x - 7 = 0 \quad | p = -6; q = -7$

$x = \frac{6}{2} + \sqrt{\left(\frac{6}{2}\right)^2 + 7}$ oder $x = \frac{6}{2} - \sqrt{\left(\frac{6}{2}\right)^2 + 7}$

$x = 3 + \sqrt{16}$ oder $x = 3 - \sqrt{16}$

$x_1 = 7$ oder $x_2 = -1$

17 Gebäude

a) Da die Parabel achsensymmetrisch zur y-Achse ist, liegt der höchste Punkt auf der y-Achse, also bei $x = 0$. Aus der Funktionsgleichung und aus dem Bild kann man ablesen, dass zu $x = 0$ der y-Wert 18 gehört. Die Ausstellungshalle ist 18 m hoch.

b) Setze für die Höhe $y = 9$ in die Parabelgleichung ein und bestimme die zugehörigen x-Werte:

$9 = -\frac{1}{9}x^2 + 18 \quad |-18$

$-9 = -\frac{1}{9}x^2 \quad | \cdot (-9)$

$x^2 = 81 \quad x_1 = -9;\ x_2 = +9$

Der Abstand der beiden x-Werte ist 18, also ist in der Höhe 9 m die Halle 18 m breit und damit doppelt so breit wie hoch.

c) $0 = -\frac{1}{9}x^2 + 18 \quad |-18$

$-18 = -\frac{1}{9}x^2 \quad | \cdot (-9)$

$x^2 = 162 \quad x_1 \approx -12{,}73;\ x_2 = +12{,}73$

Der Abstand von der y-Achse zu einer Nullstelle ist ca. zwei Drittel von 18 (der Höhe der Halle in m). Wenn man im Foto zwei Drittel der Höhe an der x-Achse abträgt, sieht man, dass die Halle am Boden etwas breiter ist. Die Beschreibung durch eine Parabel passt also nicht genau. Es sieht so aus, als könnte man den unteren Teil der Außenlinie besser durch eine Gerade beschreiben.

85

18 Nerobergbahn

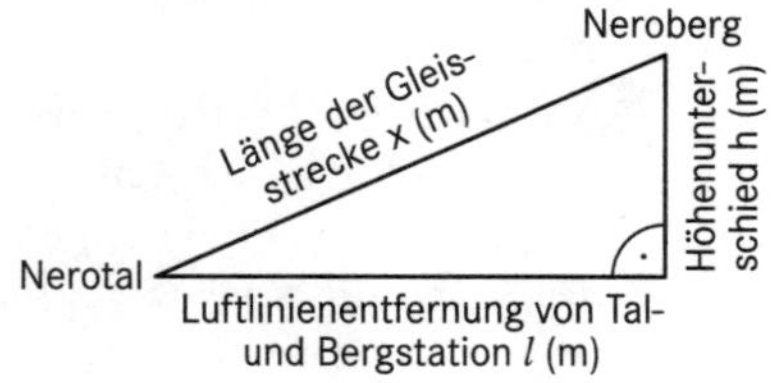

Die Länge der gesuchten Strecke ermittelt man mithilfe des Satzes des Pythagoras.

Der Höhenunterschied zwischen Tal- und Bergstation beträgt 83 m. Die Luftlinienentfernung l zwischen Tal- und Bergstation können wir mithilfe der Entfernungen der beiden Orte in der abgebildeten Karte und dem angegebenen Kartenmaßstab bestimmen.

Der Abstand zwischen Tal- und Bergstation in der Karte beträgt ca. 4,3 cm.

Zu berechnen ist die Länge in der Wirklichkeit.

Der Maßstab 1 : 10 000 bedeutet: 1 cm auf einer Karte entsprechen 10 000 cm in der Wirklichkeit.

Man muss die gemessene Strecke also mit 10 000 multiplizieren: $4{,}3\ \text{cm} \cdot 10\,000 = 43\,000\ \text{cm}$.

Die Luftlinienentfernung l zwischen den beiden Orten beträgt in der Realität also etwa 430 m.

Jetzt lässt sich die gesuchte Strecke x mit dem Satz des Pythagoras ermitteln:

$x^2 = h^2 + l^2$

$= (83\ \text{m})^2 + (430\ \text{m})^2 = 191\,789\ \text{m}^2 \qquad x \approx 437{,}9\ \text{m}$

Die Länge der Gleisstrecke zwischen Nerotal und Neroberg beträgt also ungefähr 438 m.

85

19 Weltbevölkerung

a) Von 1927 bis 1974 sind es 47 Jahre. Eine Rechnung durch Probieren zeigt:
$1{,}0145^{47} = 1{,}967...$ und $1{,}0149^{47} = 2{,}003...$
Also passt für eine Verdoppelung der Wachstumsrate am besten 1,49 %.
Alternativer Lösungsweg: $2 \cdot x^{47} = 4 \rightarrow x = \sqrt[47]{2} = 1{,}014857... \rightarrow$ Wachstumsrate ca. 1,49 %.

b) 7,3 Mrd. $\cdot\ 1{,}01^{35} = 10{,}341...$ Mrd. $\approx 10{,}3$ Mrd.
Es leben dann höchstens ca. 10,34 Mrd. Menschen auf der Erde.

20 Maßänderungen

a) (1) Die Aussage ist richtig, denn
$u = 2\pi r$ Wird r durch 2r ersetzt, ergibt sich $u = 2\pi(2r) = 4\pi r = 2 \cdot 2\pi r$
(2) Die Aussage ist falsch. Der Flächeninhalt vervierfacht sich, denn
$A = \pi r^2$ Wird r durch 2r ersetzt, ergibt sich $A = \pi(2r)^2 = \pi \cdot 4r^2 = 4 \cdot \pi r^2$

b) Das Volumen verachtfacht sich, denn
$V = \frac{1}{3}\pi r^2 h$ Wird r durch 2r und h durch 2h ersetzt, ergibt sich
$V = \frac{1}{3}\pi(2r)^2 2h = \frac{1}{3}\pi 4r^2 2h = 8 \cdot \frac{1}{3}\pi r^2 h$

86

21 Liebesschlösser

a) Auf dem vorderen Detail-Foto sind etwa 400 Schlösser zu erkennen. Zwischen den 50 senkrechten Stahlträgern gibt es insgesamt 49 · 6 Gitter. Dann ergibt sich ein Schätzwert von ca. 118 000 Schlössern auf dieser Brückenseite.

b) Bei mehr als 40 000 Schlössern sind es 40 000 : (49 · 6) = 136,05...
Also sind es durchschnittlich ca. 140 Schlösser an jedem Gitter.

22 Pausenhof der da-Vinci-Schule

a) $640 \cdot 5\ m^2 = 3\,200\ m^2$ Diese Größe müsste der Pausenhof laut Vorschrift haben.
$40\ m \cdot 73\ m = 2\,920\ m^2$ Diese Größe hat der Pausenhof.
Der Pausenhof genügt den Vorschriften nicht.

b) Lösungsweg 1: Der Pausenhof ist $280\ m^2$ zu klein ($3\,200\ m^2 - 2\,920\ m^2$).
Bei 40 m Breite fehlen in der Länge 7 m: $280\ m^2 : 40\ m = 7\ m$.
Lösungsweg 2: $3\,200\ m^2 : 40\ m = 80\ m$
Der Pausenhof müsste bei 40 m Breite insgesamt 80 m lang sein.
Er ist aber nur 73 m lang.
Der Pausenhof müsste um 7 m verlängert werden.

23 Wohnmobil

Die Angebote beinhalten eine tägliche Mietgebühr, die Firmen A und B verlangen eine zusätzliche Gebühr pro gefahrenem Kilometer. Bei Firma C sind die Kilometer frei. Bei 21 Tagen und 2 500 km ergibt dies:
Firma A: 21 · 48 € + 2 500 · 0,20 € = 1 508 €
Firma B: 21 · 72 € + 2 500 · 0,10 € = 1 762 €
Firma C: 21 · 80 € + 2 500 · 0,00 € = 1 680 € Zu empfehlen ist Firma A.

87

24 Lustige Abfallbehälter

a) Die folgenden Abschätzungen beziehen sich auf das Foto rechts neben dem Text. Dabei werden die gesuchten Längen mit den Maßen des Rucksacks, der davor steht, verglichen.
Der Rucksack ist vermutlich 50 cm hoch und 30 cm breit.
Höhe h der Behälter (ohne „Kopf"): 60 cm
Höhe k der Behälter (mit „Kopf"): 95 cm
oberer Durchmesser o: 50 cm
unterer Durchmesser u: 60 cm

b) Die Abschätzungen des Volumens durch den Zylinder (3) beschreiben am genauesten das tatsächliche Volumen des Abfallsammlers. Der Zylinder ist oben zwar ein wenig zu breit, dafür in der „bauchigen Mitte" des Abfallbehälters etwas zu klein.
Der Quader wird einen etwas zu kleinen Wert liefern, da der obere Durchmesser gewählt wurde. Die Abschätzung durch den Kegel wird zu einem deutlich zu kleinen Wert führen, denn trotz des gewählten größeren Durchmessers u für die Grundfläche und der Gesamthöhe k bleibt viel Rauminhalt unberücksichtigt.

87

25 Sonderpreis

a) Methode (1) berücksichtigt nicht den Rabatt von 3 %. Die Methode ist falsch.
Methode (2) berechnet zuerst 85 % (100 % – 15 %) vom bisherigen Preis. Dann werden von 3 % vom reduzierten Preis subtrahiert. Die Methode ist richtig.
Methode (3) ist auch richtig.
Es gilt: 100 % – 15 % = 85 % = 0,85 und
100 % – 3 % = 97 % = 0,97
Deshalb kann der gesenkte Barzahlungspreis so berechnet werden:
(1 500 € · 0,85) · 0,97 = 1 236,75 €

b) Die Rechnung z. B. mit Methode (3) ergibt 1 236,75 €.

26 Behälter mit Kugeln

Insgesamt sind zunächst 7 Kugeln (3 blaue, 4 weiße) im Behälter. Also beträgt die Wahrscheinlichkeit, im ersten Zug eine blaue Kugel zu ziehen, $\frac{3}{7}$ und für eine weiße Kugel $\frac{4}{7}$.
Beim zweiten Zug sind nur noch 6 Kugeln im Behälter. Die Wahrscheinlichkeiten hängen vom Ergebnis des ersten Zuges ab.

Baumdiagramm:

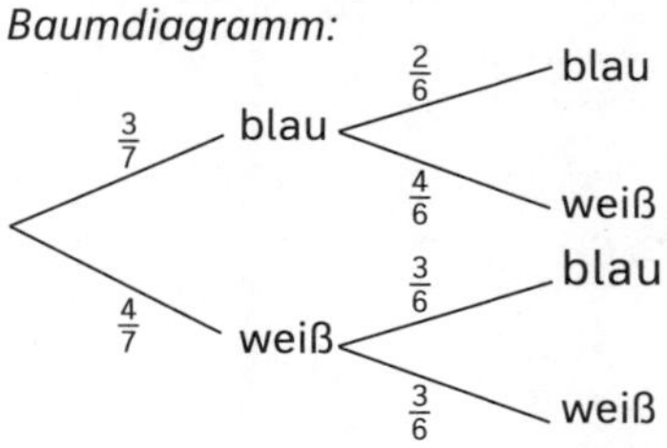

Björn gewinnt bei den Ergebnissen (blau ; blau) und (weiß ; weiß).
Mit den Pfadregeln berechnen wir die Wahrscheinlichkeiten.

$$\begin{aligned} P(\text{Marc gewinnt}) &= P(\text{blau}\,;\text{weiß}) + P(\text{weiß}\,;\text{blau}) \\ &= \frac{3}{7}\cdot\frac{4}{6} + \frac{4}{7}\cdot\frac{3}{6} \\ &= \frac{12}{42} + \frac{12}{42} \\ &= \frac{24}{42} = \frac{4}{7} \approx 57\,\% \end{aligned}$$

$$\begin{aligned} P(\text{Björn gewinnt}) &= P(\text{blau}\,;\text{blau}) + P(\text{weiß}\,;\text{weiß}) \\ &= \frac{3}{7}\cdot\frac{2}{6} + \frac{4}{7}\cdot\frac{3}{6} \\ &= \frac{6}{42} + \frac{12}{42} \\ &= \frac{18}{42} = \frac{3}{7} \approx 43\,\% \end{aligned}$$

Alternativer Lösungsweg:

$$\begin{aligned} P(\text{Marc gewinnt}) &= 1 - P(\text{Björn gewinnt}) \\ &= 1 - \frac{3}{7} = \frac{4}{7} \approx 57\,\% \end{aligned}$$

Gewinnchance für Marc: $\frac{4}{7} \approx 57\,\%$ Gewinnchance für Björn: $\frac{3}{7} \approx 43\,\%$

Prüfungsteil I

88

Aufgabe 1

$-\frac{1}{3} < -\frac{1}{4} < 0{,}4 < 0{,}6$

Aufgabe 2

a) $O = \pi r^2 + \pi rs$

$O = \pi \cdot (6\text{ cm})^2 + \pi \cdot 6\text{ cm} \cdot 15{,}2\text{ cm}$

$O = 399{,}6105\ldots\text{ cm}^2$

$O \approx 400\text{ cm}^2$

b) Für das Volumen eines Kegels gilt: $V = \frac{1}{3}\pi r^2 \cdot h$
Wenn r von 6 cm auf 12 cm verdoppelt wird, dann vervierfacht sich das Volumen, denn $(6\text{ cm})^2 = 36\text{ cm}^2$ und $(12\text{ cm})^2 = 144\text{ cm}^2$, also $\frac{1}{3}\pi(12\text{ cm})^2 \cdot h = 4 \cdot \frac{1}{3}\pi(6\text{ cm})^2 \cdot h$

Aufgabe 3

a) C8=„C7*B4/100“

b) 2 091,04 € · 0,0362 = 75,70 €
2 091,04 € + 75,70 € – 555,00 € = 1 611,74 €
Die Restschuld am Ende des dritten Jahres beträgt 1 611,74 €.

Aufgabe 4

$12x - 5 = 3x + 13 \quad |-3x$

$9x - 5 = 13 \quad |+5$

$9x = 18 \quad |:9$

$x = 2$

89

Aufgabe 5

a) 125 g · 1,20 = 150 g
Im Sonderangebot werden 150 g Plätzchen verkauft.

b) 1,49 € · 1,20 = 1,79 € < 1,89 €
Das Angebot ist im Vergleich teurer.

Aufgabe 6

In der oberen Schicht kann man ca. 35 Kugeln zählen. Insgesamt sind vier Schichten abgebildet. Das Gefäß ist zu etwa $\frac{1}{3}$ gefüllt. Also passen insgesamt ca. 12 Schichten in das Gefäß.
350 · 12 = 420
In das Gefäß passen insgesamt ca. 420 Kugeln.

Prüfungsteil II

Aufgabe 1: Wurfparabel

a) Die Platte hat eine Höhe von 1,05 m.
Der Korbring befindet sich 0,1 m über der unteren Kante.
Damit beträgt die Korbhöhe
3,95 m – 1,05 m + 0,10 m = 3,00 m.

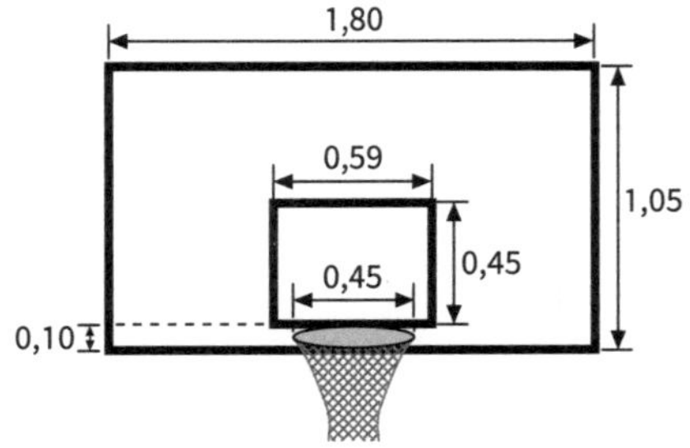

90

b) Der Punkt auf der y-Achse gibt die Abwurfhöhe an.
Man muss also den Funktionswert für x = 0 bestimmen.
$f(0) = -0{,}4 \cdot 0^2 + 1{,}7 \cdot 0 + 1{,}9 = 1{,}9$
Antje wirft aus einer Höhe von 1,9 m den Ball ab.

90 c) Der Scheitelpunkt gibt die maximale Höhe an.
Zur Bestimmung des Scheitelpunktes gibt es im Grunde zwei Möglichkeiten.

(1) Mithilfe der Nullstellen:

$-0{,}4x^2 + 1{,}7x + 19 = 0 \qquad | : (-0{,}4)$

$x^2 - 4{,}25x - 47{,}5 = 0 \qquad | p = -4{,}25,\ q = -47{,}5$

$x_{1/2} = 2{,}125 \pm \sqrt{(-2{,}125)^2 + 47{,}5}$

$x_1 \approx -5{,}09$ und $x_2 \approx 9{,}34$

In der Mitte der beiden Nullstellen befindet sich der Scheitelpunkt.

$x_S = (-5{,}09 + 9{,}34) : 2 = 2{,}125$

Damit erhält man:

$y_S = f(2{,}125) = -0{,}4 \cdot 2{,}125^2 + 1{,}7 \cdot 2{,}125 + 1{,}9 \approx 3{,}7$

(2) Mithilfe der Scheitelpunktform:

$f(x) = -0{,}4x^2 + 1{,}7x + 1{,}9$

$= -0{,}4\,(x^2 - 4{,}25x - 47{,}5)$

$= -0{,}4\,(x - 2{,}15)^2 + \ldots$

Die x-Koordinate des Scheitelpunkts ist somit $x_S = 2{,}125$.

$y_S = f(2{,}125) \approx 3{,}7$

Die maximale Ballhöhe beträgt ca. 3,7 m.

d) Die eingezeichnete gestrichelte Gerade (x = 2,25) ist die Symmetrieachse der Parabel. Spiegelt man den Punkt P an dieser Geraden, so erhält man P'. Der Ball trifft also in den Korb.

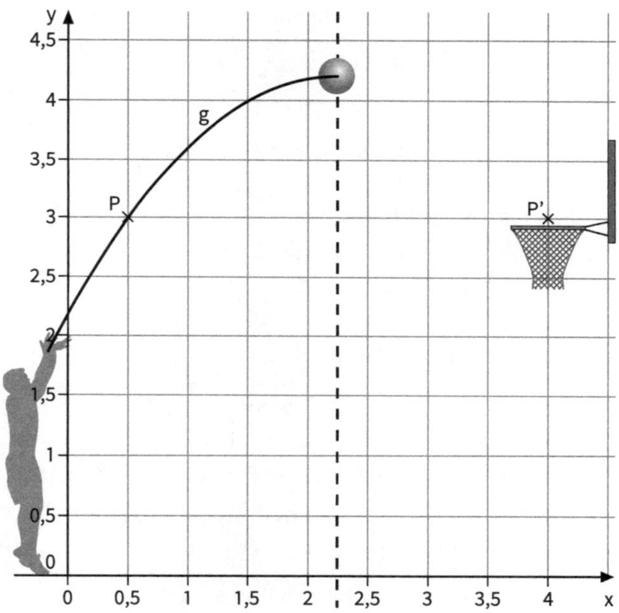

e) $2\text{ m} \cdot 0{,}7 \cdot 0{,}7 = 0{,}98\text{ m}$
Der Ball springt nach zwei Bodenberührungen etwa 1 m hoch.

91 f) $2\text{ m} \cdot (0{,}7)^{10} \approx 0{,}056\text{ m}$
Die Herstellerangabe ist falsch, der Ball springt dann nur noch ca. 5,6 cm hoch.

g) $h(k) = 2 \cdot 0{,}7^k$, wobei k die Anzahl der Bodenberührungen angibt.

Aufgabe 2: Freizeitpark

a) Insgesamt nehmen 92 Personen an dem Ausflug teil, die man in 9 Gruppen aufteilen kann (8 x 10 Personen und 1 x 12 Personen). Somit erhalten 9 Personen freien Eintritt. Für die restlichen 83 Personen müssen dann 83 · 23 € = 1 909 € bezahlt werden.

91 b) Gesamthöhe $h = x + 41{,}8\text{ m}$
$x = \sqrt{(10{,}8\text{ m})^2 - (8{,}6\text{ m})^2}$
$x \approx 6{,}5\text{ m}$
(oder $x = 10{,}8\text{ m} \cdot \sin 37{,}2°$)
Gesamthöhe $h = 6{,}5\text{ m} + 41{,}8\text{ m}$
$h = 48{,}3\text{ m}$
Die Information ist richtig.

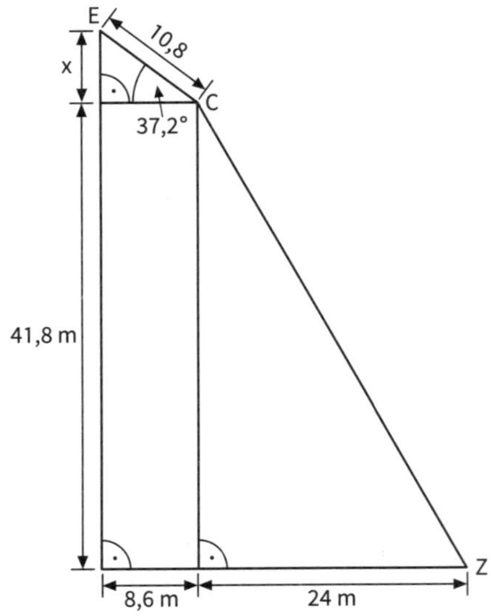

92 c) $\cos 37{,}2° = 0{,}7965\ ...$
$\frac{8{,}6\text{ m}}{10{,}8\text{ m}} = 0{,}7962\ ...$
Der Winkel wurde korrekt angegeben.

d) Gefälle: $\frac{41{,}8\text{ m}}{24\text{ m}} \approx 1{,}74 = 174\,\%$
Paul hat nicht recht. Das Gefälle beträgt 174 %.

e) $19{,}4\,\frac{\text{m}}{\text{s}} \cdot 4{,}2\text{ s} = 81{,}48\text{ m}$
Der Umfang der Kreisbahn beträgt ca. 81,5 m.

f) Die Zaunlänge ist der Umfang u des Kreises unter dem Karussell. Für ihn gilt: $u = 2\pi r$
Der Radius des Kreises setzt sich aus zwei Strecken zusammen: $r = 7\text{ m} + x$.
Für x gilt: $\sin 58° = \frac{x}{8{,}95\text{ m}}$ bzw.
$x = 8{,}95\text{ m} \cdot \sin 58°$
[Ergebnisse als Zusatz: $x \approx 7{,}6\text{ m}$; $r \approx 14{,}6\text{ m}$; $u \approx 92\text{ m}$]

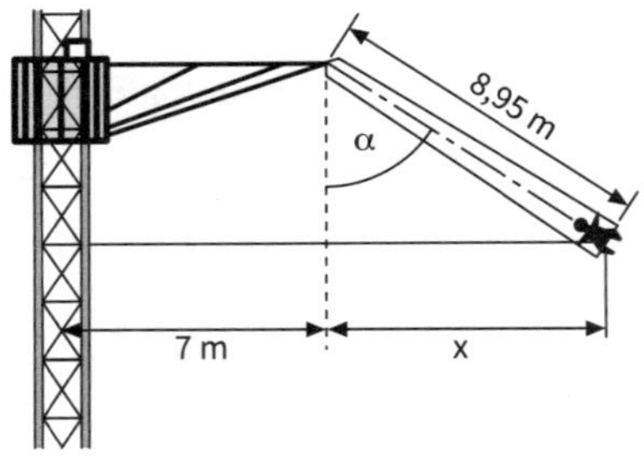

93 **Aufgabe 3: Eiszeit**

Die 6 Felder sind gleich groß, somit beträgt die Wahrscheinlichkeit für jedes Feld $\frac{1}{6}$.

a) $P(\text{Kugel gratis}) = \frac{1}{6}$

b) $P(\text{erneut drehen}) = \frac{2}{6} = \frac{1}{3}$
P(zweimal „erneut drehen“) $= \frac{1}{3} \cdot \frac{1}{3} = \frac{1}{9}$

c) Nils hat recht.
Die Chance beim ersten Drehen „Jede Kugel 0,50 €“ zu erreichen, beträgt $\frac{1}{6}$.
Die Chance beim ersten Drehen „erneut drehen“ und beim zweiten Drehen „Jede Kugel 0,50 €“ zu erreichen, beträgt $\frac{1}{3} \cdot \frac{1}{6} = \frac{1}{18}$.
Zusammen sind das schon $\frac{1}{6} + \frac{1}{18} = \frac{2}{9} \approx 22\,\%$.
Die tatsächliche Chance ist sogar noch größer, da man auch mit viel Glück zweimal und häufiger zunächst „erneut drehen“ erreichen kann.

d) Volumen einer normalen Eiskugel: $V = \frac{4}{3}\pi \cdot (1{,}5\text{ cm})^3 \approx 14\text{ cm}^3$
Zwei normale Kugeln: $2 \cdot 14\text{ cm}^3 = 28\text{ cm}^3 = 28\text{ ml} < 35\text{ ml}$
Paul hat recht.

e) 2,5 % von $7{,}6\,l = 7{,}6\,l \cdot 0{,}025 = 0{,}19\,l$
2014 wurden pro Kopf 0,19 *l* Softeis in Deutschland hergestellt.

f) $n = \frac{617\text{ Mio.}}{7{,}6} = 81{,}1842...\text{ Mio.} \approx 81{,}2\text{ Mio.}$
Es wurde mit ca. 81,2 Mio. Einwohnern gerechnet.

g) Der Flächeninhalt für das industriell hergestellte Eis (Markeneis) ist zu klein dargestellt. In der Zeichnung beträgt der Anteil am vollen Kreis nur etwas mehr als 50 %, tatsächlich sind es aber über 80 %. Der Softeis-Anteil ist dagegen viel zu groß dargestellt worden.

Prüfungsteil I

94 **Aufgabe 1**

$10^{-1} < \frac{1}{3} < 2^{-1} < 2^{8} < 10^{8}$

Aufgabe 2

a) Der dargestellte Würfel hat 6 Seiten. Auf zwei Seiten ist die Augenzahl 2. Da der Wurf jeder Seite gleich wahrscheinlich ist, ist die Wahrscheinlichkeit : $p = \frac{2}{6} = \frac{1}{3}$.

b)

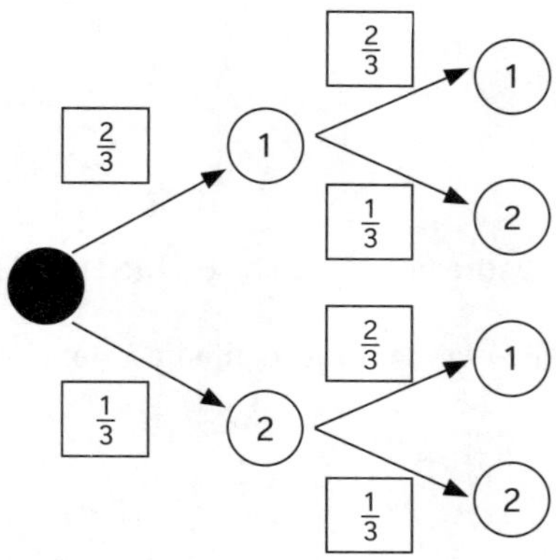

c) $P(2|2) = \frac{1}{3} \cdot \frac{1}{3} = \frac{1}{9}$

Aufgabe 3

$V = 0{,}33\ l = 330\ cm^3$, $d = 6{,}7\ cm$ bzw. $r = 3{,}35\ cm$

$G = \pi \cdot r^2 = \pi \cdot (3{,}35\ cm)^2 \approx 35{,}26\ cm^2$

$h_{Dose} = \frac{V}{G} = \frac{330\ cm^3}{35{,}26\ cm^2} \approx 9{,}4\ cm$

Die Dose ist mindestens 9,4 cm hoch.

Aufgabe 4

(I) $2x + y = 2$
(II) $x - 0{,}5y = 2 \quad |\cdot 2$

(I) $2x + y = 2$
(II) $2x - y = 4 \quad]+$
$4x = 6 \quad |:4$
$x = 1{,}5$

$x = 1{,}5$ in (I):
$3 + y = 2 \quad |-3$
$y = -1$

Lösung: $x = 1{,}5$ und $y = -1$

95 **Aufgabe 5**

a) $\cos 40° = \frac{\text{Ankathete}}{\text{Hypotenuse}} = \frac{4\ cm}{\overline{AC}}$

$\overline{AC} = \frac{4\ cm}{\cos 40°} \approx 5{,}2\ cm$

b) $\tan 40° = \frac{\text{Gegenkathete}}{\text{Ankathete}} = \frac{\overline{BC}}{4\ cm}$

$\overline{BC} = 4\ cm \cdot \tan 40° \approx 3{,}4\ cm$

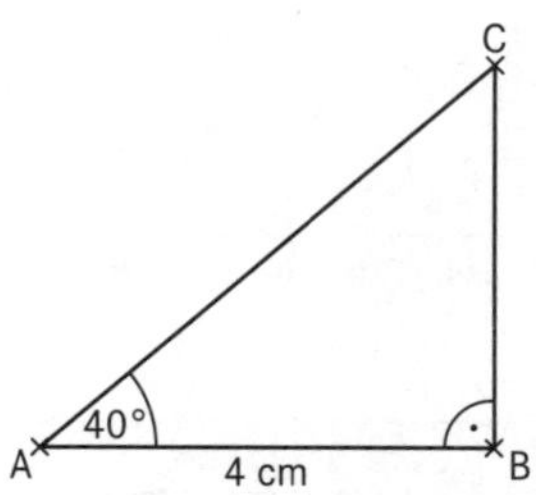

Aufgabe 6

Zusammen mit dem Punkt A verändert sich die Lage der Gerade durch die Punkte A und B und damit auch der abhängige Schnittpunkt S. Er liegt dann etwas höher und weiter rechts auf der Geraden CD.

Prüfungsteil II

96 **Aufgabe 1: Wandern und Routenplanung**

a) Man kann in der Karte Abschnitte bilden und die Längen addieren. Dies ergibt ungefähr eine Länge von 7 cm. 1,7 cm entsprechen 2 km. Somit erhält man für die Länge der ersten Etappe ca. $\frac{7}{1,7} \cdot 2\ \text{km} = 8,2\ \text{km}$.

b) Die Entfernung beträgt ca. 6,2 km.

97 c) Der Abstand zwischen zwei Linien beträgt 200 m, die Mitte kann man sicher ablesen. Daher kann man die Höhe mit 100 m Genauigkeit abschätzen.

d) Brüggelekopf: ca. 1150 m
Alberschwende: ca. 700 m
Der Höhenunterschied beträgt etwa 450 m.

e) Ja, er hat recht.
In das Höhenprofil der letzten 2 km kann man ein Steigungsdreieck einzeichnen. Die zurückgelegte Strecke ist die Hypotenuse des Dreiecks.
Diese ist immer länger als jede Kathete und damit muss die Wanderstrecke ebenfalls länger sein.

f) $\frac{400}{2000} = \frac{1}{5} = 20\,\%$.
Die Steigung beträgt 20 %.

g) Dauer ohne Höhenunterschied: $\frac{19,2}{4,2}\ \text{h} \approx 4,57\ \text{h} \ldots$
Bei 1270 m Höhenunterschied zusätzlich: $\frac{1270}{300}\ \text{h} \approx 4,23\ \text{h} \ldots$
Insgesamt beträgt die Wanderung ca. 9 Stunden.

98 **Aufgabe 2: Fallschirmsprung**

a) Der Sprung dauert ungefähr 310 s, das sind 5 min und 10 s.

b)

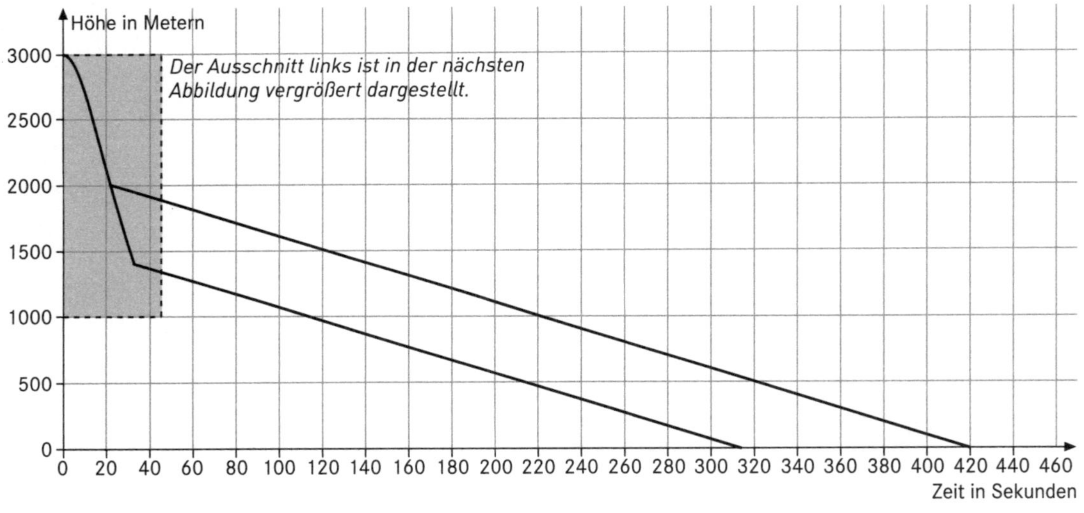

99 c)

	Phase I	Phase II	Phase III	Phase IV
Der Springer fällt in dieser Phase immer schneller: Die Geschwindigkeit steigt.	X			
Der Springer fällt in dieser Phase immer langsamer: Die Geschwindigkeit sinkt.			X	
Der Springer fällt in dieser Phase immer gleich schnell: Die Geschwindigkeit bleibt gleich.		X		X

d) Die Funktion h(t) hat den Scheitelpunkt O(0 | 3000), der Graph zu Phase I ebenfalls, da der Springer in 3000 m abspringt. h(10) = 2700, dies entspricht der Höhe des Springers nach 10 s laut gegebener Information.

99 e) $2900 = 3000 - 3t^2$

$3t^2 = 100$

$t^2 = 33,\overline{3}$

$t \approx \pm 5,8$

Er benötigt ca. 6 Sekunden.

f) $v = \frac{s}{t}$; $s = 2700\ \text{m} - 1500\ \text{m} = 1200\ \text{m}$; $t = 30\ \text{s} - 10\ \text{s} = 20\ \text{s}$

$v = \frac{1200\ \text{m}}{20\ \text{s}} = 60\ \frac{\text{m}}{\text{s}}$

Die Geschwindigkeit beträgt 60 $\frac{\text{m}}{\text{s}}$.

100 **Aufgabe 3: Tetraeder in Bottrop**

a) 1 cm entspricht 1 m bzw. 100 cm.
Der Maßstab ist 1 : 100.

b)

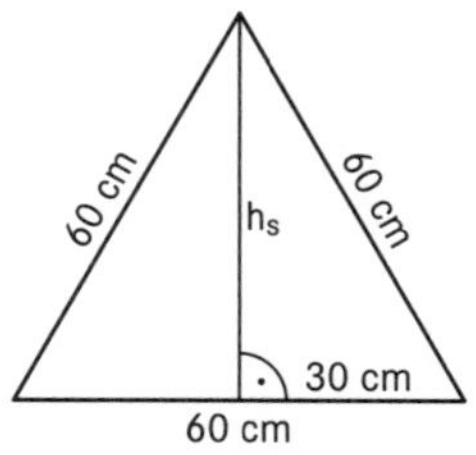

Satz des Pythagoras: $h_s^2 = (60\ \text{cm})^2 - (30\ \text{cm})^2$

$h_s = \sqrt{2700\ \text{cm}^2}$

$h_s \approx 52\ \text{cm}$

c) Ein Dreieck hat den Flächeninhalt $A = \frac{1}{2} a \cdot h_s$.

Die Oberfläche besteht aus vier Dreiecken.

$O = 4 \cdot \frac{1}{2} a \cdot h_s = 2 \cdot a \cdot h_s$

d)

	Schritt 0	Schritt 1	Schritt 2	Schritt 3
Anzahl der Tetraeder	1	4	16	64
Kantenlänge eines Tetraeders (cm)	60	30	15	7,5

101 e) Anzahl $n = 4^S$

f)

	trifft zu	trifft nicht zu	nicht entscheidbar
Aus einem der Boxplots kann man die durchschnittliche Laufzeit ablesen.		X	
Die meisten Läufer haben weniger als 22 Minuten gebraucht.	X		
Die Läufer sind in kleinen Gruppen gelaufen.			X

g) Der schnellste Läufer ist ein Teilnehmer der Gruppe A mit etwa 12 Minuten, während der schnellste aus Gruppe B bereits 15 Minuten benötigt.

h) Der Median der Laufzeiten der Gruppe B beträgt 20 Minuten und ist kleiner als der Median in Gruppe A mit etwa 22 Minuten.

Prüfungsteil I

102

Aufgabe 1

15 120 Sekunden = 4 Stunden 12 Minuten

Aufgabe 2

$V_{Kegel} = \frac{1}{3}\pi r^2 \cdot h$

$= \frac{1}{3}\pi(10\text{ cm})^2 \cdot 30\text{ cm}$

$\approx 3140\text{ cm}^3$

Aufgabe 3

Die Unterarmlänge des Feuerspuckers passt ca. 6-mal in die Flammenlänge. Der Unterarm eines erwachsenen Menschen ist ungefähr 40 cm bis 50 cm lang.
Daraus folgt: Länge der Flamme ≈ 6 · 45 cm = 2,70 m

103

Aufgabe 4

a) Wachstumsfaktor = 100 % + 5 % = 105 % = $\frac{105}{100}$ = 1,05

b) Anzahl der befallenen Computer
(1) in 2 Tagen: $140000 \cdot 1{,}05^2 = 154350$
(2) in 3 Tagen: $140000 \cdot 1{,}05^3 \approx 162070$

c) Anzahl der befallenen Computer nach n Tagen: $140000 \cdot 1{,}05^n$
Für n = 7 erhalten wir: $140000 \cdot 1{,}05^7 \approx 197000$.
Für n = 8 sind es: $140000 \cdot 1{,}05^8 \approx 206800$.
Nach 8 Tagen sind es erstmals mehr als 200 000.

Aufgabe 5

a) Es ist die Zelle D8. Ein Fladenbrot kostet 2,20 €.

b) Die Formel lautet: "= B10*D10"

c) Bengü dividiert die Gesamtkosten durch die Anzahl der Teilnehmer. Sie berechnet somit die Kosten pro Teilnehmer.

Prüfungsteil II

104

Aufgabe 1: Theodor-Heuss-Brücke

a) Höhe des Mastes:
3 · 14,5 m + 50 cm = 44 m

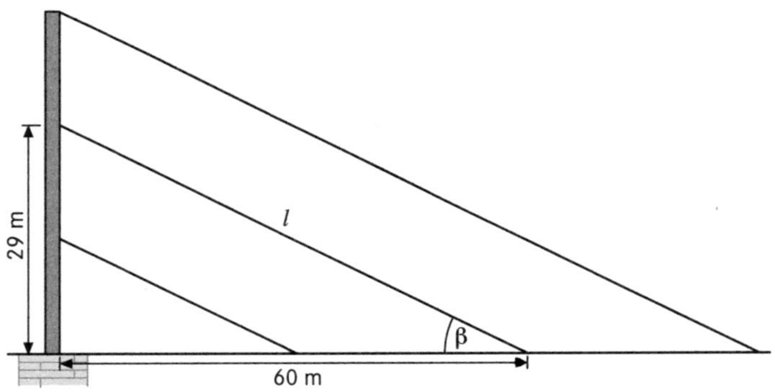

b) Die Länge des mittleren Seils bezeichnen wir mit l. Mit dem Satz des Pythagoras erhalten wir:
$l^2 = (29\text{ m})^2 + (60\text{ m})^2 = 4441\text{ m}^2$
$l = \sqrt{4441\text{ m}^2} \approx 66{,}6\text{ m}$

c) 66,6 · 48 kg = 3 196,8 kg ≈ 3 200 kg = 3,2 t
Das mittlere Seil wiegt ca. 3,2 t.

104 d) $\tan \beta = \frac{29\text{ m}}{60\text{ m}} \approx 0{,}4833$

$\beta = \tan^{-1}(0{,}4833) \approx 26°$

Der Neigungswinkel ist ungefähr 26° groß.

e)

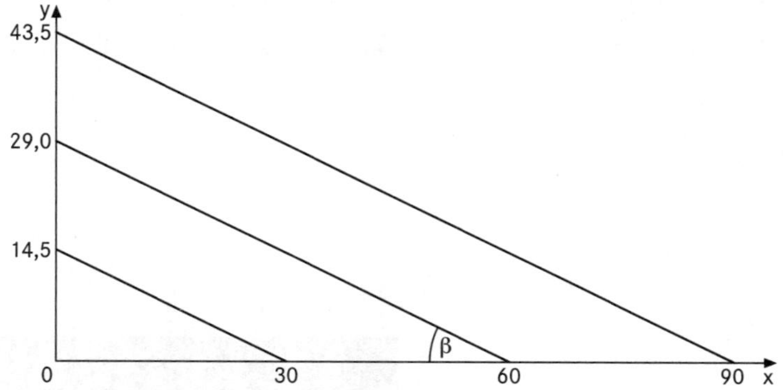

105 f) Das Seil liegt auf einer Geraden mit der Funktionsgleichung f(x) = mx + b.
Der y-Achsenabschnitt beträgt b = 43,5.

Die Steigung m ist negativ und es gilt: $m = -\frac{43{,}5}{90} = -0{,}4833$

Somit erhalten wir: $f(x) = -0{,}4833x + 43{,}5$

g) Das kürzeste Seil hat die gleiche Steigung und der y-Achsenabschnitt beträgt b = 14,5. Daraus folgt: $f(x) = -0{,}4833x + 14{,}5$

Aufgabe 2: Schwarz und Weiß

a) Der Tabelle entnehmen wir, dass Tim 2 Punkte dazu bekommt. 5 + 2 = 7
Tim hat nach dem Wurf 7 Punkte.

Würfelergebnis	Punkte
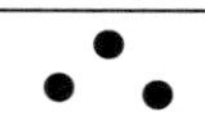	0
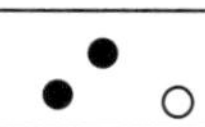	1
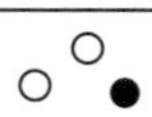	2
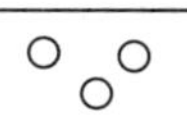	4

b)/c)

Wurfergebnis			Punkte	Wahrscheinlichkeit
1. Plättchen	2. Plättchen	3. Plättchen		
schwarz	schwarz	schwarz	0	12,5 %
weiß	schwarz	schwarz		
schwarz	weiß	schwarz	1	37,5 %
schwarz	schwarz	weiß		
weiß	weiß	schwarz		
weiß	schwarz	weiß	2	37,5 %
schwarz	weiß	weiß		
weiß	weiß	weiß	4	12,5 %

106 d) Die Wurfergebnisse sind alle gleich wahrscheinlich. Insgesamt gibt es 8 verschiedene Wurfergebnisse. 3 Wurfergebnisse führen dazu, einen Punkt zu erhalten. Somit gilt: $P(1\text{ Punkt}) = \frac{3}{8} = 0{,}375 = 37{,}5\,\%$

e) Es handelt sich um einen zweistufigen Zufallsversuch, den wir mit einem Baumdiagramm darstellen können.

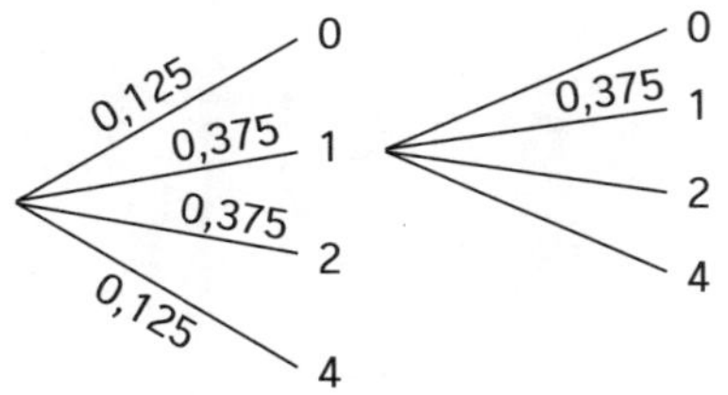

$P(1\text{ P.}|1\text{ P.}) = 0{,}375 \cdot 0{,}375 = 0{,}1406 \approx 14\,\%$

Die Wahrscheinlichkeit, zweimal hintereinander einen Punkt zu erhalten, beträgt ca. 14 %.

106 f) Jana: 3 weiß; Tim: 3 schwarz; Jana: 2 weiß | 1 schwarz
Es gibt noch weitere Möglichkeiten.

g) Tim braucht, um zu gewinnen genau einen Punkt. Die Wahrscheinlichkeit dafür beträgt 37,5 %. Die Wahrscheinlichkeit, dass er nicht gewinnt, beträgt somit 100 % – 37,5 % = 62,5 %.

h) Die Wahrscheinlichkeit, bei 10 Würfen nicht zu gewinnen, beträgt $0{,}625^{10} = 0{,}00909...$. Dies ist kleiner als 1 %. Tim hat recht.

Aufgabe 3: Schweizer Fahne

a) $l = b + \frac{1}{b} \cdot b$

$= 3\text{ cm} + \frac{1}{6} \cdot 3\text{ cm}$

$= 3{,}5\text{ cm}$

107 b) Die Fläche besteht aus 4 Armen und einem Quadrat in der Mitte.

$A_{Kreuz} = 4 \cdot b \cdot l + b^2$

$= 4 \cdot 3\text{ cm} \cdot 3{,}5\text{ cm} + (3\text{ cm})^2$

$= 51\text{ cm}^2$

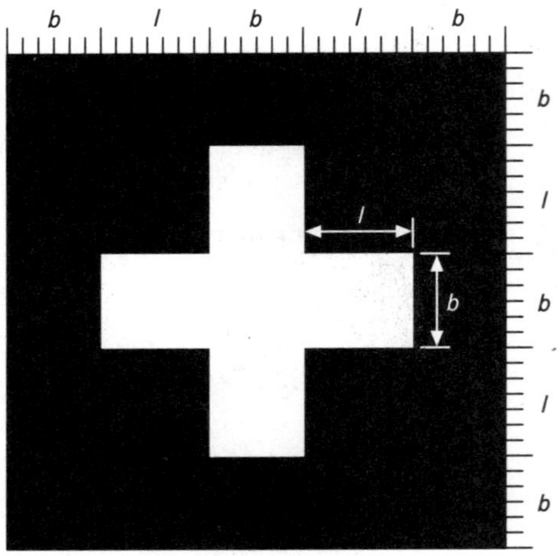

c) Die Schweizer Fahne ist insgesamt ein Quadrat mit der Seitenlänge
$3b + 2l = 3 \cdot 3\text{ cm} + 2 \cdot 3{,}5\text{ cm} = 16\text{ cm}$.
Der Flächeninhalt beträgt somit
$A_{Fahne} = (16\text{ cm})^2 = 256\text{ cm}^2$

$p\% = \frac{A_{Kreuz}}{A_{Fahne}} = \frac{51\text{ cm}^2}{256\text{ cm}^2} = 0{,}199... \approx 20\,\%$

Der Anteil des Kreuzes an der Gesamtfahne beträgt ca. 20 %.

d) $b : l = 3\text{ cm} : 3{,}5\text{ cm} = 3 : 3{,}5 = 6 : 7$

e) $3 \cdot b + 2 \cdot l$ gibt die Seitenlänge der quadratischen Fahne an. Sie beträgt 32 m.

f) (I) $3 \cdot b + 2 \cdot l = 32$

(II) $l = \frac{7}{6}b$

Wir setzen die Gleichung (II) in die Gleichung (I) ein:

$3b + 2 \cdot \frac{7}{6}b = 32$

$\frac{16}{3}b = 32 \quad | \cdot \frac{3}{16}$

$b = 6$

Einsetzen in (II) ergibt: $l = \frac{7}{6} \cdot b = 7$

Die Breite b beträgt 6 m, die Länge l 7 m.

g) Die Aussage stimmt. Wenn die Gesamtfläche um den Faktor k zunimmt, nehmen die Teilflächen um den gleichen Faktor zu, sonst würde die Fahne verzerrt.
Man kann dies auch rechnerisch nachweisen. Flächeninhalt A_{Kreuz} des weißen Kreuzes:

$A_{Kreuz} = 4 \cdot bl + b^2$ Für l kann man $\frac{7}{6}b$ einsetzen.

$A_{Kreuz} = 4 \cdot b \cdot \frac{7}{6}b + b^2 = \frac{17}{3}b^2$

Flächeninhalt A_{Fahne} der gesamten Fahne:

$A_{Fahne} = (3b + 2l)^2$ Für l kann man $\frac{7}{6}b$ einsetzen.

$A_{Fahne} = \left(3b + 2 \cdot \frac{7}{6}b\right)^2 = \left(\frac{16}{3}b\right)^2 = \frac{256}{9}b^2$

Anteil $p\% = \frac{A_{Kreuz}}{A_{Fahne}} = \frac{\frac{17}{3}b^2}{\frac{256}{9}b^2} = \frac{17}{3} \cdot \frac{9}{256} = \frac{51}{256} \approx 20\,\%$